材料综合与设计性实验

主　编　徐　慧　孟嘉锋

副主编　陈海锋　王永亚　李现常

ZHEJIANG UNIVERSITY PRESS
浙江大学出版社
·杭州·

图书在版编目（CIP）数据

材料综合与设计性实验 / 徐慧，孟嘉锋主编．
杭州：浙江大学出版社，2025.8. -- ISBN 978-7-308
-26531-7

Ⅰ. TB302

中国国家版本馆 CIP 数据核字第 2025QG5424 号

材料综合与设计性实验
CAILIAO ZONGHE YU SHEJIXING SHIYAN

徐　慧　孟嘉锋　主编

责任编辑	王　波
责任校对	吴昌雷
封面设计	雷建军
出版发行	浙江大学出版社
	（杭州市天目山路148号　邮政编码310007）
	（网址：http://www.zjupress.com）
排　　版	杭州晨特广告有限公司
印　　刷	杭州杭新印务有限公司
开　　本	787mm×1092mm　1/16
印　　张	20.75
字　　数	453千
版 印 次	2025年8月第1版　2025年8月第1次印刷
书　　号	ISBN 978-7-308-26531-7
定　　价	68.00元

前　言

当今世界正处于新一轮科技革命与产业变革的浪潮之中,新材料作为战略性新兴产业的重要引擎,已成为推动经济转型升级的核心驱动力。在此背景下,高等教育肩负着培养适应新经济、新业态需求的创新型、复合型人才的重任。教育部提出的"新工科"建设理念,强调学科交叉、产教融合与创新能力培养,为材料类专业教育改革指明了方向。与此同时,地方经济发展对应用型人才的需求日益迫切,如何实现人才培养与产业需求的无缝对接,已成为高校教学改革的关键命题。

《材料综合与设计性实验》教材的编写,正是基于对上述时代需求的回应。本书立足"新工科"建设内涵,以"新材料、新产业、新技术、新模式"(四新)为牵引,突破传统实验教材的局限,构建了"基础夯实—综合创新—产教协同—技术实践"四位一体的实验教学体系。全书分为三大模块:材料化学基础实验(涵盖无机材料与高分子材料)、综合与设计性实验、校企合作实验。每个模块既体现学科内在逻辑,又彰显产教融合特色。特别在综合与设计性实验模块中,超过70%的实验案例都跟编者所从事的科学研究课题有关,具有较强的实用性和前沿性。如"离子交换法制备 Mo_3S_{13}–LDH复合体及其吸附碘性能研究""具有葡萄糖传感器电化学性能的钴镍双金属氢氧化物制备""通过 Tavorite-Olivine 相变过程制备锂离子电池正极材料 $LiFePO_4$"等,确保教学内容与学科前沿接轨。

为实现"教学内容与技术发展相统一"的目标,本书作者与湖州当地企业合作开发实验。编委会联合湖州新能源头部企业(如微宏动力系统(湖州)有限公司、天能新能源(湖州)有限公司),将企业生产实际中遇到的真实技术难题转化为教学案例。例如"磷酸铁锂中总铁量的测定"即源于天能新能源(湖州)有限公司测试中心的实际需求。

在能力培养维度,本教材构建了渐进式创新训练体系:基础实验注重规范操作与原理验证,强调科学素养筑基;综合实验突出多学科知识整合;设计性实验则采用开放式课题形式,要求学生自主完成"文献调研—方案设计—结果分析"全流程。

本书适合用作材料科学与工程、材料化学、新能源材料与器件、高分子材料等专业的本科生及研究生教材,也可供企业研发人员参考。在编写过程中,我们始终秉持"问题导向、跨界融合、知行合一"的理念,期待通过这本兼具理论深度与实践价值的实验教材,为新时代材料类人才培养贡献绵薄之力。

本书由徐慧、孟嘉锋担任主编,参加编写的有湖州学院陈海锋、王永亚、李现常、董庆林、范姗姗、何玉婷、李红峰、梁彭花、罗文钦、罗永平、钱旭坤、任勖纲、孙娜、同艳维、王超楠、王昆、尹纱、俞颖、张冰、张远俊、周颖、朱立恩、朱振琦和微宏动力系统(湖州)有限公司郭挺、天能新能源(湖州)有限公司张重德。全书由徐慧统编定稿。

由于编者水平所限,书中难免存在疏漏之处,恳请广大师生与业界专家不吝指正。

编者
2025.5

目 录
CONTENTS

第一部分　材料化学基础实验

（一）无机材料实验

（二）高分子材料实验

第二部分　综合与设计性实验

第三部分　校企合作实验

第一部分

材料化学基础实验

（一）无机材料实验

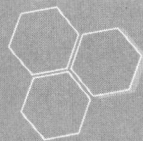

实验 1　金属有机骨架材料 UiO-66 的制备与官能团表征

一、实验目的

1. 了解配位键与配位聚合物的基本结构。
2. 掌握溶剂热合成法的基本步骤。
3. 掌握红外光谱仪分析官能团的基本方法。

二、实验原理

溶剂热合成法，就是在密闭的压力容器中，以有机试剂或其他非水溶剂为媒介，通过高温高压的环境，使前驱体反应和结晶。溶剂热合成法中，前驱体反应较为充分，产物晶粒发育完整，结晶度高，颗粒之间团聚少。金属有机骨架（metal-organic frameworks，MOFs）是一种新型的有机无机杂化材料，其化学结构是由有机配体和金属离子（或多核金属簇）通过配位键桥连而成的三维拓扑多孔晶体骨架。MOFs 材料具有超高的比表面积、规则的孔道结构和可调的化学活性等诸多优点，在催化、能源、医药和传感等领域获得了广泛应用。UiO-66 是一种代表性的 MOFs 材料，由锆离子和对苯二甲酸通过配位方式聚合而成，具有包含 1 个八面体中心笼和 4 个八面体角笼的八面体结构（见图 1）。红外吸收光谱是由分子振动和转

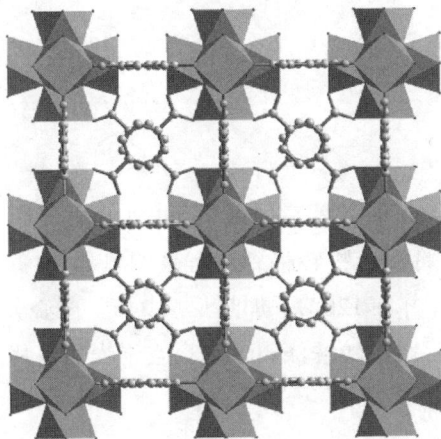

图 1　UiO-66 的结构示意图

动跃迁所引起的,组成化学键或官能团的原子处于不断振动(或转动)的状态,其振动频率与红外光的振动频率相当。所以,用红外光照射分子时,分子中的化学键或官能团可发生振动吸收,不同的化学键或官能团吸收频率不同,在红外光谱上将处于不同位置,从而可获得分子中含有何种化学键或官能团的信息。本实验采用溶剂热合成法,由氯化锆金属盐和对苯二甲酸作为前驱体合成UiO-66,以及由氯化锆金属盐和氨基-对苯二甲酸作为前驱体合成UiO-66-NH$_2$,并让学生学会通过红外光谱仪分析特定官能团的特征峰。

三、仪器与试剂

1.仪器

仪器名称	型号	生产厂家
电热恒温鼓风干燥箱	DGG-9070B	上海森信实验仪器有限公司
加热真空干燥箱	DZ-1BCIV	天津泰斯特仪器有限公司
离心机	TD4C	常州金坛良友仪器有限公司
电子天平	ME104	瑞士Mettler Toledo
超声波清洗器	KQ-400DE	昆山禾创超声仪器有限公司
反应釜	50mL	
烧杯	25mL	
玛瑙研钵		
傅里叶变换红外光谱	Thermo Scientific Nicolet 380	美国Thermo公司
X射线衍射仪	Bruker D8 Advance	德国Bruker公司

2.试剂

四氯化锆、对苯二甲酸、2-氨基对苯二甲酸、冰醋酸、N,N-二甲基甲酰胺(DMF)、甲醇、乙醇、去离子水、溴化钾。

四、实验步骤

1.UiO-66的合成

将23.3mg的ZrCl$_4$和15.4mg的对苯二甲酸溶解(可使用超声仪辅助分散)在含有1.37mL HAc的10mL DMF溶液中。将混合物转移到具有聚四氟乙烯内衬的不锈钢高压釜中,密封,随后放至恒温鼓风干燥箱中,并在120℃下加热反应24h。离心分离产物,再将产物在甲醇中浸泡两天以交换出DMF,最后用甲醇洗涤、120℃真空干燥后备用。

2.UiO-66-NH$_2$的合成

将23.3mg的ZrCl$_4$和16.8mg的2-氨基对苯二甲酸溶解(可使用超声仪辅助分散)在含有

1.37mL HAc 的 10mL DMF 溶液中。将混合物转移到具有聚四氟乙烯内衬的不锈钢高压釜中,密封,随后放至恒温鼓风干燥箱中,并在 120℃下加热反应 24h。离心分离产物,再将产物在甲醇中浸泡两天以交换出 DMF,最后用甲醇洗涤、120℃真空干燥后备用。

3.红外样品的制备

红外样品的测试一般使用卤化物压片法,样品制备的常用材料是溴化钾,红外谱图中溴化钾主要起到稀释剂的作用,因为用于分析化学中的红外光谱区段是中红外区,即波数为 400~4000cm^{-1}。KBr 在中红外区没有吸收,用它来压片测定不会对样品信号产生干扰。样品与 KBr 粉末充分混合均匀之后,通过压片机将混合了样品的 KBr 粉末压制成盐片,然后在红外光谱仪上测试,通过测试透过盐片的红外光的情况得到红外光谱。具体操作方法如下:KBr 经玛瑙研钵碾磨后,加入一定量样品(2~5mg)和研磨后的 KBr 粉(100~120mg),再在红外灯下经研磨混合均匀,直至无明显颗粒存在。随后,将混合粉末置于压片模具中,在压片机中压制成型,即可进行测试。

4.红外光谱的分析

分别将合成的 UiO-66 与 UiO-66-NH$_2$ 进行红外光谱表征,寻找和分析两者的峰型差异。

5.实验表征方法

(1)通过 XRD 表征产物晶体的结构。
(2)通过红外光谱仪分析产物官能团差异。

五、实验结果与处理

1.MOFs样品的分析

UiO-66属于哪一种晶体结构?_____。
UiO-66和 UiO-66-NH$_2$ 的 XRD 特征峰有差异吗?为什么?
_____。

2.官能团分析

UiO-66和 UiO-66-NH$_2$ 的红外光谱特征峰差异在什么地方?尝试画出两者结构的不同之处。
_____。

六、思考题

1.MOFs的多孔性由什么仪器进行表征?
2.UiO-66的热稳定温度是多少?为什么相比氧化硅这些材料不够稳定?
3.除了溶剂热法,还有什么方法能够合成 MOFs 材料?

七、参考文献

[1] Li H, Wu P, Xiao Y, et al. Metal-organic frameworks as metal ions precursors for the synthesis of nanocomposites for lithium-ion batteries[J]. Angewandte Chemie International Edition, 2020, 59(12):4763-4769.

[2] Zhang W, Ji W, Li L, et al. Exploring the fundamental roles of functionalized ligands in platinum@metal-organic framework catalysts[J]. ACS Applied Materials & Interfaces, 2020, 12 (47):52660-52667.

八、拓展阅读

Pr⁴⁺掺杂CeO₂红色陶瓷颜料的制备及表征

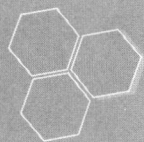

实验2 **Pr^{4+}掺杂CeO$_2$红色陶瓷颜料的制备及表征**

一、实验目的

1. 了解陶瓷颜料的呈色原理。
2. 了解陶瓷颜料的应用。
3. 掌握高温固相法的实验原理。

二、实验原理

红色颜料的研究一直是陶瓷颜料工作者们的一个重大课题,这是因为陶瓷颜料最重要的一项属性就是颜色,它决定着此颜料的使用场合和作用。在大众的认知中基本的颜色可以分为赤、橙、黄、绿、蓝、紫、黑、白、灰等,其中赤即红色。红色是光的三原色之一,同时也是陶瓷颜料中最基础的一种颜色。红色是一种十分鲜艳的颜色,与人类的血液颜色相似,可以很好地刺激人们的视觉,同时红色又给予人们温暖明亮的印象,在缤纷多彩的自然界中,具有红色外表的动植物们凭借着艳丽的外观,得到了许多爱美人士的欢心。在物理学中,红色是波长为620nm附近光的颜色,它是所有可见光中频率最低的存在,作为波长最长的它拥有着强大的衍射能力,使它可以穿越部分障碍物,也正因如此红色也时常作为"警告"的颜色,如红灯、红牌等禁止标志。自从人们开始对红色颜料进行研究以来,曾经的以包裹红(CdS@ZrSiO$_4$)颜料为代表的红色颜料逐渐被以Pr等为主要稀土元素的无毒颜料替代,且随着发展,颜料的颜色也逐渐靠近纯亮红色,使红色颜料变得越发的多姿多彩。本实验以Pr为主要稀土元素,采用高温固相法制备红色陶瓷颜料。

三、仪器和试剂

1.仪器
研钵、坩埚、电子天平、马弗炉、色差仪、X射线粉末衍射仪、紫外可见分光光度计。

2.试剂
无水乙醇(CH$_3$CH$_2$OH)、氧化铈(CeO$_2$)、氧化镨(Pr$_6$O$_{11}$)。

四、实验步骤

1.样品制备

（1）利用分析天平称取 3.44g CeO_2 及 0.17g Pr_6O_{11} 置于陶瓷研钵中，加入 1mL 无水乙醇，充分研磨，使原料混合均匀，放入 30mL 刚玉坩埚中。

（2）将研磨后的原料在 80℃ 干燥 30min，然后放入马弗炉中，于 1200℃ 煅烧 3h，冷却后研磨得到陶瓷颜料。

2.呈色实验

称取 3g 低熔点玻璃粉和 0.3g 红色颜料，充分混合均匀，加入压片模具中，压成直径 1.5mm、厚度 3mm 的片，将压好的片放在刚玉板或者陶瓷板上，在 700℃ 热处理 30min，冷却后得到玻璃样品。

3.性能测试

（1）利用 XRD 粉末衍射仪测试获得的粉体颜料的物相。

（2）利用紫外可见分光光度计测试粉体的漫反射谱。

（3）利用色差仪测试颜料和玻璃样品的颜色参数。

五、实验结果和处理

1.样品制备

产量：_____g；理论产量：_____g，产率：_____%。

2.样品表征

（1）XRD 谱图及物相解析。

（2）漫反射谱谱图分析。

（3）颜料的颜色参数分析。

（4）玻璃的颜色分析。

六、思考题

1.陶瓷颜料的颜色跟哪些因素有关？

2.为什么制备的颜料会呈现红色？

七、参考文献

［1］Liu F, Huang J, Jiang J.Synthesis and characterization of red pigment $YAl_{1-y}CryO_3$ prepared by the low temperature combustion method［J］.Journal of the European Ceramic Society, 2013,33(13-14):2723-2729.

［2］Chen Y,Zou J.Cr and Mg co-doped $YAlO_3$ red cool pigments with high NIR reflectance and infrared emissivity for sustainable energy-saving applications［J］.Ceramics International, 2023,49(9):13717-13727.

［3］杨萍,龚红宇,邵明梁.关于红色陶瓷颜料[J].山东陶瓷,1999,22(1):4.

［4］Gonzaga LA, Santana VT, Bernardi MIB, et al.CeO_2 and CeO_2:Pr nanocrystalline powders prepared by the polymeric precursor method:Yellow and red pigments with tunable color[J]. Journal of the American Ceramic Society,2020,103(11):6280-6288.

［5］黄剑锋,曹丽云,熊信柏,等.稀土棕红色陶瓷颜料的制备[J].电瓷避雷器,2003(1):4.

八、拓展阅读

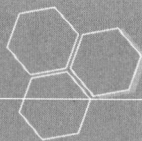

实验 3　溶胶–凝胶法制备氧化硅块状玻璃

一、实验目的

1.通过氧化硅块状玻璃的制备了解溶胶–凝胶法的基本概念和特点。

2.了解溶胶–凝胶法的基本过程。

3.了解综合热分析技术在材料分析中的应用。

二、实验原理

溶胶–凝胶法是指无机物或金属醇盐经过溶液、溶胶、凝胶而固化,再经过热处理而制成氧化物或其他化合物固体的方法。

（1）水解反应

$$Si(OC_2H_5)_4 + 4H_2O \longrightarrow Si(OH)_4 + 4C_2H_5OH$$

（2）缩聚反应

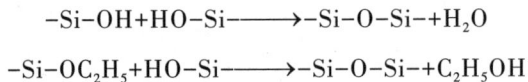

$$-Si-OH + HO-Si \longrightarrow -Si-O-Si- + H_2O$$

$$-Si-OC_2H_5 + HO-Si \longrightarrow -Si-O-Si- + C_2H_5OH$$

三、实验试剂及仪器

1.仪器

磁力搅拌器、搅拌子、5mL移液管、25mL量筒、10mL量筒、100mL烧杯、搅拌棒、滴管、保鲜膜。

2.试剂

正硅酸乙酯、盐酸、无水乙醇、蒸馏水。

四、实验步骤

1.样品的制备

（1）用量筒取10mL无水乙醇置于烧杯中,加入2mL蒸馏水,缓慢搅拌。

（2）在上述烧杯中加入0.5mL浓盐酸，搅拌混合均匀。

（3）量取5mL正硅酸乙酯，缓慢滴加入上述溶液中。

（4）所得的澄清溶液继续搅拌40min。

（5）将混合溶液倒入玻璃器皿中，盖上保鲜膜，在保鲜膜上戳几个洞，陈化3天。

2.样品的表征

（1）利用综合热分析仪测试所得玻璃的热力学行为。

（2）通过紫外可见分光光度计测试玻璃的透明度。

五、实验数据处理

1.样品在自然光照下的照片

2.样品表征

（1）样品热分析曲线分析。

（2）样品透射光谱分析。

六、思考题

制备过程中HCl的作用是什么？可不可以用其他试剂代替？

七、参考文献

［1］Gorni G，Velazquez JJ，Mosa J，et al.Transparent glass-ceramics produced by sol-gel：A suitable alternative for photonic materials［J］.Materials，2018，11（2）：212.

［2］方保国.溶胶凝胶法合成玻璃和玻璃陶瓷［J］.硅酸盐通报，1988（1）：46-52.

［3］孙纲，张祖德.新颖的玻璃制备方法——溶胶–凝胶法［J］.化学通报，1990（11）：45-51.

八、拓展阅读

实验 4 · 纳米 Pt 修饰电极的制备及其电催化氧化甲醇

一、实验目的

1. 熟悉 GC 电极的处理和修饰方法。
2. 掌握电沉积法制备在 GC 电极上沉积纳米 Pt 的技术。
3. 了解和掌握电催化氧化甲醇的电化学表征方法。
4. 学会用 origin 软件处理实验数据。

二、实验原理

电沉积法是利用电流在电解液中的传导性,将金属离子从溶液中运送至电极表面,并以原子形式沉积在电极表面上的一种方法。它是一种解决工业水处理、电化学制备、磁力学及有机合成等问题的有效技术。当电极放入溶液中时,电解液中的金属离子会被电场吸引,然后被电流带到电极表面,在电极表面上沉积形成金属纳米粒子。电流的强度会影响沉积的速率,而溶液的 pH 值也会影响沉积的速率。电流强度越大,沉积速率就越快;pH 值越高,沉积速率就越快。

甲醇的电催化氧化是甲醇燃料电池重点考虑的部分。在酸性条件下,以金属 Pt 等贵金属为催化剂,能够获得比较稳定的能量输出和电池性能。在酸性条件下催化反应原理如下。

阳极:$CH_3OH + H_2O - 6e^- \longrightarrow 6H^+ + CO_2$

阴极:$O_2 + 4H^+ + 4e^- \longrightarrow 2H_2O$

总反应式:$2CH_3OH + 3O_2 \Longrightarrow 2CO_2 + 4H_2O$

三、仪器与试剂

1. 仪器
电化学工作站、电化学反应池、Ag/AgCl 参比电极、Pt 对电极、GC 电极、超声清洗机。

2. 试剂
甲醇、硫酸、氯铂酸、电极处理材料(1 套)、$K_3Fe(CN)_6$、KCl。

四、实验步骤

1.GC 电极的打磨和清洗

首先分别用 0.3μm 和 0.05μm 的抛光粉（Al_2O_3）在麂皮上打磨 GC 电极。竖直地握玻碳电极，手臂肘部均匀用力，使玻碳电极在麂皮上以圆形或者"8"字形慢速地移动，打磨 2~3min。再用去离子水冲洗电极表面后，移入超声水浴中清洗，每次 2~3min，重复三次，最后依次用 1∶1 乙醇、1∶1 HNO_3 和蒸馏水超声清洗。

2.GC 电极的活化和表征

GC 电极要在 0.5mol/L H_2SO_4 溶液中用循环伏安法（cyclic voltammetry，CV）活化，扫描范围为 -1.0~1.0V，反复扫描直至达到稳定的 CV 图为止。最后在含 1.0mmol/L $K_3Fe(CN)_6$ 的 0.10mol/L KCl 溶液中扫 CV，扫描速度为 50mV/s，扫描范围为 -0.1~0.6V，使获得的 CV 图中的峰电位差在 80mV 以下，并尽可能接近 64mV，说明电极处理好。

3.电化学沉积 Pt

在含 5mmol/L H_2PtCl_6 的 H_2SO_4 溶液中，使用三电极体系，采用计时电流法在 GC 电极上沉积纳米 Pt。沉积条件：电位为 -0.2V，沉积时间为 120s。

4.电催化氧化甲醇

（1）循环伏安曲线：在 1mol/L CH_3OH 和 0.5mol/L H_2SO_4 溶液中测试循环伏安曲线，设置扫描电位范围为 0~1.0V，扫描速度为 10~500mV/s，保存并记录数据。

（2）计时电流曲线：使用标准的三电极体系，将修饰电极在 1mol/L CH_3OH 和 0.5mol/L H_2SO_4 溶液中测得计时电流曲线（$i-t$ 曲线），扫描电位为 0.7V，扫描时间为 1800s，保存并记录数据。

五、实验结果与处理

1.GC 电极活化和在 1.0mmol/L $K_3Fe(CN)_6$ 的 0.10mol/L KCl 溶液中获得的 CV 图。

2.电化学沉积 Pt 的 $i-t$ 图。

3.电催化阳极甲醇的 CV 图、$i-t$ 图和 Tafel 曲线图。

六、思考题

1.与碱性条件比较，在酸性条件下对甲醇催化氧化的优缺点各有哪些？

2.催化氧化甲醇还有哪些其他催化剂？

3.查找其他制备 Pt 催化剂的方法。

七、拓展阅读

实验 5　TiO₂薄膜的制备及其电阻测试

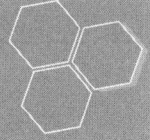

一、实验目的

1. 掌握旋涂法制备 TiO_2 薄膜的方法。
2. 掌握 TiO_2 薄膜电阻的测试方法。

二、实验原理

1. 旋涂法制备 TiO_2 薄膜：旋涂仪瞬间提供可控高旋转速度，迅速将液体、胶状体等材料在衬底上成膜。由于采用铸铝结构，在高转速下运行平稳。其工作原理为：玻璃片粘贴在圆盘上，圆盘高速旋转，溶液滴在高速旋转的玻璃片上，在离心力的作用下，溶液在玻璃片表面形成均匀薄膜涂层。

2. 光催化基本原理：光催化就是在光的照射下，把光能转变为化学能，并促进有机物的合成或降解的过程。根据吸收光子的物质不同，光催化分为敏化光催化和直接光催化。敏化光催化是指吸附在半导体表面的敏化剂吸收光子后被活化，再将活化产生的电荷转移给半导体，从而引起氧化还原反应的过程。直接光催化是指在光的照射下，半导体自身被激化活化，激化的电荷与吸附的分子发生氧化还原反应的过程。

三、仪器与试剂

1. 仪器

量筒、烧杯、电热恒温鼓风干燥箱、电阻炉、电子天平、超声波清洗器、磁力搅拌器、KW型匀胶机、四探针电阻测试仪、玻璃刀、吹风机。

2. 试剂和耗材

二氧化钛凝胶（P25）、无水乙醇、去离子水、乙酸、导电玻璃。

四、实验步骤

1.导电玻璃的切割和清洗

用玻璃刀把玻璃切成 2cm×2cm 大小,然后依次在无水乙醇、1mol/L NaOH 溶液中超声清洗 30min,用吹风机吹干备用。

2.旋涂法制备 TiO_2 薄膜

把二氧化钛凝胶滴在清洁处理好的导电玻璃上,分别以 500、1000 和 1500r/min 旋涂 30s,旋涂 1~3 次。共完成 9 片导电玻璃的涂覆。

3.TiO_2 薄膜热处理

经 60℃ 干燥形成凝胶后,把涂有 TiO_2 溶胶的导电玻璃放入高温炉中以 10℃/min 的速度升温到 500℃ 左右,保温 1h,自然冷却到室温后取出。

4.电阻测试

采用四探针电阻测试仪测定 TiO_2 薄膜的电阻。

五、实验结果与处理

1.不同旋涂速度和次数,得到不同厚度的 TiO_2 薄膜的电阻。

2.将实验条件、实验现象、实验测试结果列表,有关数据作图。

六、问答题

1.影响实验中 TiO_2 薄膜电阻的因素有哪些?

2.TiO_2 薄膜的制备方法有哪些?

实验6 TiO₂薄膜光电降解甲基橙

一、实验目的

1. 了解光电降解甲基橙的基本原理。
2. 熟悉光电降解甲基橙的基本步骤。
3. 掌握分光光度计的使用方法。

二、实验原理

光电催化降解是一种新型的环境治理技术,它利用光电催化剂在光照下产生的电子和空穴,通过氧化还原反应来降解有害物质。这种技术具有高效、环保、可控等优点,已经被广泛应用于水污染治理、空气净化、有机废气处理等领域。

本实验利用光照和外电压的协调作用,加快 TiO₂薄膜上电子和空穴的分离和传递,生成更多的活性氧物质,提高甲基橙的降解性能。

三、仪器与试剂

1. 仪器

电化学工作站、光电化学池、恒温水浴锅、磁力搅拌器、离心机、电子天平、秒表、移液管、烧杯、量筒、吸耳球、离心管、可见光分光光度计、氙灯光源、照度计。

2. 试剂与耗材

TiO₂薄膜、Ag|AgCl电极、Pt丝、甲基橙、去离子水。

四、实验步骤

1. 甲基橙溶液的配制

先配制1L 100mg/L的甲基橙母液,然后用母液依次配制浓度分别为1.00mg/L、5.00mg/L、10.00mg/L、15.00mg/L和25.00mg/L的甲基橙各100mL。避光搅拌20min,使甲基橙在催化剂的表面达到吸附/脱附平衡。

2.甲基橙标准曲线的绘制

移取不同浓度的甲基橙于比色皿中,测定200~700nm波长范围的紫外可见光谱曲线,确定最大吸光度、最大吸光度与浓度的关系和线性方程。

3.光电催化降解甲基橙

移取20mL 15mg/L的甲基橙在光电化学池中,分别以TiO_2薄膜、Ag|AgCl电极和Pt丝作为光阳极、参比电极和对电极,偏压为0.6V,氙灯光源与光电化学池距离15cm。然后开通冷却水,以$100mW/cm^2$的光强照射,每隔10min移取一定反应液,经离心分离后,取上清液进行可见分光光度法分析。通过反应液的吸光度A测定来监测甲基橙的光催化脱色和分解效果。

五、实验结果与处理

1.分析甲基橙吸光度与浓度的关系:

(1)紫外可见光谱图。

(2)最大吸光度和浓度关系图。

2.不同降解时间的实验数据:

T/min	A	A_0-A	η	$1/A$	$\ln(1/A)$
0					
10					
20					
30					
40					
50					
60					

3.甲基橙降解率计算:$\eta=(C_0-C)/C_0$,其中C_0为光照前甲基橙的浓度,C为光照降解后甲基橙的浓度。由于甲基橙溶液浓度和它的吸光度呈线性关系,所以根据线性方程计算降解一定时间后的甲基橙浓度,再根据降解率计算公式计算降解率。

六、思考题

1.实验中,为什么用蒸馏水作参比溶液来调节分光光度计的透光率值为100%? 一般选择参比溶液的原则是什么?

2.甲基橙光催化降解速率与哪些因素有关?

七、拓展阅读

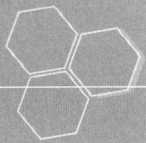

三元层状 Mo_2Ga_2C 粉末的高温烧结

一、实验目的

1. 掌握烧结工艺和原料组成等对合成 Mo_2Ga_2C 的影响。
2. 掌握气氛保护烧结炉的基本使用方法。

二、实验原理

1.烧结的定义

烧结是指把粉状物料转变为致密体,是一个传统的工艺过程。人们很早就利用这个工艺来生产陶瓷、粉末冶金、耐火材料、超高温材料等。一般来说,粉体经过成型后,通过烧结得到的致密体是一种多晶材料,其显微结构由晶体、玻璃体和气孔组成。烧结过程直接影响显微结构中的晶粒尺寸、气孔尺寸及晶界形状和分布,进而影响材料的性能。

烧结的宏观定义:在高温下(不高于熔点),陶瓷生坯固体颗粒相互键联,晶粒长大,空隙(气孔)和晶界渐趋减少,通过物质的传递,其总体积收缩,密度增加,最后成为具有某种显微结构的致密多晶烧结体,这种现象称为烧结。烧结的微观定义:固态中分子(或原子)间存在互相吸引,通过加热使质点获得足够的能量进行迁移,使粉末体产生颗粒黏结,产生强度并导致致密化和再结晶的过程称为烧结。

2.烧结过程

在利用固相反应制备无机固体化合物时,反应的速率由扩散过程控制,常常需要较高的温度才能使反应有效地进行。另外一些固体化合物是固液相组成的化合物,在熔化时会发生分解反应,故烧结一般应在产物熔点以下进行,以保证得到均匀的物相。但是烧结温度也不能太低,否则会使固相反应的速率太低。在很多情况下,烧结需要在特定的气氛或真空中进行。控制烧结过程的气相分压非常重要,特别是当研究的体系中含有价态可变的离子时,固相反应的气相分压将直接影响到产物的组成和结构。例如,在铜系氧化物高温超导体的合成中,烧结过程必须严格控制氧分压,以保证得到具有确定结构、组成和铜价态分布的超导材料。

三、仪器与试剂

1.仪器

设备名称	型号或规格	生产厂家或品牌
塑料药勺	中号	不限
一次性移液管	10mL	不限
电子天平	量程200g、精度0.01g	不限
玛瑙研钵	中型	不限
氧化铝坩埚舟	50mL	不限
XRD	不限	不限
全方位混料机	罐体积至少1L	长沙米淇
管式炉	最高温1500℃	不限
SEM	不限	不限

2.试剂

钼粉(325目,99%)、石墨粉(1000目,99%)、碳化二钼粉(325目,99%)、金属镓(99%)、无水乙醇、无尘纸、称量纸。

四、实验步骤

(1)称取5g碳化二钼(或同等质量的钼和石墨粉均匀混合物,需要事先混合),放入玛瑙研钵。

(2)使用一次性移液枪向玛瑙研钵中加入不同质量的金属镓。碳化二钼和镓的摩尔比例可以选择1:2、1:4、1:6或1:8等。将碳化二钼和镓搅拌均匀。

(3)使用塑料药勺将碳化二钼和镓的混合物转移到氧化铝坩埚舟中。

(4)将氧化铝坩埚舟转移到管式炉中,并使用氩气冲洗炉腔,排除空气。

(5)在流动的氩气中进行烧结,烧结温度700~900℃,时间12~24h。

(6)实验结束后,冷却到室温,取出样品。

(7)XRD物相定性和定量分析。

(8)SEM形貌观察和分析。

五、实验结果与处理

1.产物的宏观照片

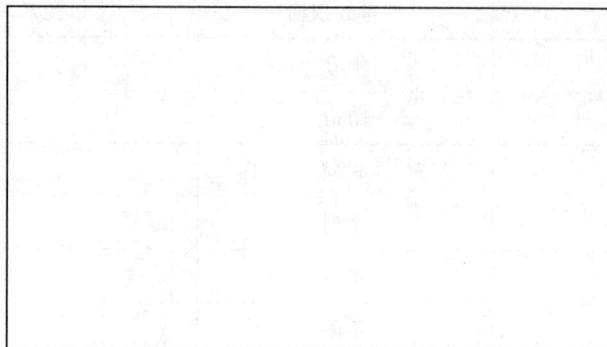

图1　烧结产物的宏观照片

2.产物的XRD图谱

图2　烧结产物的XRD图谱

3.产物的SEM照片

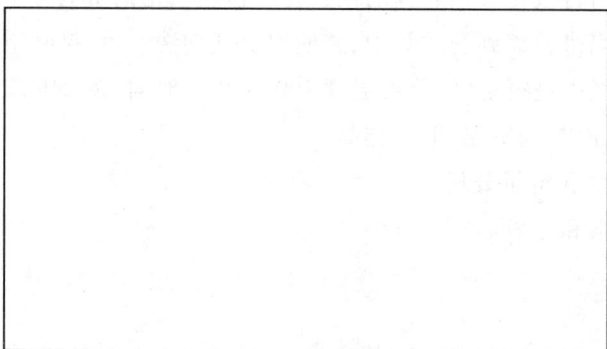

图3　烧结产物的SEM照片

4.结果总结

序号	原料和配比	烧结工艺	杂质、目标产物名称和含量(%)
1			
2			
3			

六、思考题

1.如何保证镓和碳化二钼混合均匀？

2.影响目标产物纯度的因素有哪些？

七、参考文献

[1]周玉.陶瓷材料学[M].北京:科学出版社,2004.

[2]Kang Suk-Joong L.烧结:致密化、晶粒长大与显微组织[M].王玉金,刘占国,译.哈尔滨:哈尔滨工业大学出版社,2022.

八、拓展阅读

实验8 高硬度铁磁性MnB块体的制备

一、实验目的

1. 掌握粉末预压成型工艺对烧结块体产物致密度的影响。
2. 了解粉末成型的部分影响因素。

二、实验原理

目前磁性材料主要包括金属合金、金属氧化物等家族,这些体系主要由金属键与离子键构成,其化学键组成特性决定了其力学性质与稳定性。为提高磁性材料的力学性能,人们主要采用磁性材料与高硬度材料复合、固溶掺杂、老化等方法,但是常见磁性材料本身硬度值较低,导致可提升空间有限,并且上述方法将大大影响磁性材料的磁学性质,因此,设计和合成本征高硬度磁性材料对极端条件下的应用具有十分重要的意义。锰元素是3d族过渡金属当中未配对电子数目最多的元素,其形成的化合物将具有较强的磁性。硼元素之间可以形成较强的共价键,其形成的化合物通常具有优异的力学性质,因此,锰元素和硼元素形成的化合物是高硬度磁性材料的潜在体系,将弥补磁性材料力学性质和热学性质的不足。

锰硼相图中存在大量的化学配比,目前在锰–硼相图中存在五种化合物(Mn_2B、$\beta-MnB$、Mn_3B_4、MnB_2、MnB_4),由于锰硼化合物相边界模糊,各相之间容易发生互相转化,合成高纯度的样品较为困难。超高温条件下合成的样品是人们关注的主要对象,但是高温下合成的样品其晶粒异常变大,不利于样品力学性能的提升,低温下是否存在新的高硬度铁磁性锰硼化合物依然是未被探索的领域,因此在相对较低温度下设计和制备新型高强度磁性锰硼化合物对于拓展磁性材料的应用范围具有十分重要的意义。

成型既是一门古老的技术,又是近代的新颖技术。早在窑业制作陶瓷的时代人们就已采用成型工艺。随着生产和科学技术的发展,成型工艺已渗入许多重要行业,如建筑材料、耐火材料、橡胶、塑料加工、电瓷、催化剂等工业。陶瓷成型方法包括干压成型、半干压成型、可塑成型、注浆成型等,这些都属于静压成型工艺。其中预压成型具有工艺简单的优点。

预压成型是将干粉状坯料在钢模中压成致密坯体的一种成型方法(见图1)。可塑成型法:利用模具或刀具等运动所产生的外力对具有塑性的坯料进行加工,使坯料在外力作用下产生塑性变形而成型的方法。

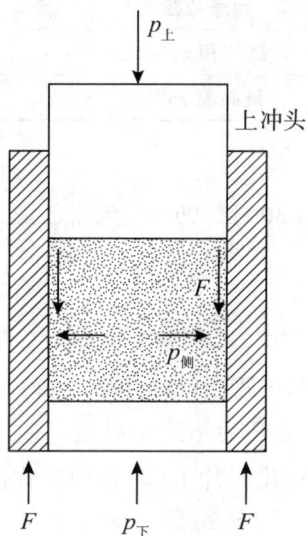

图 1　粉末预压成型示意图

预压成型的影响因素如下：

（1）粉体的压缩性。填充在冲模上的粉体用冲头进行压缩，开始时，粉体的空隙率随压力增加而显著减小。以后减少幅度逐渐变小，至最后阶段，即使仍施加压力，空隙率也很难减小。最终成型产品的密度与粉体真密度相接近。

（2）粉体的粒度分布。充填粉体进行成型时，颗粒间的间隙越小，越能获得理想的成型物。通常，为了获得满意的催化剂成型物，对粉体原料要选择一定的粒度分布。而粉体的最大极限粒径取决于成型产品的大小，成型片小时，最大极限粒径也小。

（3）成型助剂。压缩成型一般在较高压力下进行，为了避免成型物产生层裂、锥状裂纹、缺角或边缘缺损等现象，一般在成型原料中加入少量非金属黏合剂。这些黏合剂对催化剂无害，使用时稳定，或在高温灼烧时能自行挥发掉。

三、仪器与试剂

1.仪器

设备名称	型号或规格	生产厂家或品牌
药勺	中号	不限
压力机(带模具)	≥10吨	不限
电子天平	量程200g、精度0.01g	不限
电子数显游标卡尺	量程200mm	不限
XRD	不限	不限

续表

设备名称	型号或规格	生产厂家或品牌
全方位混料机	罐体积至少1L	长沙米淇
管式炉	最高温1500℃	不限

2.试剂

锰粉(325目,99%)、晶态硼粉(300目,99%)、无水乙醇、无尘纸、称量纸。

四、实验步骤

1.称取10g锰粉,并按比例称取一定量的晶体硼粉,在全方位行星混料机上混合均匀。

2.将步骤1中的混合粉末在一定压力下压制成型。

3.将预压成型的坯体放置到氧化铝片上,转移到管式炉中,并使用氩气冲洗炉腔,排除空气。

4.在流动的氩气中进行烧结,烧结温度1200~1500℃,时间2~24h。

5.实验结束后,冷却到室温,取出样品。

6.XRD物相定性和定量分析。

7.使用阿基米德排水法或通过测试尺寸和质量确定致密度。

五、实验结果与处理

1.产物的宏观照片

图1 烧结产物的宏观照片

2.产物的XRD图谱

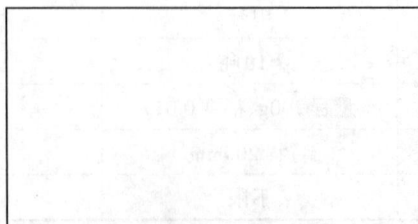

图2 烧结产物的XRD图谱

3.致密度计算

计算公式：

$$K=\rho(实际)/\rho(理论)$$

4.结果总结

序号	原料和配比	烧结工艺	预压压力/MPa	杂质、目标产物名称和含量/%	产物致密度 K/%
1					
2					
3					

六、思考题

影响目标产物致密度的因素有哪些？

七、参考文献

[1]黄培云.粉末冶金原理[M].2版.北京:冶金工业出版社,2012.

[2]马帅领,崔田,包括,等.一种高硬度铁磁性 α-MnB 的制备方法[P].CN 111620696 A.

[3]曲荣君.材料化学实验[M].2版.北京:化学工业出版社,2015.

八、拓展阅读

锌元素掺杂对 ZIF-67 表面和孔结构特性的影响

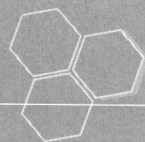

一、实验目的

1. 掌握溶剂热合成方法的基本要领。

2. 了解沸石咪唑酯骨架结构材料的元素掺杂。

二、实验原理

溶剂热法是将反应物密闭在反应釜中,反应过程是通过化学传输完成的,液态或者气态溶剂在高温高压下是传递压力介质,并且大部分反应物都能部分溶解在溶剂里,可使反应在气相和液相溶剂的临界下进行,此时是气相和液相共存,此方法适合复合物、难溶物质以及高温时不稳定物相的合成,因为粒径分布均匀避免了球磨和高温烧结引入杂质和缺陷,同时它还是有效生长单晶的好方法。

溶剂热合成是制备新材料的一种重要的手段,该方法主要的特点就是操作简单,成本极低,同时能够合成出特殊形貌与优异性能的纳米晶。在溶剂热合成体系中,已开发出多种新的合成路线与新的合成方法,如直接法、籽晶法、导向剂法、模板剂法、络合剂法、有机溶剂法、微波法以及高温高压合成技术等。

溶剂热合成的特点:

(1)体系一般是处于非平衡态,溶剂处于临界或超临界状态;

(2)反应物活性提高,能制备固相反应难以制备出的材料;

(3)中间态、介稳态以及特殊相易于生成,能合成介稳态或者其他特殊凝聚态的化合物、新化合物;

(4)能够合成熔点低、蒸气压高、高温分解的物质;

(5)低温、等压、溶液条件,有利于生长缺陷少、取向好的纳米晶;

(6)由于环境气氛可调,因此可以合成出低价态、中间价态与特殊价态化合物,并能进行均匀掺杂。

沸石咪唑酯骨架化合物(zeolitic imidazolate frameworks,ZIFs)是一种新型的 MOFs 材料,ZIFs 是将咪唑环上的 N 原子络合到二价过渡金属离子上而形成的一种具有沸石拓扑结构的多孔晶体材料,通过调变配体或配体间的相互作用就可以形成不同结构的ZIFs。

三、仪器与试剂

1.仪器

设备名称	型号或规格	生产厂家或品牌
药勺	中号	不限
聚四氟乙烯反应釜	50mL	不限
电子天平	量程100g、精度0.01g	不限
磁力搅拌器	不限	不限
XRD	不限	不限
SEM	不限	不限
中型烘箱	不限	不限
接触角测试仪	不限	不限
比表面积分析仪	不限	不限

2.试剂

硝酸钴(99%)、硝酸锌(99%)、2-甲基咪唑(99%)、无水乙醇、甲醇、称量纸。

四、实验步骤

1.称取 2g 硝酸钴,并按比例称取一定量的硝酸锌和 2-甲基咪唑。

2.将步骤(1)中的混合物倒入烧杯中,然后加入一定量的无水乙醇,磁力搅拌溶解。

3.将步骤(2)中的溶液倒入水热反应釜,密封后放入烘箱。

4.在烘箱中反应,反应温度 100~150℃,时间 1~24h。

5.实验结束后,冷却到室温取出样品,离心洗涤多次,然后烘干。

6.XRD 物相定性和定量分析。

五、实验结果与处理

1.产物的 XRD 图谱

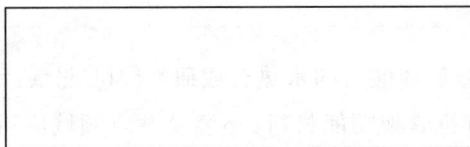

图1　产物的 XRD 图谱

2.产物的表面润湿角

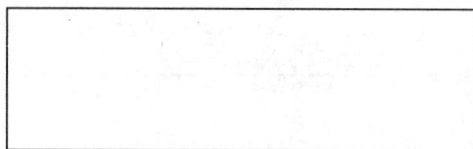

图2　产物的接触角照片

3.产物的氮气吸脱附

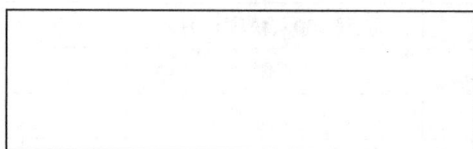

图3　产物的氮气吸脱附曲线

4.形貌观察

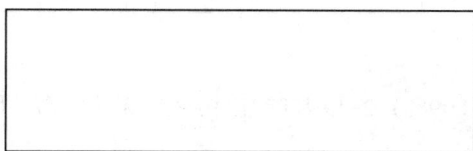

图4　产物的SEM照片

5.结果总结

序号	锌元素掺杂量/%	润湿角/(°)	平均孔径大小/埃	比表面积/(m²/g)
1				
2				
3				
4				

六、思考题

锌元素掺杂对ZIF-67的润湿角和表面积是否有影响?

七、参考文献

[1]付云龙.开放骨架金属硫酸盐的水热合成研究[M].北京:科学出版社,2008.

[2]熊炜平,等.金属有机骨架功能材料(环境及健康领域应用)[M].北京:科学出版社,2023.

八、拓展阅读

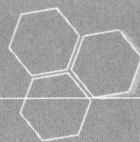

实验 10　可见光降解有机污染物的测定

一、实验目的

1.掌握确定反应级数的原理和方法。

2.测定甲基橙在可见光作用下的光催化降解反应速率常数。

3.了解可见光分光光度计的构造、工作原理,掌握分光光度计的使用方法。

二、实验原理

国内外大量研究表明,光催化法能有效地将烃类、卤代有机物、表面活性剂、染料、农药、酚类、芳烃类等有机污染物降解,最终无机化为 CO_2、H_2O。因此,光催化技术具有在常温常压下进行、彻底消除有机污染物、无二次污染等优点。

光催化技术的研究涉及原子物理、凝聚态物理、胶体化学、化学反应动力学、催化材料、光化学和环境化学等多个学科,因此多相光催化是集这些学科于一体的多种学科交叉汇合而成的一门新兴的科学。

光催化以半导体如 TiO_2、ZnO、CdS、WO_3、SnO_2、ZnS、$SrTiO_3$ 等作催化剂,其中 TiO_2 具有价廉无毒、化学及物理稳定性好、耐光腐蚀、催化活性好等优点。TiO_2 是目前广泛研究、效果较好的光催化剂之一。

半导体之所以能作为催化剂,是由其自身的光电特性所决定的。半导体粒子含有能带结构,通常情况下是由一个充满电子的低能价带和一个空的高能导带构成,它们之间由禁带分开。研究证明,当 pH=1 时锐钛矿型 TiO_2 的禁带宽度为 3.2eV,半导体的光吸收阈值 λ_g 与禁带宽度 E_g 的关系式为:

$$\lambda_g(nm)=1240/E_g(eV)$$

当用能量等于或大于禁带宽度的光($\lambda<388nm$ 的近紫外光)照射半导体光催化剂时,半导体价带上的电子吸收光能被激发到导带上,因而在导带上产生带负电的高活性光生电子(e^-),在价带上产生带正电的光生空穴(h^+),形成光生电子–空穴对。空穴具有强氧化性;电子则具有强还原性。

当光生电子和空穴到达表面时,可发生两类反应。第一类是简单的复合,如果光生电子与空穴没有被利用,则会重新复合,使光能以热能的形式散发掉。

第二类是发生一系列光催化氧化还原反应,还原和氧化吸附在光催化剂表面上的物质。

利用高度活性的羟基自由基·OH无选择性地氧化包括生物难以降解的各种有机物并使之完全无机化。有机物在光催化体系中的反应属于自由基反应。

甲基橙染料是一种常见的有机污染物,无挥发性,且具有相当高的抗直接光分解和氧化的能力;其浓度可采用分光光度法测定,方法简便,常被用作光催化反应的模型反应物。甲基橙的分子式如下:

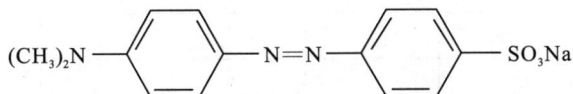

$$(CH_3)_2N-\!\!\!\!\bigcirc\!\!\!\!-N=N-\!\!\!\!\bigcirc\!\!\!\!-SO_3Na$$

从结构上看,它属于偶氮染料,这类染料是各类染料中最多的一种,约占全部染料的50%左右。根据已有实验分析,甲基橙是较难降解的有机物,因而以它作为研究对象有一定的代表性。

三、仪器和试剂

1.仪器

磁力搅拌器2台,抽滤装置1套,烘箱1台,高温炉1台,电子天平1台,秒表1个,移液枪1支,722型可见光分光光度计1台;可见光氙灯灯源1台(附420nm滤波片);培养皿2套;称量纸、擦镜纸,1cm比色皿4支、容量瓶1个,50mL烧杯若干、玻璃棒3支。

2.试剂

甲基橙贮备液(15mg/L),纳米二氧化钛100g,蒸馏水2.5L。

四、实验步骤

了解可见光分光光度计的原理和使用方法,参阅相关教材及文献资料。

1.调整分光光度计零点,打开722型分光光度计电源开关,预热至稳定。调节分光光度计的波长旋钮至462nm。打开比色槽盖,即在光路断开时,调节"0"旋钮,使透光率值为0。取一只1cm比色皿,加入参比溶液蒸馏水,擦干外表面(光学玻璃面应用擦镜纸擦拭),放入比色槽中,确保放蒸馏水的比色皿在光路上,将比色槽盖合上,即光路通时,调节"100"旋钮使透光率值为100%。

2.光催化活性测试:

取10mL 15mg/L甲基橙溶液分装在两个表面皿中,并分别加入0.1g TiO$_2$光催化剂,静置10min,以使固液两相达到吸附平衡,然后经离心分离,取上层清液测试其浓度。然后将样品置于可见光氙灯下光照。每隔20min,取样4mL(此时关掉光源),用离心机离心,然后再用可见光分光光度计测试甲基橙溶液波长为462nm处的吸收,并记录实验数据。

五、结果与处理

1.设计实验数据表,记录吸光度(　　　　)。甲基橙初始的吸光度$A_0=1.620$。

反应时间/min		0	20	40	60	80	100
1#	（吸光度A)						
	$\ln(C_0/C)$						
2#	（吸光度A)						
	$\ln(C_0/C)$						
3#	（吸光度A)						
	$\ln(C_0/C)$						

注:

1#:在无光催化剂作用下,甲基橙在光照下的情况。

2#:在纳米TiO_2光催化作用下,甲基橙在无光照下的情况。

3#:在纳米TiO_2光催化作用下,甲基橙在光照下的情况。

2.如果纳米TiO_2光催化降解甲基橙的反应是一级反应,则有$\ln(C_0/C)=kt$。

以浓度$\ln(C_0/C)$对时间t作图:由所得直线的斜率,求出甲基橙降解的速率常数$k(TiO_2)$=_____。

3.结果验证:据实验结果图,判断此光催化反应在0~100min中$\ln(C_0/C)$~t关系成一直线,因此符合假设,即TiO_2光催化降解甲基橙的反应是一级反应。TiO_2光催化剂在可见光作用下能有效地降解有机染料。

六、思考题

1.用可见光分光光度计测试甲基橙浓度的原理是什么?

2.为什么要做两个空白对比实验?其目的是什么?

3.如何确定甲基橙的光催化降解反应级数?

4.对于本次开放实验,谈谈个人心得。

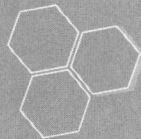

一、实验目的

1. 掌握金属合金电沉积的基本原理，了解电沉积的一般工艺过程。
2. 初步了解电沉积条件对镍铁合金沉积层结构与性能的影响。
3. 试验并了解稳定剂、添加剂（糖精等）对电沉积光亮镍铁合金的影响。

二、实验原理

电沉积是用电解的方法在导电基底的表面上沉积一层具有所需形态和性能的金属沉积层的过程。传统上，电沉积金属的目的一般是改变基底表面的特性，改善基底材料的外观、耐腐蚀性和耐磨损性。现在，电沉积这一古老而又年轻的技术正日益发挥着其重要作用，已广泛应用于制备半导体、磁膜材料、催化材料、纳米材料等功能性材料和微机电加工领域中。

溶液中镍离子的浓度、添加剂与缓冲剂的种类和浓度、pH、温度及所使用的电流密度、搅拌情况等都能够影响电沉积的效果。研究这些因素对电沉积镍的影响，可以找到电沉积镍的最佳工艺条件。不但具有很好的理论意义，更对将来应用于实际生产有很大的帮助。本实验重点研究温度这一因素对电沉积镍这一过程的影响。

电沉积过程中，由外部电源提供的电流通过镀液中两个电极（阴极和阳极）形成闭合的回路。当电解液中有电流通过时，在阴极上发生金属离子的还原反应，同时在阳极上发生金属的氧化（可溶性阳极）或溶液中某些化学物种（如水）的氧化（不溶性阳极）。其反应可一般地表示为：

阴极反应：$M^{n+}+ne \Longrightarrow M$　　　　　　　　　　（1）

副反应：$2H^{+}+2e \Longrightarrow H_2$（酸性镀液）　　　　（2）

$2H_2O+2e \Longrightarrow H_2+2OH^{-}$（碱性镀液）　　　（3）

当镀液中有添加剂时，添加剂也可能在阴极上反应。

阳极反应：$M-ne \Longrightarrow M^{n+}$（可溶性阳极）　　　（4）

或 $2H_2O-4e \Longrightarrow O_2+4H^{+}$（不溶性阳极，酸性）　　（5）

镀液组成（金属离子、导电盐、配合剂及添加剂的种类和浓度）和电沉积的电流密度、镀液 pH 值和温度甚至镀液的搅拌形式等因素对沉积层的结构和性能都有很大的影响。确定镀液组成和沉积条件,使我们能够电镀出具有所要求的物理-化学性质的沉积层,是电沉积研究的主要目的之一。

电镀过程的主要反应为:

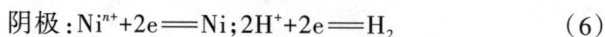

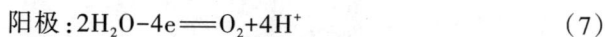

阴极:$Ni^{n+}+2e \Longrightarrow Ni$;$2H^{+}+2e \Longrightarrow H_2$ (6)

阳极:$2H_2O-4e \Longrightarrow O_2+4H^{+}$ (7)

镀层状况记录符号如图1所示。

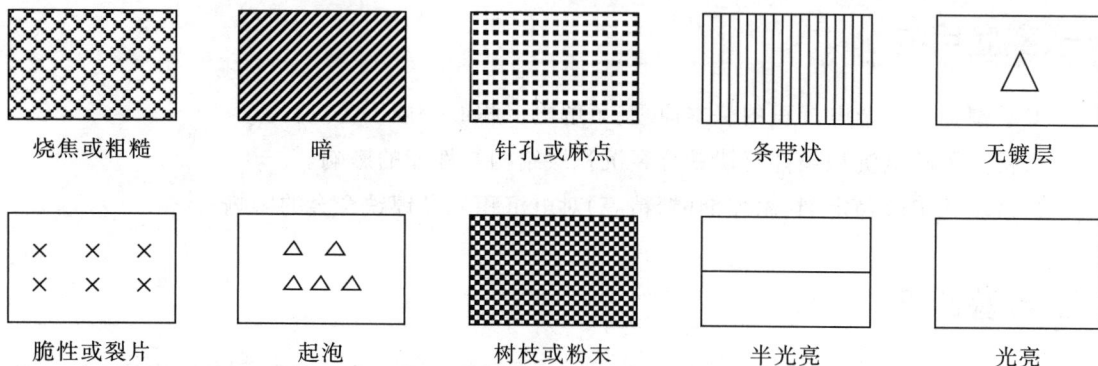

图 1 镀层状况记录符号

实验过程中,电沉积实验前必须仔细检查电路是否接触良好或短路,以免影响实验结果或烧坏电源;阴极片的前处理将影响镀层质量,因此要认真,除油和酸洗要彻底;加入添加剂时要按计算量加入,不能多加;新配镀液要预电解;电镀时要带电入槽,电镀过程中镀液挥发应及时用去离子水补充并调整 pH 值。

三、仪器试剂

1.仪器

直流稳压电源、电流表、恒温槽、电吹风、导线、铝片、碳棒。

2.试剂

硫酸镍、硫酸亚铁、氯化镍、硼酸、柠檬酸三钠、抗坏血酸、糖精、十二烷基苯磺酸钠、苯亚磺酸钠、除油液和酸洗液。

四、实验步骤

1.电镀液的配制

按下表配方配制 200mL 基础镀液:

电解液组成/gL^{-1}		工艺条件	
NiSO$_4$·6H$_2$O	200~260	电流密度	5~10A/dm^2
NiCl$_2$·6H$_2$O	45	温度	60~70℃
FeSO$_4$·7H$_2$O	20~50	pH值	2.0~3.5
H$_3$BO$_3$	40	沉积时间	40~60min
柠檬酸三钠	20~40		
抗坏血酸	10		
糖精	3		
十二烷基苯磺酸钠	0.2		
苯亚磺酸钠	0.3		

　　配制电镀液所用试剂均为分析纯,用去离子水配制电解液,用10%的硫酸或10%NaOH溶液调节电解液的pH值。在电沉积前,采用小电流密度处理配制好的电解液,并陈化一段时间。电镀液具体配置步骤如下:

　　(1)取三分之二体积的去离子水加热到80℃左右。

　　(2)依次加入计量的H$_3$BO$_3$、硫酸镍、氯化镍、柠檬酸三钠等,分别搅拌溶解。

　　(3)然后缓慢加入硫酸亚铁,同时不断搅拌溶解。

　　(4)另取适量的去离子水加热,加入糖精,待溶解后,再加入添加剂(十二烷基苯磺酸钠和苯亚磺酸钠)溶解。

　　(5)将配置好的糖精和添加剂的溶液倒入前面配置的电解液中,再用10%的硫酸或10%NaOH溶液调节电解液的pH值。

　　(6)最后用去离子水调整电解液至规定体积。

　　注意:在配制电解液时,一定要注意硫酸亚铁加入的顺序,必须是在电解液其他组分配好后,才加入硫酸亚铁,即用已配好的电解液来溶解硫酸亚铁,以防止硫酸亚铁氧化。

2.电沉积过程

　　(1)将铝片用金相砂纸磨光,用石蜡蜡封非电镀面,如蜡封多可用小刀去除多余的石蜡,然后在丙酮中除油和10% HCl弱腐蚀,用自来水和去离子水逐次认真清洗后,干燥称重,记为W_1。

　　(2)用碳棒为阳极,铝片电极为阴极,阴极和阳极相对平行放置,阴阳极相隔一定的距离(2~5cm)。以1A的电流沉积20min,取出阴极片,用水冲洗干净,经干燥后称重,记为W_2,电沉积Ni的质量即$W_{Ni}=W_2-W_1$,记录阴极上镍的沉积情况。

3.不同工艺条件电沉积

　　根据步骤2(电沉积过程)的实验条件,改变电沉积电流密度、电沉积温度、电解液pH值等,比较不同条件下的电沉积效果并进行记录。

电镀镍铝工艺流程如下：

铝片打磨→非工作面绝缘→工作面化学除油→水洗→酸洗→水洗→烘干→称重→带电入槽进行电镀→一次水洗→二次水洗→烘干→称重。

五、数据处理

1.计算电沉积电流效率 η

电沉积的效果一般用电沉积电流效率 η 来衡量。电沉积电流效率 η 指在电化学沉积过程中，实际上被还原或氧化的物质量与理论上应该被还原或氧化的物质量之比，公式如下：

$$\eta = \frac{W_{Ni}}{I \cdot t \cdot C_{Ni}} \times 100\%$$

式中： W_{Ni} 为阴极片镀后增重（g）； I 为电镀时所用电流（A）； t 为电镀时间（h）； C_{Ni} 为镍的电化学当量（=1.095g/A·h）。具体数据列在后表。

2.计算镀层的厚度 L 和沉积速度 ν

根据镀层的质量，利用以下公式计算镀层的厚度 L 和沉积速度 ν，具体数据列在表2。

$$L = \frac{W_{Ni}}{S_C \cdot \rho_{Ni}}$$

$$\nu = \frac{L}{t}$$

式中： S_C 为阴极面积（cm²）， ρ_{Ni} 为金属Ni的密度（8.9g/cm³）， t 为电镀时间。

3.不同电沉积条件对比

对比分析不同温度的电沉积情况，具体数据列在下表。根据实验数据以温度为横坐标、沉积速率和电流效率为纵坐标作图。

$T/℃$	$\nu/(cm/h)$	L/cm	W_{Ni}/g	η
室温				
75				

六、思考题

1.电沉积过程主要包括哪些步骤？

2.镍铝合金镀液中稳定剂、添加剂主要起什么作用？

实验 12　CoOOH 样品的制备及其析氧性能测试

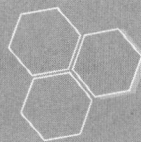

一、实验目的

1.掌握 CoOOH 的制备方法。

2.掌握 CoOOH 的测试方法。

3.掌握粉末和自支撑材料的测试方法。

二、实验原理

过渡金属氧氢氧化物（MOOH，M=Fe，Co，Ni）作为层状结构家族的一员，对 OER 展现出非凡的催化活性，CoOOH 被认为是最有前途的 OER 催化剂之一。其中制备的方法之一可选用 H_2O_2 作为氧化剂，将 Co(OH)F 氧化为 CoOOH，用作析氧催化剂。

三、仪器与试剂

1.仪器

微量注射器、超声机、PGSTAT302N 恒电位仪/恒电流仪、氧化汞电极、铂电极、标准氢电极、高仕睿联 C004 传统五口电解池、三口电解池、红外干燥器、烘箱、油浴锅。

2.试剂

商业 RuO_2、超纯水、异丙醇、20Nafion（质量分数为 5%）、导电炭黑、KOH、O_2、碳纸、硝酸、丙酮、乙醇、硝酸钴、氟化铵、尿素、双氧水、NaOH。

四、实验步骤

1.Co(OH)F/CP 和 Co(OH)F 前驱体的合成

首先，将透明溶液（包括 4mmol Co(NO$_3$)$_2$·6H$_2$O、4mmol NH$_4$F、8mmol 尿素和 35mL 超纯水）持续搅拌 30min，然后转移到 50mL Teflon 内衬的不锈钢高压釜中，最后将一张 2cm×2.5cm 的碳纸（CP）浸入溶液中，并在 120℃下水热保存 6h。高压釜自然冷却至室温后取出

Co(OH)F/CP和粉末,并将其用水和乙醇洗涤3次,在60℃下干燥过夜。

2.CoOOH/CP、CoOOH电极的合成

为了制备CoOOH/CP、CoOOH电极,将Co(OH)F/CP、Co(OH)F放入三口烧瓶中并分散在40mL去离子水中,然后加入10mL、1.0M的NaOH溶液,调节溶液的pH接近12。20min后,将4mL H_2O_2溶液(质量分数为30%)缓慢滴入上述溶液中,并在45℃下恒温加热2h,最终的产物用去离子水清洗3次于60℃干燥过夜,制得CoOOH/CP、CoOOH电极。

3.RuO$_2$电极的制备

商业RuO$_2$分散在200μL超纯水、780μL异丙醇和20μL Nafion(质量分数为5%)溶液中,连续超声至少1h制成均一的催化剂油墨,然后将油墨滴在RDE/CP上,在红外干燥器下干燥。

4.RuO$_2$、CoOOH/CP、CoOOH电极的性能测试

记录样品的OER性能之前,先扫描20次的循环伏安法(CV)用以活化电极,扫描速率为50mV/s,HER的电位窗口为1.0~2.0V(相对于RHE)。

线性扫描伏安法(linear sweep voltammetry,LSV)的扫描速率为5mV/s。

五、实验结果与处理

对于LSV数据,分别记录10、100、500mA/cm²的过电位。

六、思考题

氧化过程中H_2O_2的使用有哪些注意事项?

七、拓展阅读

溶胶-凝胶法制备纳米 TiO₂ 薄膜材料与表征

一、实验目的

1. 了解溶胶-凝胶法的定义与应用。

2. 了解纳米薄膜材料的分类与应用。

3. 掌握纳米薄膜材料的制备与表征方法。

二、实验原理

纳米材料是指在三维空间中至少有一维处于纳米尺度范围(1~100nm)或由它们作为基本单元构成的材料。纳米材料具有小尺寸效应、表面效应、量子尺寸效应和宏观量子隧道效应等四大特性。

纳米薄膜是一类具有广泛应用前景的新材料,按用途可以分为两大类,即纳米功能薄膜和纳米结构薄膜。前者主要是利用纳米粒子所具有的光、电、磁方面的特性,通过复合使新材料具有基体所不具备的特殊功能。后者主要是通过纳米粒子复合,提高材料在机械方面的性能。纳米薄膜的制备方法按原理可分为物理方法和化学方法两大类。离子束溅射沉积和磁控溅射沉积,以及新近出现的低能团簇束沉积法都属于物理方法;化学气相沉积(CVD)、溶胶-凝胶(Sol-Gel)法和电沉积法属于化学方法。实际上手机屏幕就是一个典型的纳米薄膜材料的应用实例。手机电容式触摸屏在触摸屏四边均镀上狭长的电极,在导电体内形成一个低电压交流电场。用户触摸屏幕时,由于人体电场,手指与导体层间会形成一个耦合电容,四边电极发出的电流会流向触点,而电流强弱与手指到电极的距离成正比,位于触摸屏幕后的控制器便会计算电流的比例及强弱,准确算出触摸点的位置。手机电阻式触摸屏的屏体部分是一块与显示器表面非常配合的多层复合薄膜,由一层玻璃或有机玻璃作为基层,表面涂有一层透明的导电层(ITO,氧化铟),上面再盖有一层外表面硬化处理、光滑防刮的塑料层,它的内表面也涂有一层ITO,在两层导电层之间有许多细小(小于千分之一英寸)的透明隔离点把它们隔开绝缘。

2015年3月,石墨烯手机在重庆发布,据了解这款手机由石墨烯薄膜制成石墨烯触摸屏,透光率高达97.7%,比市场上主导的透明导电膜ITO透光性更好,即使是在强烈的光线之下,手机屏幕显示也很清晰,色彩真实、画面纯净;其次,使用了石墨烯材料的电池就好比是加入了"导电添加剂",让电池的能量密度提升了10%,并且电池使用寿命也提高50%;最后,该手机采用石墨烯导热膜以后,能将手机局部约50℃的高温均匀地传导至手机背部,使手机表面最高温度可降低至35℃以下,从而解决了手机发烫的问题。

二氧化钛(TiO_2)具有的杀菌、自清洁等作用日益受到人们的青睐。二氧化钛光催化剂具有氧化活性高、催化能力强、活性稳定、抗湿性好和强力杀菌等优异性能,在废水降解、消除有害无机气体、杀菌和净化空气等方面得到了广泛的应用。较之二氧化钛粉末,二氧化钛薄膜由于克服了分离困难、易团聚、不适合流动体系、反应后难回收和活性低等缺点而被广泛应用。特别是当二氧化钛薄膜是由纳米粒子组成的时候,在太阳能的储存与运用、光化学转换及有机污染物的环境处理方面有着诱人的应用前景。

通常以金属有机醇盐为原料,通过水解与缩聚反应而制得溶胶,并进一步缩聚而得到凝胶。如纳米TiO_2的制备,通常是以$Ti(OC_4H_9)_4$为原料来制备纳米TiO_2,此时$Ti(OC_4H_9)_4$发生如下的水解缩聚:

水解:

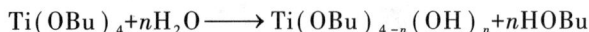
$$Ti(OBu)_4 + nH_2O \longrightarrow Ti(OBu)_{4-n}(OH)_n + nHOBu$$

失水缩聚:

$$\equiv Ti\text{-}OH + HO\text{-}Ti \equiv \longrightarrow \equiv Ti\text{-}O\text{-}Ti \equiv + H_2O$$

失醇缩聚:

$$\equiv Ti\text{-}OR + HO\text{-}Ti \equiv \longrightarrow \equiv Ti\text{-}O\text{-}Ti \equiv + ROH$$

其中,当$n \leqslant 4$时,$Ti(OC_4H_9)_4$与少量水发生水解反应,生成$Ti(OBu)_{4-n}(OH)_n$单体,如果$n=4$,则出现水合TiO_2沉淀。在反应中需加入催化剂,目的是控制$Ti(OC_4H_9)_4$的水解和缩聚反应速度。均匀分散在醇中的$Ti(OBu)_{4-n}(OH)_n$单体发生缩聚反应,经过$Ti(OBu)_{4-n}(OH)_n$单体的失水和失醇缩聚,生成—Ti—O—Ti—桥氧键,并导致二维和三维网络结构的形成。反应体系中加水量的不同,形成的聚合物可呈线性、二维或三维结构。要制备薄膜,则希望聚合物是线性的,因此,水的加入量要适当。

三、仪器和试剂

1.仪器
搅拌器、烘箱、超声波清洗器、光谱仪。

2.试剂
钛酸丁酯、无水乙醇、二乙醇胺。

四、实验内容与步骤

1.载玻片预处理

采用水洗—醇洗—烘干步骤对载玻片进行预处理。

2.TiO_2溶胶的制备

量取 35.5mL 的无水乙醇置于烧杯中,准确量取 $Ti(OC_4H_9)_4$ 8.5mL 加入乙醇中,加入 $NH(C_2H_5O)_2$ 2.5mL,搅拌 2h,再加入 0.5mL 水,搅拌 10min,得到清澈透明的 TiO_2 溶胶。

3.TiO_2薄膜的制备

用洁净的普通钠钙载玻片作基体从溶胶前驱体中采用浸渍提拉的方法制备二氧化钛薄膜。

将载玻片浸在 TiO_2 溶胶中 10s,缓慢提拉,再将载玻片置于 40℃烘箱中 10min。

4.TiO_2薄膜透光率的测定

5.TiO_2薄膜的煅烧处理

400℃下保温 1h,拍照片记录。

五、实验数据处理

1.描述膜形貌情况。
2.膜透光率实验数据。

六、思考题

TiO_2薄膜的制备的影响因素主要有哪些?

七、教学后记

1.取 $Ti(OC_4H_9)_4$ 和四氯化钛的移液管必须马上用浓 HCl 润洗干净。
2.可提供的主要实验试剂:钛酸丁酯、四氯化钛、硝酸锌、无水乙醇、常见的酸和碱。

实验 14　钒酸盐的制备及其表征

一、实验目的

1. 了解钒酸盐材料的结构、性能与应用。

2. 掌握固相法制备钒酸盐的方法和具体操作步骤。

3. 掌握钒酸盐材料的制备与表征方法。

二、实验原理

半导体材料因为其具有光电转换效率和较高的光催化性能而备受关注,其中钒酸盐作为一种新型非钛基半导体材料具有多种优良的性能。$BiVO_4$是一种光催化半导体材料,具有三种主要的晶相,分别是四方锆石型、单斜白钨矿型及四方白钨矿型,其中单斜白钨矿型禁带宽度约为 2.4eV,具有可见光吸收特性,克服了传统光催化剂二氧化钛只能吸收紫外光的缺点,受到越来越多的重视,其在降解有机物和光解水领域有着广阔的发展前景。$BiVO_4$的制备方法主要有固相法、沉淀法、水热法、溶胶–凝胶法、微波法等。

采用低温固相研磨法来制备$BiVO_4$,该方法具有操作过程简单、成本低、反应条件温和、无溶剂、污染小等优点。将硝酸铋和偏钒酸铵混合研磨,在一定温度下进行反应制得。

$$Bi(NO_3)_3+NH_4VO_3+H_2O \Longrightarrow BiVO_4+NH_4NO_3+2HNO_3$$

三、仪器与试剂

1. 仪器

玛瑙研钵、烘箱、离心机、XRD 等。

2. 试剂

硝酸铋、偏钒酸铵、无水乙醇等。

四、实验内容与步骤

1.按照 nBi：nV=1：1 称取一定量的 $Bi(NO_3)_3 \cdot 5H_2O$ 和 NH_4VO_3，加入玛瑙研钵中混合均匀，对其充分研磨，直到形成红褐色浆状液。

2.将浆状物转移入坩埚中，然后将其放在120℃烘箱中12h，反应结束，将产物从坩埚中取出，用蒸馏水洗涤2~3次，无水乙醇洗涤1次，洗涤过程采用离心机对其进行分离。

3.将离心分离后的产物置于60℃烘箱内干燥6h。

4.在步骤1中可适当掺杂金属离子，制备改性的 $BiVO_4$。

五、实验数据处理

1.实验过程现象描述。

2.产率计算。

3.XRD表征。

六、思考题

固相研磨法制备 $BiVO_4$ 的影响因素主要有哪些？

七、参考文献

[1]肖强华,朱毅,郭佳,等.一种新的低温固相法选择性制备单斜相钒酸铋[J].无机化学学报,2011,27(1):19-24.

八、实验要求

实验过程中认真记录实验数据和观察现象，随时接受老师的随机提问，实验结束后完成实验报告。

一、实验目的

1. 了解我国污水处理现状以及存在的问题。
2. 学习使用紫外分光光度计测试降解溶液吸光度的方法。
3. 掌握钒酸盐降解处理模拟污水的方法。

二、实验原理

　　纳米半导体材料因为其具有光电转换效率和较高的光催化性能而备受关注,钒酸盐光催化半导体材料有多种优良的性能,如稳定性较好、光催化性能好及价格低廉等。

　　目前,我国的 669 个城市中有 400 多个缺水,其中有 110 个为严重缺水城市,缺水量每年在 60 亿吨。随着经济的发展,水资源匮乏问题日益突出,成为制约社会经济发展的主要因素之一,我国每年因缺水造成的经济损失高达 2000 亿元以上。城市污水是改革开放以来我国城市经济社会高速发展、人口数量急剧增加所带来的副产品。我国每年排放污水 800 亿立方米,而且还在不断地增长。大量的污水未经处理或有效处理就被直接排入江河湖海,水污染又促使水资源紧缺日益加剧,形成了恶性循环。我国面临水资源短缺及水污染严重的双重问题,污水处理需向着污水资源化的发展阶段迈进。钒酸盐作为一种光催化剂,广泛应用于降解处理污水。

　　将制备得到的钒酸盐粉末置于一定浓度的模拟污水甲基橙溶液中,在紫外可见光光源照射下反应不同时间,测定溶液的吸光度。吸光度和浓度之间的关系符合朗伯-比尔定律:$A=\lg(1/T)=\lg(I_0/I)=kbc$。其中,$A$ 为吸光度,T 为透射比,I_0 为投射光强度,I 为入射光强度,c 为吸光物质的浓度,b 为吸收层厚度。物理意义是当一束平行单色光垂直通过某一均匀非散射的吸光物质时,其吸光度 A 与吸光物质的浓度 c 及吸收层厚度 b 成正比。

　　通过以上操作,可根据标准工作曲线计算甲基橙的浓度及光催化降解率(η):

$$\eta = \frac{c_0 - c}{c_0} \times 100\% = \frac{A_0 - A}{A_0} \times 100\%$$

式中：A_0和A分别为样品的初始吸光度值和降解后的吸光度值；c_0和c分别为溶液的初始浓度和降解后的浓度。因此随着反应时间的不同，依上式可得出催化剂对甲基橙溶液的降解情况和降解率。

具体的反应方程式为：

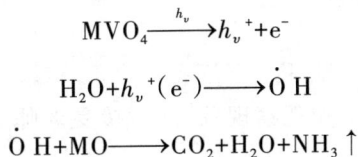

$$MVO_4 \xrightarrow{h_\nu} h_\nu^+ + e^-$$

$$H_2O + h_\nu^+(e^-) \longrightarrow \dot{O}H$$

$$\dot{O}H + MO \longrightarrow CO_2 + H_2O + NH_3 \uparrow$$

三、仪器与试剂

1.仪器

光源（可见光）、国华恒温磁力搅拌器（1个）、磁石（1粒）、电子天平（1台）、100mL烧杯（1个）、75-2型紫外分光光度计（1台）、玻璃比色皿（若干）、离心机（1台）。

2.试剂

制备得到的MVO_4粉末、10mg/L的甲基橙溶液（MO）、30%的双氧水溶液（H_2O_2）。

四、实验过程

1.将自制的MVO_4粉末在研钵中研磨均匀，用电子天平称取20mg MVO_4粉末加入50mL的烧杯中。

2.用移液管量取10mL 10mg/L的甲基橙溶液加入烧杯中，将烧杯放在超声波清洗机中超声2min，以使催化剂充分分散并达到吸附平衡。

3.在烧杯中加入3~4滴30%的双氧水溶液（H_2O_2），将烧杯转移到可见光光源下光照90min，开启电磁搅拌器，即进行光催化降解实验。

4.反应结束后取出烧杯，将得到的物质在离心机中以6000r/min的转速下离心分离10min，共离心两次，得到澄清的反应清液。

5.清液用紫外分光光度计测量其催化降解后的吸光度，并计算降解率。

五、实验记录与结果

1.甲基橙的降解率。

2.降解率随时间的变化曲线。

六、思考题

影响钒酸盐的光催化活性的可能因素有哪些？

七、实验要求

实验过程认真记录实验数据和观察现象,随时接受老师的随机提问,实验结束后完成实验报告。

一、实验目的

1. 了解析氢和析氧反应的区别。
2. 掌握基本的析氢和析氧反应测试方法。
3. 掌握 Pt/C 和 RuO_2/IrO_2 的测试方法。

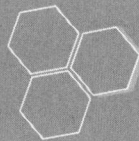

二、实验原理

氢能作为新型能源是最具发展前景的,具有热值高(1kg 的氢气燃烧可产生热量 120.0MJ)、转换效率高以及碳零排放等优势。电解水制氢,起始反应物是水,在非碳能源电力的作用下,整个电解过程产物只有氢气和氧气,氢气经燃烧其产物仅为水,非常绿色环保。电解水通常由两个半反应构成,即阴极的析氢反应(hydrogen evolution reaction,HER,$2H^+ + 2e^- \rightarrow H_2$)和阳极的析氧反应(oxygen evolution reaction,OER,$4OH^- - 4e^- \rightarrow O_2 + 2H_2O$)。此外,贵金属 Pt 和 RuO_2/IrO_2 仍是电催化性能最佳且最为有效的 HER/OER 催化剂,通过对其性能的测试,进一步掌握对析氢和析氧反应的理解。

三、仪器与试剂

20% 商业 Pt/C、商业 RuO_2/IrO_2、超纯水、异丙醇、Nafion(5%)、导电炭黑、KOH、N_2、O_2。

微量注射器、超声机、PGSTAT302N 恒电位仪/恒电流仪、氧化汞电极、铂电极、标准氢电极、高仕睿联 C004 传统五口电解池、三口电解池、红外干燥器。

四、实验步骤

1. 20% Pt/C 和 RuO_2/IrO_2 电极的制备

5mg 20% 商业 Pt/C 或 IrO_2/RuO_2 分散在 200μL 超纯水、780μL 异丙醇和 20μL Nafion(5%)溶液中,连续超声至少 1h,制成均一的催化剂油墨,然后将 10μL 油墨滴在 RDE 上,在红外干燥器下干燥。

2.20% Pt/C 和 RuO₂/IrO₂ 电极的性能测试

记录样品的 HER/OER 性能之前,先扫描 20 次的循环伏安法(CV)用以活化电极,扫描速率为 50mV/s,HER 的电位窗口为 0 到 -0.4V(相对于 RHE),OER 的电位窗口为 1.0~2.0V。

线性扫描伏安法(LSV)的扫描速率为 5mV/s。

五、实验结果与处理

对于 LSV 数据,分别记录 10、100、500mA/cm² 的过电位。

六、思考题

1.析氢和析氧反应的原理有何不同?

2.析氢和析氧反应的测试方法有何不同?

3.如何配制测试浆料?

七、拓展阅读

实验 17　CoP 样品的制备及其析氢性能测试

一、实验目的

1. 掌握 CoP 的制备方法。
2. 掌握 CoP 的测试方法。
3. 掌握粉末和自支撑材料的测试方法。

二、实验原理

过渡金属磷化物（TMPs）如 Fe_xP、Co_xP、Ni_xP 因其储量丰富、高稳定性、无毒、电荷转移快以及导电性好等优点而被认为是贵金属催化剂最有可能的替代品，且许多研究表明 TMPs 表现出优异的析氢反应（HER）活性。其中制备的方法之一可选用次磷酸钠加热分解产生的磷化氢气体，在高温氢气氛围下，金属和磷源发生反应生成磷化物。

三、仪器与试剂

20% 商业 Pt/C、超纯水、异丙醇、杜邦 Nafion 膜溶液（5%）、导电炭黑、KOH、N_2、H_2、碳纸（carbon paper，CP）、硝酸、丙酮、乙醇、硝酸钴、氟化铵、尿素、次磷酸钠。

微量注射器、超声机、PGSTAT302N 恒电位仪/恒电流仪、氧化汞电极、铂电极、标准氢电极、高仕睿联 C004 传统五口电解池、三口电解池、红外干燥器、烘箱、管式炉。

四、实验步骤

1.Co(OH)F/CP 和 Co(OH)F 前驱体的合成

首先，将透明溶液（包括 4mmol $Co(NO_3)_2 \cdot 6H_2O$、4mmol NH_4F、8mmol 尿素和 35mL 超纯水）持续搅拌 30min，然后转移到 50mL Teflon 内衬的不锈钢高压釜中，最后将一张 1cm×1cm 的 CP 浸入溶液中，并在 120℃ 下水热保存 6h。高压釜自然冷却至室温后取出 Co(OH)F/CP 和粉末，并将其用水和乙醇洗涤 3 次，在 60℃ 下干燥过夜。（一个实验合成两种，长在 CP 上是 Co(OH)F/CP，粉末是 Co(OH)F。）

2.CoP/CP、CoP 电极的合成

为了制备 CoP/CP、CoP,采用了低温磷化工艺。将 Co(OH)F/CP、Co(OH)F 和次磷酸钠分别放入瓷舟的两个不同位置,Co(OH)F/CP、Co(OH)F 在炉子的下游处,Co 与 P 的摩尔比为 1:10,然后,将样品在 8% 的 H_2/Ar 混合气氛下加热至 350℃,恒温保持 2h。在炉子自然冷却到环境温度后,得到 CoP/CP、CoP 电极。

3.CoP/CP 电极、CoP 电极、Pt/C 电极的制备

CoP/CP 电极的制备:将制备好的 1cm×1cm CoP/CP 电极直接用于测试。

CoP 电极的制备:CoP 粉末分散在 200μL 超纯水、780μL 异丙醇和 20μL Nafion(5%)溶液中,连续超声至少 1h,制成均一的催化剂油墨,然后将油墨滴在旋转圆盘电极上,在红外干燥器下干燥。

Pt/C 电极的制备:20% 商业 Pt/C 分散在 200μL 超纯水、780μL 异丙醇和 20μL Nafion(5%)溶液中,连续超声至少 1h,制成均一的催化剂油墨,然后将油墨滴在旋转圆盘电极/CP 上,在红外干燥器下干燥。

4.20%Pt/C、CoP/CP、CoP 电极的性能测试

记录样品的 HER 性能之前,先扫描 20 次的循环伏安法(CV)用以活化电极,扫描速率为 50mV/s,HER 的电位窗口为 0 到 -0.4V(相对于 RHE)。

线性扫描伏安法(LSV)的扫描速率为 5mV/s。

五、实验结果与处理

对于 LSV 数据,分别记录 10、100、500mA/cm² 的过电位。

六、思考题

1.粉末和自支撑材料的测试方法有何不同?

2.磷化过程中的尾气如何处理?

七、参考文献

[1] Kim D, Qin X, Yan B, et al. Sprout-shaped Mo-doped CoP with maximized hydrophilicity and gas bubble release for high-performance water splitting catalyst[J]. Chemical Engineer Journal, 2021, 408:127331.

[2] Li H, Du L, Zhang Y, et al. A unique adsorption-diffusion-decomposition mechanism for hydrogen evolution reaction towards high-efficiency Cr, Fe-modified CoP nanorod catalyst. Applied Catalysis B:Environment and Energy, 2024, 346:123749.

八、拓展阅读

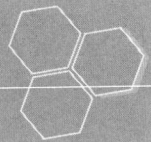

一、实验目的

1. 掌握水热法合成 β-MnO₂纳米线。

2. 通过 β-MnO₂纳米线的合成掌握水热过程中的各种方法。

3. 学习和了解使用 X 射线衍射仪与透射电镜等测试手段对纳米线材料进行表征。

二、实验原理

水热法又称热液法,晶体的热液生长是一种在高温高压下过饱和溶液中进行结晶的方法。它实质上是一种相变过程,即生长基元从周围环境中不断地通过界面而进入晶格座位的过程。水热条件下的晶体生长是在密闭良好的高温高压水溶液中进行的。利用釜内上下部分的溶液之间存在的温度差,使釜内溶液产生强烈对流,从而将高温区的饱和溶液放入带有籽晶的低温区,形成过饱和溶液。根据经典的晶体生长理论,水热条件下晶体生长包括以下步骤:(1)营养料在水热介质里溶解,以离子、分子团的形式进入溶液(溶解阶段);(2)由于体系中存在十分有效的热对流及溶解区和生长区之间的浓度差,这些离子、分子或离子团被输运到生长区(输运阶段);(3)离子、分子或离子团在生长界面上吸附、分解与脱附;(4)吸附物质在界面上运动;(5)结晶(3、4、5统称为结晶阶段)。利用水热法生长人工晶体时由于采用的主要是溶解—再结晶机理,因此用于晶体生长的各种化合物在水溶液中的溶解度是采用水热法进行晶体生长时必须首先考虑的。[1]

二氧化锰作为重要过渡金属氧化物,具有储备丰富、环境友好、工作电压窗较宽等优点,在电极材料、电致变色、催化、生物传感器等领域都有广泛的应用前景。二氧化锰经常含有少量的其他锰氧化物和化合水,分子式表示为 $MnO_x(x<2)$。将二氧化锰纳米化后,其颗粒尺寸变小、比表面积增大,从而使离子的传输速率、催化效率等都有了进一步的提升。除上述原因外,纳米二氧化锰多变的晶型也是它受到研究人员重视的主要原因之一。二氧化锰有 α、β、δ 等晶型,按[MnO₆]的连接方式不同,又可分为链状或隧道状结构。这些原因促使纳米二氧化锰在能源、光电、环境、生物医学等领域有着广泛的应用。[2]

本实验采用 $KMnO_4$ 和 $MnSO_4$ 为原料,用水热法合成 MnO_2 纳米线,并使用X射线衍射仪以及透射电子显微镜对样品进行结构表征。水热法制备 MnO_2 反应方程式如下:

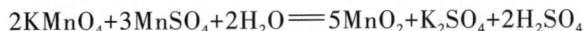

$$2KMnO_4+3MnSO_4+2H_2O=\!=\!=5MnO_2+K_2SO_4+2H_2SO_4$$

三、仪器和试剂

1.仪器

电子天平、量杯、磁力搅拌器、电热恒温干燥箱、水热反应釜、高速离心机、X射线衍射仪以及透射电子显微镜。

2.试剂

高锰酸钾(分析纯)、一水合硫酸锰(分析纯)、乙醇(分析纯)。

四、实验步骤

1.计算配制 30mL 0.1mol/L 的高锰酸钾溶液所需的高锰酸钾的用量,精确到小数点后三位,用电子天平称取所需的高锰酸钾的质量。

2.将称取的高锰酸钾倒入烧杯中,加入水到30mL,持续搅拌至完全溶解。

3.计算配制 30mL 0.6mol/L 的一水合硫酸锰溶液所需的一水合硫酸锰的用量,精确到小数点后三位,用电子天平称取所需的一水合硫酸锰的质量。

4.将称取的一水合硫酸锰倒入烧杯中,加入水到30mL,持续搅拌至完全溶解。

5.将高锰酸钾溶液与一水合硫酸锰溶液倒入特氟龙内胆中,将内胆放入金属釜中,并将其置于电热恒温干燥箱,设置温度为140℃,反应时间为12h。

6.待反应结束,取出内胆,将反应液倒入离心管中,将离心管置于高速离心机中,设置转速为8000r/min,时间为5min;离心结束将上清液倒入废液桶中,在离心管中加入15mL水与15mL乙醇,超声使溶解混合均匀,重复上述离心过程;该洗涤过程重复三遍,将最后的产物放置在电热恒温干燥箱,设置温度为80℃,干燥时间为12h。即得二氧化锰纳米线。

五、实验结果与处理

1.产品产量、产率:

产量＿＿＿＿＿＿＿＿＿＿＿＿;产率＿＿＿＿＿＿＿＿＿＿%。

2.使用X射线衍射仪与透射电子显微镜对所得样品进行表征的结果分析。

六、思考题

1. 如何判断二氧化锰纳米线是否成功合成？
2. 产率如何计算？
3. 结合所学的晶体结构学，对高倍率透射电镜图片该如何分析？

七、参考文献

[1] 刘菊.水热法人工晶体生长的原理及应用[J].天津化工,2010,24(5):61-62.

[2] 王金敏,于红玉,马董云.纳米二氧化锰的制备及其应用研究进展[J].无机材料学报,2020,35(12):1307-1314.

一维纳米 h-MoO₃ 纳米带的制备及其可见光催化降解 MB 的研究

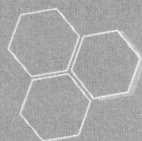

一、实验目的

1.了解一维纳米 h-MoO₃ 纳米带的制备方法及其应用前景。

2.熟悉并掌握一维纳米 h-MoO₃ 纳米带的主要结构表征方法。

3.探索 h-MoO₃ 光催化反应的降解效能。

二、实验原理

三氧化钼(MoO_3)作为过渡金属氧化物,是一种新型宽带隙 n 型半导体材料,近年来日益得到研究者关注。MoO_3 带隙能较小(其禁带宽度约为 3.0eV),其在阳光照射下有较好的光催化活性,所以 MoO_3 在太阳能电池、锂离子电池材料、气体传感器、光催化降解材料等方面均有广泛的应用前景。过渡金属氧化物的合成方法很多,包括水热法、气相法、沉淀法、溶胶-凝胶法、微波-超声合成法等。本研究以钼粉为原料,采用简单的水热法制备六方相 h-MoO_3 高催化活性的氧化还原光催化剂,并以亚甲基蓝(MB)水溶液作为模拟有机污染物进行模拟可见光催化降解测试和研究。

三、仪器和试剂

1.仪器

离心机、真空干燥箱、烘箱、圆底烧瓶、磁力搅拌器、抽滤装置、电子天平、离心管、烧杯、X 射线衍射仪、扫描电子显微镜等。

2.试剂

钼粉、H_2O_2、亚甲基蓝(MB)、纯净水等,所用化学试剂为 AR 级。

四、实验步骤

1. 量取 2.5mL 的 30%H_2O_2 溶液,用去离子水定容至 30mL,备用。

2. 室温下,在 100mL 烧杯中称取 Mo 粉 1.000g(误差+0.005g),然后缓慢加入 30mL 配置好的 H_2O_2 溶液,将上述混合溶液在冰水浴中均匀搅拌 20min,得到淡黄色澄清溶液。

3. 搅拌结束后将上述溶液移入 50mL 的水热反应釜中,将反应釜旋紧密闭。

4. 将上述反应釜放到烘箱,升温至 160℃,维持反应 15h。

5. 待反应釜温度降至室温后开釜取出反应物,倒入离心管,用热纯净水离心洗涤(8000r/min,6min)4 次;再用 50% 乙醇溶液离心洗涤 3 次,得到产品放入烘箱 40~50℃直至干燥,即得一维 MoO_3 纳米带产品。

6. 先向烧杯中加入 50mL 的 MB 溶液,再加入 0.2g h-MoO_3 光催化剂,在避光条件下,进行 0.5h 暗反应,每隔 10min 取一次样,使之达到吸附平衡。

7. 启动光反应器电源(50W 卤素灯作为可见光光源),每隔 20min 取一次样,整个光催化过程的持续时间为 2h。

8. 所取样品经过离心分离,用紫外-可见光光度计测试离心后所得上清液的吸光度,根据标准曲线求得溶液浓度。

五、结构与性能表征

采用日立公司生产的 S-3400 型扫描电子显微镜观测样品形貌和使用美国 IXRF 公司的 X 射线衍射仪测试样品的结构;采用岛津的紫外分光光度计 UV-2000 测试样品的紫外可见光吸收谱。XRD 测试主要测量样品中的晶体衍射图谱,并根据衍射图案中的峰位、峰型、峰形等特征,可以确定样品中晶体的种类、晶体结构、晶体取向等信息。

六、数据分析与处理

1. 一维 MoO_3 纳米带的水热制备

样品编号	配料		反应和洗涤	
	H_2O_2/mL	钼粉/g	反应温度、时间	洗涤情况
①				
②				
③				
④				
⑤				

2.不同时间下的吸光度。

3.光催化反应前后的 MB 浓度为_____mg/L;MB 去除率为_____%。

七、思考题

1.如何通过实验过程的因素控制获得分散性好的一维 MoO_3 纳米粉体?

2.分析水热法制备一维纳米粒子的主要影响因素。

3.分析 MB 光催化降解反应的影响因素。

锂离子电池正极材料 LiMn$_2$O$_4$ 的电化学性能测试

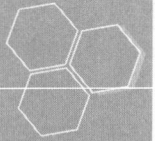

一、实验目的

1. 了解纽扣电池的结构。
2. 了解锂离子电池正极材料研究进展。
3. 掌握电池性能测试方法。

二、实验原理

1980 年, Goodenough 等人提出的 LiCoO$_2$ 系列层状过渡金属氧化物使锂离子电池在 1990 年实现商业化, 被称为第一代正极材料。直到现在, LiCoO$_2$ 材料仍然占据着锂离子电池正极材料的主要市场, 但是高昂的钴价格已经明显地制约了钴系列材料的应用。

尖晶石型锰酸锂(LiMn$_2$O$_4$)属于对称性立方晶系, 空间群为 Fdm, 晶胞参数为 0.8246nm。在 LiMn$_2$O$_4$ 体系中, 单位晶格有 32 个氧原子, 氧离子保持面心立方密堆积, 锂离子占据 64 个氧四面体中的 8 个四面体 8a 位置, 形成近似金刚石的结构, Mn 原子重排进入 32 个氧八面体空隙的 16 个八面体的 16d 位置, 剩余的 16 个八面体 16c 的空位形成立方晶格常数一半的相似三维(3D)结构八面体。尖晶石型 LiMn$_2$O$_4$ 中的四面体 8a、48f 和八面体晶格 16c 共面而构成互通的三维离子通道, 有利于 Li$^+$ 的嵌入和脱出, 锂离子沿 8a—16c—8a 路径直线扩散, 8a—16c—8a 夹角约为 108°, 见图 1。

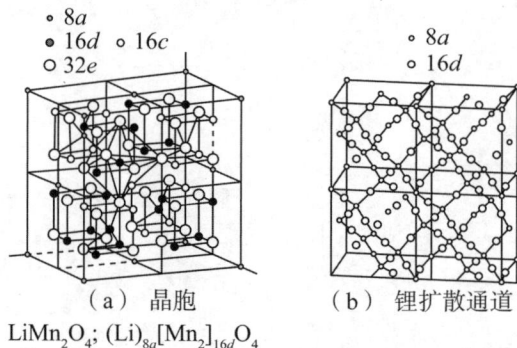

图 1　尖晶石型 LiMn$_2$O$_4$ 的结构和锂离子扩散路径示意图

本实验拟采用商业化的 $LiMn_2O_4$ 材料作为电池正极，在实验室组装2032型电池，利用电池测试仪测定其电池充放电循环性能。

三、仪器和试剂

1.仪器

20032型纽扣电池组装设备、切片机、自动涂膜仪、玛瑙研钵、电子天平、量杯、电热恒温干燥箱、手套箱以及电池测试系统。

2.试剂

锂片（99.99%）、铝箔（99.99%）、PVDF、N-甲基吡咯烷酮（NMP）、高纯氩气（99.99%）、隔膜（Cegard 2400）、乙炔黑（电池级）、$LiMn_2O_4$（电池级）以及电解液（1mol/L $LiPF_6$ 的EC-DMC，溶液体积比为1∶1）。

四、实验步骤

1.铝箔正极极片的制备

采用涂膜法制备电池正极，将商业化的 $LiMn_2O_4$ 材料作为正极活性物质，按照质量分数比 $LiMn_2O_4$∶乙炔黑∶PVDF=80∶15∶5的比例将正极材料和乙炔黑均匀混合，在特定PVDF浓度的NMP溶液中制成黏稠的糊状正极浆液，然后将浆液涂覆在铝箔表面，经过80℃真空干燥10h，脱除NMP溶剂，然后用切片机切成直径10mm的圆片电极备用。

2.电池测试

以金属锂为负极，1mol/L $LiPF_6$ 的EC-DMC溶液为电解液，上述制备的电极片为正极，Cegard2400为隔膜，在手套箱中装配2032型纽扣电池。利用电池测试系统测试电池的充放电性能，选择电压范围3.0~4.3V，以及30mA/g（0.2C）的恒流充放电模式测试电池电化学性能。

五、实验结果和处理

以电压为纵坐标、电池容量或充放电时间为横坐标绘出电池初次充放电曲线。绘制放电容量-循环次数-充放电效率图，判断电池的循环性能。

六、思考题

1.实际容量与理论容量为什么会有差距？主要原因有哪些？

2.不同放电平台对应怎样的反应方程式？

七、参考文献

[1] Whittingham M S.Lithium batteries and cathode materials[J].Chemical Reviews,2004,
104(10):4271-4301.

[2] Thackeray M M, David WI F. Bruce P G. Goodenough. J B. Lithium insertion into
manganese spinels[J].Materials Research Bulletin,1983,18(4):461-472.

（二）高分子材料实验

一、实验目的

1.掌握环氧值的几种测定方法并了解各测定方法的优缺点。

2.熟悉各种分析仪器的使用。

二、实验原理

环氧值可以利用环氧基与氯化氢或溴化氢的加成反应来测定。以氯化氢为加成试剂的方法分为盐酸吡啶法、盐酸丙酮法、盐酸二氧杂环己烷法三种。盐酸吡啶法是经典的方法，通常反应要在加热回流的情况下进行，操作较麻烦，而且吡啶刺激性气味大。盐酸丙酮法可在室温反应，终点敏锐，但分子量高的环氧树脂，由于在丙酮中溶解性差而无法测定。盐酸二氧杂环己烷法较为理想，反应可在室温下进行，且二氧杂环己烷是环氧树脂的良溶剂，测定范围宽，但由于商品二氧杂环己烷质量不稳定，需经纯化处理。

以氯化氢为加成试剂的反应原理如下：

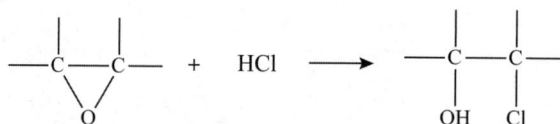

过量的盐酸用 NaOH 乙醇溶液滴定至粉红色(酚酞作指示剂)。

以溴化氢为加成试剂的高氯酸滴定法是目前最理想的方法。它在室温下反应迅速，试剂也易于制备，此法已成为国际标准。在冰醋酸–氯仿溶液中，先将试样与溴化四乙铵混合，然后在结晶紫指示剂存在下逐滴加入高氯酸标准溶液，高氯酸与溴化四乙铵作用生成的初生态溴化氢立即与环氧基反应。终点时，过量的高氯酸使结晶紫由紫色变为绿色。反应式如下：

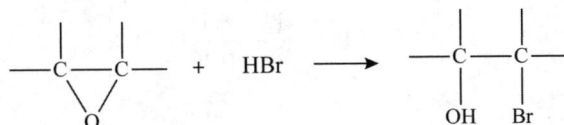

本实验主要以盐酸吡啶法和高氯酸滴定法为例,比较这两种方法的优缺点。但无论哪种方法,当试样有酸值时,计算时必须考虑进去。

三、仪器与试剂

1. 仪器

磨口锥形瓶、回流冷凝管、锥形瓶、移液管、试管、温度计、滴定管等。

2. 试剂

分析纯吡啶、盐酸、酚酞、分析纯乙醇、高氯酸、氢氧化钠、冰醋酸、溴化四乙铵、结晶紫等。

四、实验步骤

I. 盐酸吡啶法

准确称取 0.5g(精确至 1mg)环氧树脂,放入 250mL 磨口锥形瓶中,用移液管加入 0.2mol/L 的盐酸吡啶溶液 20mL,装上回流冷凝管,轻轻摇动使样品溶解。待样品完全溶解后,将锥形瓶浸入油浴中,于 95~100℃下保温 30min 后取出,用 5mL 吡啶冲洗冷凝管。冷至室温后卸下冷凝管,加入 3 滴酚酞溶液,用 0.2mol/L 的 NaOH 乙醇溶液滴定至浅粉红色。按相同方法做空白滴定,重复 2 遍,环氧值定义为 100g 试样中环氧基的摩尔数。结果按下式计算:

$$EPV = \frac{(V_0 - V_1) M}{10W}$$

式中:EPV——环氧值;

V_0、V_1——空白滴定、样品滴定所消耗的 NaOH 标准溶液的体积(mL);

M——NaOH 标准溶液的浓度(mol/L);

W——样品的重量(g)。

2. 高氯酸滴定法

准确称取含 0.6~0.9mmol 环氧基的试样于 250mL 锥形瓶中,加 10mL 氯仿,搅拌使试样溶解。如试样难溶,可在水浴上温热后冷至室温。加入 20mL 冰醋酸,准确加入 10mL 溴化四乙铵试剂,并加入 2~3 滴结晶紫指示剂溶液,立即用 0.1mol/L 高氯酸标准溶液滴定,以稳定的绿色出现为终点。记录此时高氯酸溶液的温度(T),同时进行一次空白实验。环氧值定义为 100g 试样中环氧基的摩尔数。结果按下式计算:

$$EPV = \frac{(V_0 - V_1)M}{10W}$$

式中：EPV——环氧值；

V_0、V_1——空白滴定、样品滴定所消耗的高氯酸标准溶液的体积(mL)；

M——温度 T 时高氯酸标准溶液的浓度(mol/L)；

W——样品的重量(g)。

由于高氯酸溶液的膨胀系数较大，因而其浓度必须经温度校正，校正公式如下：

$$M = M_s \times (1 - \frac{T - T_s}{1000})$$

式中：M_s——标定时高氯酸溶液的浓度(mol/L)；

T_s——标定时高氯酸溶液的温度(K)；

T——测定试样和空白时高氯酸溶液的温度(K)。

五、实验结果与处理

1.盐酸吡啶法实验数据记录与处理

编号	样品重量	NaOH体积	NaOH浓度	EPV
	g	mL	mol/L	
空白				
1				
2				
3				

2.高氯酸滴定法实验数据记录与处理

编号	样品重量	高氯酸体积	高氯酸标定浓度	高氯酸实际浓度	EPV
	g	mL	mol/L	mol/L	
空白					
1					
2					
3					

3.盐酸吡啶法与高氯酸滴定法结果比较与讨论

六、思考题

1.简述不同分子量环氧树脂的物理状态和环氧值的大小以及测定环氧值的方法。

2.简述盐酸吡啶法和高氯酸法可能的误差来源及规避措施。

实验 22　丙烯酰胺水溶液聚合

一、实验目的

1. 掌握溶液聚合的方法和原理。
2. 掌握自由基溶液聚合的相关操作。

二、实验原理

将单体溶于溶剂中而进行聚合的方法叫作溶液聚合。生成的聚合物有的溶解有的不溶,前一种情况称为均相聚合,后者则称为沉淀聚合。自由基聚合、离子型聚合和缩聚均可用溶液聚合的方法。

在沉淀聚合中,由于聚合物处在非良溶剂中,聚合物链处于卷曲状态,端基被包裹,聚合一开始就出现自动加速现象,不存在稳态阶段。随着转化率的提高,包裹程度加深,自动加速效应也相应增强。沉淀聚合的动力学行为与均相聚合有明显不同。均相聚合时,依双基终止机理,聚合速率与引发剂浓度的平方根成正比。而沉淀聚合一开始就是非稳态,随包裹程度的加深,其只能单基终止,故聚合速率将与引发剂浓度的一次方成正比。

在均相溶液聚合中,由于聚合物是处在良溶剂环境中,聚合物处于比较伸展状态,包裹程度浅,链段扩散容易,活性端基容易相互靠近而发生双基终止。只有在高转化率时,才开始出现自动加速现象。若本体浓度不高,则有可能消除自动加速效应,使反应遵循正常的自由基聚合动力学规律。因此,溶液聚合是实验室中研究聚合机理及聚合动力学等常用的方法之一。

进行溶液聚合时,由于溶剂并非完全是惰性的,其对反应会产生各种影响。选择溶剂时应考虑到以下几个问题:

(1)对引发剂分解的影响

偶氮类引发剂(如偶氮二异丁酯)的分解速率受溶剂的影响很小,但溶剂对有机过氧化物引发剂有较大的诱导分解作用。这种作用按下列顺序依次增大:芳烃<烷烃<醇类<胺类。诱导分解的结果使引发剂的引发效率降低。

(2)溶剂的链转移作用

自由基是一个非常活泼的反应中心,它不仅能引发单体分子,而且还能与溶剂反应,夺取溶剂分子中的一个原子,如氧或氯,以满足它的不饱和原子价。溶剂分子提供这种原子的能力越强,链转移作用就越强。链转移的结果使聚合物分子量降低。若反应生成的自由基活性降低,则聚合速率也将减小。

(3)对聚合物的溶解性能

溶剂溶解聚合物的性能控制着活性链的形态(蜷曲或舒展)及其黏度,它们决定了链终止速度与分子量的分布。与本体聚合相比,溶液聚合体系具有黏度较低、混合及传热比较容易、不易产生局部过热、温度容易控制等优点。但由于有机溶剂费用高、回收困难等原因,溶液聚合在工业上很少应用,只在直接使用聚合物溶液的情况,如涂料、胶黏剂、浸渍剂和合成纤维纺丝等,会采用溶液聚合方法。

丙烯酰胺为水溶性单体,其聚合物也溶于水。本实验采用水为溶剂进行溶液聚合,其优点是:价廉、无毒、链转移常数小、对单体及聚合物溶解性能都好,为均相聚合体系。

聚丙烯酰胺是一种优良的絮凝剂,水溶性好,被广泛应用于石油开采、选矿、化学工业及污水处理等方面。

三、仪器与试剂

1.仪器

三口瓶、球形冷凝管、温度计、集热式反应油浴锅、烧杯、布氏漏斗、表面皿、真空烘箱等。

2.试剂

分析纯丙烯酰胺、去离子水、分析纯过硫酸铵、分析纯甲醇、高纯氮气等。

四、实验步骤

在250mL三口反应瓶中间口装上搅拌器,在一个侧口装上冷凝管,并在上部接氮气导管,另一侧口安装一个温度计(见图1)。将10g(0.14mol)丙烯酰胺和80mL蒸馏水加入反应瓶中,开动搅拌,在通氮气的情况下用油浴加热至30℃,使单体溶解。然后把溶解于10mL蒸馏水中的0.05g过硫酸铵从冷凝管上口加入反应瓶中,并用10mL蒸馏水冲洗冷凝管。逐步升温至90℃,聚合物便逐渐生成。在90℃下反应2h。反应完毕后,将所得产物倒入盛有150mL甲醇的500mL烧杯中,边倒边搅拌,这时聚丙烯酰胺便沉淀出来。静止片刻,向烧杯中加入少量甲醇,观察是否仍有沉淀生成。若还有,则再加入少量甲醇使聚合物沉淀完全,然后用布氏漏斗抽滤。沉淀用少量甲醇洗涤三次后,转移到表面皿上,在30℃真空烘箱中干燥至恒重。称重,记为m_1,通过下列公式计算产率。

$$\text{yield} = \frac{m_1}{10} \times 100\%$$

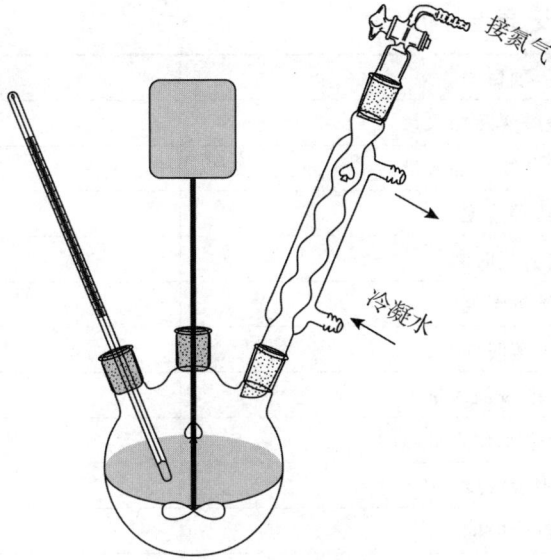

图 1　反应装置图

五、实验结果与处理

1.简单画图记录实验装置

2.聚合过程现象记录

步骤	内容	现象
①	装置搭建	
②	加单体,溶解	
③	加引发剂	
④	加热聚合反应	
⑤	聚合反应终止	
⑥	布氏漏斗抽滤	
⑦	甲醇洗涤	
⑧	真空干燥	

3.聚合反应数据记录

项目	数值
丙烯酰胺实际加入量	
第一次蒸馏水加入量	
搅拌速度	
通氮气时间	
溶解温度	
溶解时间	
过硫酸铵加入量	
第二次蒸馏水加入量(总)	
聚合温度	
聚合时间	
沉淀所用甲醇的量(总)	
沉淀次数	
30℃真空干燥时间	
产物重量	
计算产率	

六、思考题

1.分析为什么本实验要通入氮气。

2.简述在进行溶液聚合时,选择溶剂应注意哪些问题。

3.简述工业上在什么情况下用溶液聚合。

实验 23 酚醛缩聚反应动力学

一、实验目的

1. 掌握测定缩聚反应动力学级数的方法。
2. 学习用盐酸羟胺法测定甲醛的含量。

二、实验原理

酚醛树脂的合成是应用逐步反应聚合生成聚合物的最早例子之一,通常采用的方法有酸催化法和碱催化法。

酚醛树脂一般是指由苯酚和甲醛反应生成的缩聚物。在反应中,甲醛是双官能团化合物,而苯酚是三官能团化合物,在缩聚反应中,只要存在多于两个官能团的单体,就能形成支化或交联等非线型结构产物。这种生成支化或交联结构的缩聚反应称为体型缩聚。体型缩聚反应的一个特征是当反应进行到一定程度时,有凝胶生成。通过单体不同的配比或控制反应程度,可以得到性能不同的反应产物。

当以盐酸为催化剂,甲醛与苯酚的摩尔比小于1时,苯酚同甲醛的反应分下列几个阶段。

羟甲基酚的生成:

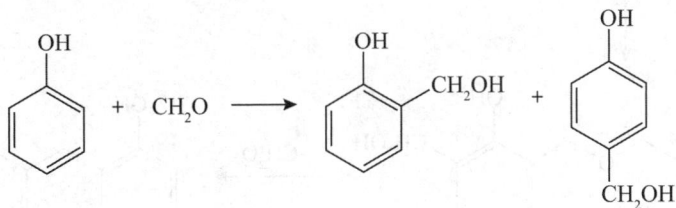

二酚基甲烷的生成:

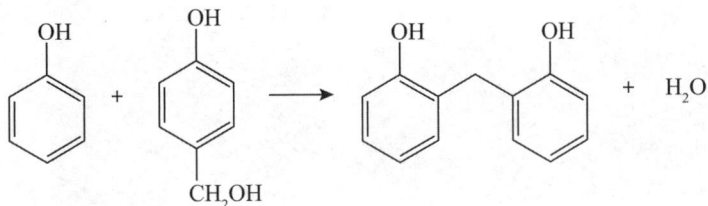

Novolak 树脂的生成：

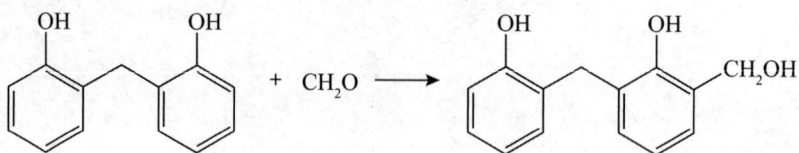

继续反应生成线型大分子：

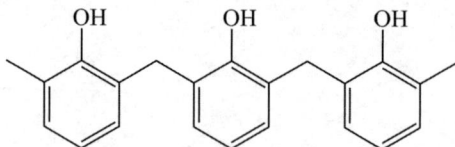

需要指出的是，对位和邻位的反应是无规律的，Novolak 树脂的分子量可以高达 1000 左右。以上这些产物本身不能进一步反应生成交联产物，但当甲醛和苯酚的摩尔比大于 1 时，则可得到体型产物。在加工时，需要再加入一定量甲醛或六次甲基四胺等作为交联剂。

当用碱作催化剂，且甲醛与苯酚的摩尔比大于 1 时，苯酚同甲醛的反应如下。

羟甲基酚或多羟甲基酚的生成：

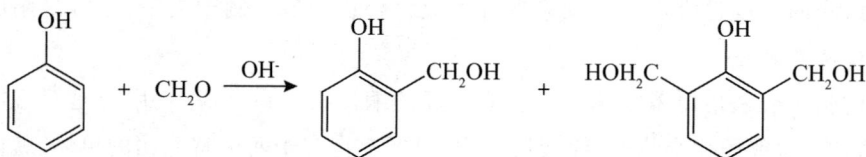

通过甲基桥或醚链进一步缩合：

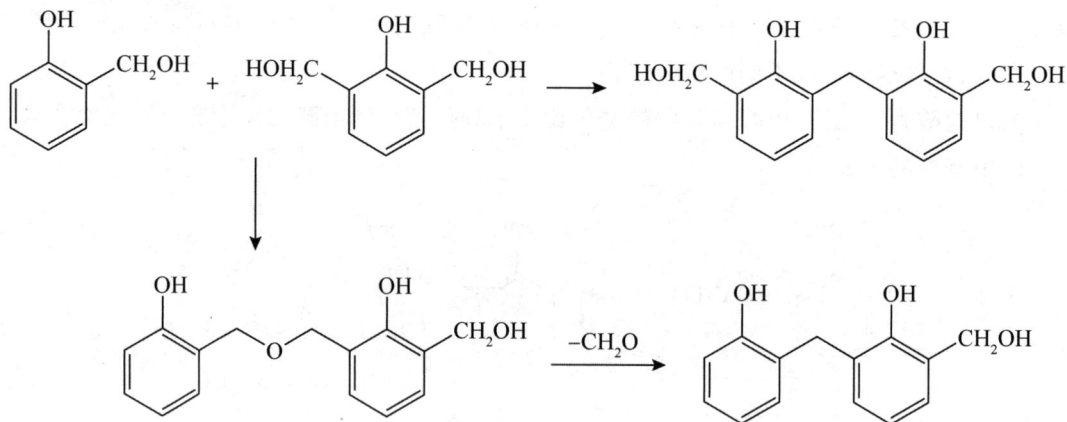

继续反应生成体型聚合物：

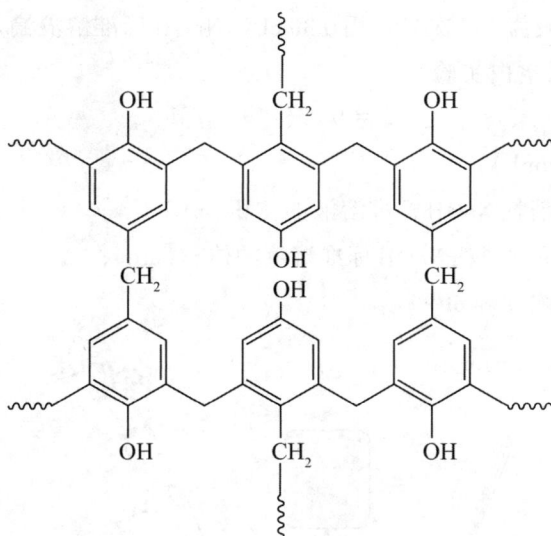

甲醛浓度的测定依据下列反应：

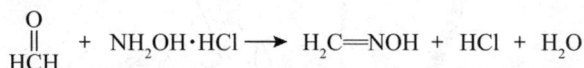

$$HCHO + NH_2OH \cdot HCl \longrightarrow H_2C{=}NOH + HCl + H_2O$$

产生的HCl用标准碱溶液滴定，即可求出甲醛的浓度。

三、仪器与试剂

1.仪器

三口瓶、回流冷凝管、锥形瓶、移液管、试管、温度计、滴定管等。

2.试剂

分析纯苯酚、甲醛溶液、氨水、分析纯乙醇、盐酸羟胺、氢氧化钠标准溶液等。

四、实验步骤

将47g苯酚、30%甲醛溶液80mL先后倒入装有搅拌、回流冷凝管和温度计的500mL三口瓶中，在搅拌下升温至97℃，立即吸出5mL混合物，放入一清洁干燥的试管中，该试管编号为[00]。用2mL移液管移取25%氨水1.0mL放入反应瓶中，在搅拌下立刻取样，其编号为[0]，以后在反应的下列时刻：2、10、20、40、60、80min时各取样一次，进行甲醛含量分析。在整个取样过程中，瓶内反应物的温度要保持恒定。

样品分析：样品取出后，立刻将盛有样品的试管放入冷水中，使温度降至室温而让反应停止。这时用移液管准确移取1mL样品液，放入事先已加了20mL乙醇和3滴溴酚蓝(10%乙醇溶液)的溶液中，这时指示剂呈蓝色。用稀酸调节pH值使指示剂正好变色。加入7mL l0%NH$_2$OH·HCl水溶液(用滴定管加入),混合均匀后,静置10~20min(静置时间对全部样品都要一致,静置期间要振荡1~3次)后,用0.3mol/L NaOH标准溶液滴定所生成的HCl。每个样品平行滴定2次,并做空白实验。

$$P = 0.03(V - V_0)M$$

式中:P——甲醛含量(g/mL);

V_0——空白滴定所消耗NaOH标准溶液的体积(mL);

V——滴定其余样品时消耗NaOH标准溶液的体积(mL);

M——标准溶液的浓度(mol/L)。

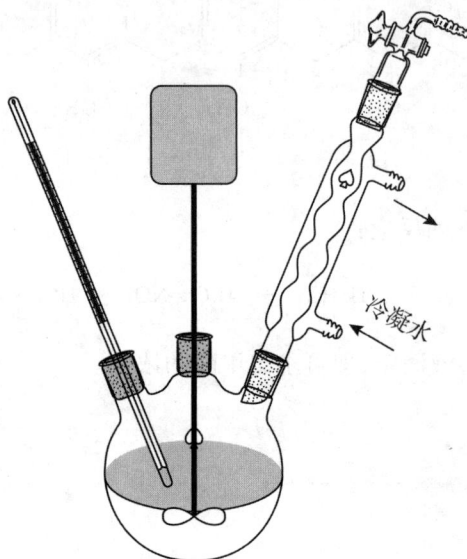

冷凝水

图1 反应装置图

五、实验结果与处理

1.简单画图记录实验装置

2.实验数据记录与处理

编号	反应时间	NaOH 体积	甲醛剩余量	甲醛浓度(c)	1/C
	min	mL	g/mL	mol/L	
00					
0					
①					
②					
③					
④					
⑤					
⑥					

3.绘制曲线(以 1/c 对 t 作图)

六、思考题

(1)以 1/c 对 t 作图,如果得到一条直线,说明什么?

(2)试分析曲线不呈理想直线的原因。

(3)简述分别用酸、碱作为催化剂进行酚醛缩聚反应得到的聚合物有何不同。

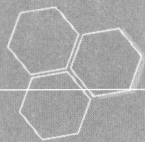

实验 24　甲基丙烯酸甲酯的本体聚合及有机玻璃挂件的DIY制作实验

一、实验目的

1.掌握自由基本体聚合的基本特点。

2.熟悉有机玻璃挂件的制备方法。

二、实验原理

聚甲基丙烯酸甲酯(PMMA)具有优良的光学性能和电性能、密度小、耐低温性能好,由于其具有高度的透明性,又被称为有机玻璃,是航空工业与光学仪器制造业的重要材料。有机玻璃可采用本体聚合、悬浮聚合等多种聚合实施方法制备。其中,本体聚合是指单体仅在少量的引发剂存在下,或者直接在热、光和辐射作用下进行的聚合反应,具有产品纯度高和无需后处理等优点,可直接聚合成各种规格的型材。甲基丙烯酸甲酯(MMA)的本体聚合制备有机玻璃,适合于实验室研究,如单体聚合能力的初步测定、聚合动力学研究和竞聚率测定等。其显著特点是聚合体系黏度大、传热性差,反应进行到一定阶段时会出现自动加速现象。反应热的积累会导致分子量分布变宽,材料的机械强度变低,严重的会引起"爆聚"而使产品报废。此外,反应物温度升高,聚合反应加速,造成局部过热而导致单体气化或聚合物的裂解,使制件产生气泡或空心。此外,由于单体和聚合物的密度相差很大(甲基丙烯酸甲酯为 $0.94g/cm^3$,聚甲基丙烯酸甲酯为 $1.18g/cm^3$),因而再聚合时会产生体积收缩。如果聚合热未经有效排除,各部分反应就会不一致,收缩也不均匀,产生表面起皱或导致裂纹。因此必须排除反应热,在实际生产有机玻璃时,常常采取预聚成浆法或分步聚合法。本体聚合在工业上可用间歇法和连续法生产,除聚甲基丙烯酸甲酯外,还有聚苯乙烯、聚氯乙烯和高压聚乙烯可采用本体聚合生产。

三、仪器与试剂

1.仪器

锥形瓶、保鲜膜、水浴锅、温度计、模具等。

2.试剂

甲基丙烯酸甲酯(MMA)(除去阻聚剂)、过氧化苯甲酰(BPO)。

四、实验步骤

1.预聚:取 25mL 甲基丙烯酸甲酯放入锥形瓶,加过氧化苯甲酰 30mg,瓶口包保鲜膜扎紧,70~80℃水浴加热,间歇振荡,当预聚物与甘油黏度相近时,冷却。

2.灌模:将模具洗净、烘干,涂上脱模剂,将上述预聚物缓缓注入模具,注意排净气泡。

3.聚合:放入 40℃烘箱,聚合 24h,再升温至 100℃,保温 1h,打开烘箱,自然冷却至室温。

4.脱模。

五、注意事项

1.预聚时不要一直摇动锥形瓶,而应间歇振荡,以减少氧气在单体中的溶解。

2.为提高学生的实验兴趣,灌模中可放入彩色塑料屑、荧光粉等。

六、思考题

1.有机玻璃的制作除了采用本体聚合方法,还可以采用其他何种聚合方法? 采用本体聚合制作有机玻璃有什么优点?

2.采用本体聚合制备有机玻璃时,为什么要分步进行?

3.自动加速效应进行完毕后,为何还要提高反应温度?

4.如果最后产物出现气泡,试分析其原因;如果产物表面起皱,试分析其原因。

双螺杆挤出机的使用与玻璃纤维增强聚丙烯的挤出造粒实验

一、实验目的

1. 掌握挤出成型的基本原理和加工过程。
2. 了解挤出及造粒加工设备及使用方法。
3. 理解玻璃纤维增强聚丙烯材料制造的基本配方。

二、实验原理

1. 挤出成型工艺原理

聚合物加工成型是将树脂转变为有用并能保持原有性能的制品的过程。热塑性塑料与热固性塑料受热后的表现不同,因此,其成型加工方法也有所不同。塑料的成型加工方法很多,其中,挤出成型又称挤压模塑或挤塑,在热塑性聚合物及热塑性聚合物基复合材料成型加工领域中占据非常重要的地位。挤出制品主要有连续生产的管、棒、丝、板、薄膜等,此外,挤出成型还可用于热塑性塑料的塑化造粒、着色和共混等。挤出加工设备有螺杆挤出机和柱塞式挤出机两类,使用较多的有双螺杆挤出机。

螺杆是挤出机的关键性部件,在挤出过程中,物料通过料斗进入挤出机的料筒内,挤出机螺杆以固定的转速拖曳料筒内物料向前输送。通常,根据物料在料筒内的变化情况,将整个挤出过程分成三个阶段。

在料筒加料段,在旋转着的螺杆作用下,物料通过料筒内壁和螺杆表面的摩擦作用向前输送和压实。物料在加料段内呈固态向前输送。

物料进入压缩段后由于螺杆螺槽逐渐变浅,以及靠近机头端滤网、分流板和机头的阻力而使所受的压力逐渐升高,进一步被压实;同时,在料筒外加热和螺杆、料筒对物料的混合、剪切作用所产生的内摩擦热的作用下,塑料逐渐升温至黏流温度,开始熔融,大约在压缩段处全部物料熔融为黏流态并形成很高的压力。

物料进入均化段后将进一步塑化和均化,最后螺杆将物料定量、定压地挤入机头。机头中口模是成型部件,物料通过它便获得一定截面的几何形状和尺寸,再通过冷却定型、切断等工序就得到成型制品。

2.造粒加工概述

为便于成型加工,需将聚合物与各种助剂混合塑炼制成颗粒状,这个工序称为造粒。造粒的目的在于进一步使配方均匀,排除树脂颗粒间及颗粒内的空气,使物料被压实到接近制成品的密度,以减少成型过程中的塑化要求,并使成型操作容易完成。

一般造粒后的颗粒料要求大小均匀,色泽一致,外形尺寸不大于3~4mm,因为如果颗粒尺寸过大,成型时加料困难,熔融也慢。造粒后物料形状以球形或药片形较好。颗粒料是塑料成型加工的原料,用颗粒料成型有如下优点:加料方便,不需强制加料器;颗粒料密度比粉末料大,制品质量较好;空气及挥发物含量较少,制品不易产生气泡。造粒工序对于大多数单螺杆挤出机生产塑料挤出制品一般是必需的,而双螺杆挤出机可直接使用捏合好的粉料生产。

3.本实验主要开展工作简述

挤条冷切是热塑性聚合物及热塑性聚合物基复合材料最普遍采用的造粒方法,设备和工艺都较简单,即混合料经挤出机塑化后成圆条状挤出,圆条经风冷或水冷后,通过切粒机切成圆柱形颗粒。本实验采用聚丙烯制品配方料,利用双螺杆挤出机,采用挤出成型工艺挤出圆条状制品,再利用切粒机冷切成圆柱形颗粒。

三、仪器与试剂

1.仪器

双螺杆挤出机、切粒机、烘箱、混料机等。

2.试剂

聚丙烯PP、玻璃纤维、马来酸酐接枝相容剂等。

四、实验步骤

1.原料的预混

(1)将干燥后的PP及玻璃纤维按参考配方进行搅拌后对其进行再次称量配料,再依次加入一定量的相容剂,利用混料机对物料进行混合。

(2)将挤出机、机头、料斗以及切粒机等清理干净,并安装完毕。将冷却水槽和挤出机冷却水连接好,先通冷却水冷却挤出机进料口。

2.挤出工艺参数的确定

(1)挤出机加热温度。挤出机操作温度按五段控制,机身部分三段,机头部分两段。机身:加料段160~170℃,压缩段220℃,计量段220℃;机头、机颈:190~200℃,口模:190~200℃。

(2)螺杆转速。0~40r/min,一般先在较低的转速下运行至稳定,待有熔融的物料从机头挤出后,再继续提高转速。

(3)切粒机转速。0~20r/min,视挤出圆条的速度,逐渐调节。

3.测试操作

(1)开始各段预热,待各段加热达到规定温度时,应对机头部分的衔接锁环再次检查,并将其拧紧、准备向挤出机中加入物料。

(2)开动主机,在慢速(10r/min)运转下先少量加PP清洗料,并随时注意转矩、压力显示仪表,待清洗料熔融挤出后,观察其颜色变化,待挤出物无杂质及其他颜色变化时,可加入实验料。

(3)加入实验料后,逐渐提高螺杆转速,同时注意转矩、压力显示仪表。待熔料挤出平稳后,开启切粒机,将挤出圆条通过冷却水槽后慢慢引入切粒机进料口,慢慢调节切粒机转速以与挤出速度匹配。待挤出及切粒过程正常后,正式开始记录对应的转矩值、压力值等工艺参数。

(4)依次改变螺杆转数:10、15、20、25、30r/min。在每个转速下,在稳定挤出情况下,截取3min的挤出物造粒颗粒,分别称量,同时记录其对应的转矩值、压力值。

(5)实验完毕,关闭各测量记录系统及切粒机。逐渐减速停车,趁热立即清理机头、挤出料筒内残留的PP料,降低挤出机加热温度,用低密度聚乙烯(LDPE)树脂清理料筒。

五、实验结果与处理

1.实验记录

实验药品及配方

名称	型号	生产厂家	用量/份

2.实验条件

仪器设备型号、生产厂家:

螺杆长径比:

挤出机加热温度:

螺杆转速:

平稳挤出时的切粒机转速:

3.实验结果

(1)画出挤出造粒工艺流程图。

(2)对挤出造粒的颗粒进行性能和外观分析。

六、思考题

1.根据物料在料筒内的变化情况,将整个挤出过程分成几个阶段? 各个阶段的作用是什么?

2.什么是挤出机螺杆的长径比? 长径比的大小对聚合物挤出成型有什么影响?

3.玻璃纤维增强聚丙烯加工用的物料中为何要加入相容剂? 除了相容剂以外,聚合物加工过程中还会用到哪些添加剂?

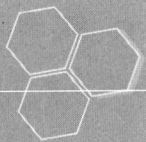

塑料的注射成型及拉伸强度的测定实验

一、实验目的

1. 掌握注射成型的基本原理和加工过程。
2. 了解注射成型的加工设备及使用方法。
3. 掌握聚合物拉伸强度的测定方法。
4. 学会分析聚合物的应力–应变曲线。

二、实验原理

1. 注射成型工艺原理

塑料的成型加工方法很多,其中,注射成型又称注射模塑或注塑,是将塑料(一般为粒料)在注射成型机料筒内加热熔融,当呈流动状态时,在柱塞或螺杆加压下熔融塑料被压缩并向前移动,进而通过料筒前端的喷嘴以很快速度注入温度较低的闭合模具内,经过一定时间冷却定型后,开启模具,顶出制品。注射成型能一次成型制得外形复杂、尺寸精确或带有金属嵌件的制品,成型周期短、生产效率高,因此应用广泛。注射机类型较多,主要有柱塞式和移动螺杆式两种,不同注射机其工作程序可能有所不同,但成型的基本过程及其原理是相同的。注射成型过程通常有以下基本阶段。

(1)加料:将粒状或粉状塑料加入注射机的料斗。

(2)塑化:通过注射机加热装置的加热,使得螺杆中的塑料原料熔融,成为具有良好的可塑性的塑料熔体。

(3)充模:塑化好的塑料熔体在注射机柱塞或螺杆的推动作用下,以一定的压力和速度经过喷嘴和模具的浇注系统进入并充满模具型腔。

(4)保压补缩:从熔体充满型腔后,在注射机柱塞或螺杆推动下,熔体仍然保持压力进行补料,使料筒中的熔料继续进入型腔,以补充型腔中塑料的收缩需要,并且可以防止熔体倒流。

(5)浇口冻结后的冷却:经过一段时间冷却使型腔内的熔融塑料凝固成固体,确保当脱模时塑件有足够的刚度,不致产生翘曲或变形。

（6）脱模：塑件冷却到一定的温度，推出机构将塑件推出模外。

注射成型主要应用于热塑性塑料。但近年来，热固性塑料也可采用注射成型，即将热固性塑料在料筒内加热软化时应保持在热塑性阶段，将此流动物料通过喷嘴注入模具，经高温加热固化而成型。

2.拉伸试验

拉伸试验是在规定的温度、湿度和加载速度下，对标准试样沿其纵轴方向施加拉伸载荷，直到试样被拉断。拉伸试验测得的应力应变可绘制应力-应变曲线，从曲线上可以得到各项拉伸性能指标。其中，断裂前试样所受最大载荷与试样截面面积之比称为拉伸强度，是衡量材料抵抗拉伸外力破坏的能力；曲线下方所包括的面积代表材料的拉伸破坏能，与材料的强度和韧性相关。因此，拉伸试验是一项非常重要的材料力学性能试验。

应力-应变曲线通常以应力作为纵坐标，应变作为横坐标，不同的聚合物材料其应力-应变曲线的形状也不同。此外值得注意的是，聚合物的力学屈服是一种松弛过程，受温度、时间等因素的影响，同一种聚合物可因不同的温度、时间条件而表现脆性或韧性。

3.本实验主要开展工作简述

本实验采用不同配方粒料，采用注射成型获得拉伸试样，进行拉伸试验，绘制应力-应变曲线，并对曲线进行分析。

三、仪器与试剂

1.仪器

注射成型机、烘箱等。

2.试剂

聚合物粒料、添加剂等。

四、实验步骤

1.注射成型操作

（1）预热

①合上机器上总电源开关，检查机器有无异常现象。

②根据使用原料的要求来调整料筒各段的加热温度，打开电热开关，同时把喷嘴温度调节器调整到所需的温度刻度，开始预热，预热时间应为30~45min。

（2）开机前检查与准备工作

①按要求配好原料，及时给料斗加足原料。

②检查机器各润滑点，按要求加足润滑油（脂）；检查有无松脱零件并及时上紧。

③清理机上的工具、量具、工件和其他杂物,保持好整机的清洁卫生。

④打开机器冷却水总进出阀、油泵冷却水阀和螺杆进料段冷却水阀。

⑤拔上电源开关,旋起急停按钮,启动油泵马达,把模具打开,然后检查模具的清洁情况,并及时清除模具上的防锈剂、水、胶料和其他杂物等。

(3)开机操作

①启动油泵马达,关上安全门,手动测试开关模、托模进退、座台进退等功能是否正常。

②检查各限位开关的定位是否适合,必要时可稍作调整。

③经过充分预热后,检查各加热段的温度是否已达到了设定值。

④按座台退开关,使注射座退到停止位置,然后按射出开关,检查射出来的胶料的熔合情况。

⑤按座台进开关,使注射座进到停止位置,使喷嘴紧顶模具的浇口上,按半自动开关,机器开始半自动运行。

⑥定期检查制品质量情况,必要时可调整有关动作的压力、流量和时间等相关参数。

(4)停机

2.拉伸试验操作

(1)拉伸试验应在一定的温度(热塑性塑料为25℃±2℃,热固性塑料为25℃±5℃)和湿度(相对湿度为65%±5%)下进行。

(2)测量模塑试样和板材试样的宽度和厚度准确至0.05mm;片材厚度准确至0.01mm;薄膜厚度准确至0.001mm。每个试样在标距内测量三点,取算术平均值。

(3)测伸长时,应在试样平行部分作标线,此标线对测试结果不应有影响。

(4)夹具夹持试样时,要使试样纵轴与上、下夹具中心连线相重合。并且要松紧适宜,以防止试样滑脱和断在夹具内。夹持薄膜要求夹具内垫橡胶之类的弹性材料。

(5)设定拉力机的试验条件(试验速度等),键入样品参数(标定间距、样品的厚度及宽度),按规定速度开动机器,进行试验。试验机以规定的速率均匀地拉伸试样,试验机可自动绘制出拉伸曲线图。

(6)试样断裂后,读取屈服时的负荷。若试样断裂在标线之外的部位,则此试样作废,另取试样补作。

(7)记录试验结果。

五、实验结果与处理

1.实验记录

实验药品及配方

名称	型号	生产厂家	用量/份

2.实验条件记录

仪器设备型号、生产厂家、注射温度、螺杆转速、注射压力、保压时间等。

3.实验结果

(1)画出注射成型基本程序图。

(2)根据拉伸试验数据绘制应力-应变曲线,计算拉伸强度、断裂伸长率、屈服强度、弹性模量等数据,比较和鉴别拉伸试件的性能特征。

六、思考题

1.注射成型过程保压阶段的目的是什么?

2.脆性材料和韧性材料的应力-应变曲线有何不同?

3.改变拉伸速度会对试验结果产生什么影响?

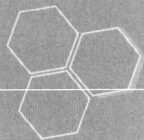

一、实验目的

1. 了解溶液结晶的基本原理。
2. 掌握聚乳酸结晶度的调控方法。
3. 掌握聚合物结晶度的定量计算方法。

二、实验原理

晶态和非晶态是高分子两种最重要的凝聚态。在结晶性聚合物中,晶区和非晶区是同时存在的。因此,聚合物中结晶部分的占比,即结晶度(X_c),在宏观上是影响聚合物材料性能的重要因素之一,而在微观上也是聚合物分子链的几何规整排列和堆砌状态的直观反映,通过调控高分子材料的结晶度能有效地赋予其相应的性能。某个高分子材料结晶度的增加通常会提高材料的力学性能和热力学性能等,但并不意味着结晶度越高越好。例如,以聚乳酸(polylactic acid,PLA)为例,过高结晶度会显著减缓聚乳酸的水解速率从而弱化其生物可降解性。因此,明确高分子材料结晶程度既是各项研究的基础,也有助于进一步了解微观结构与宏观性能之间的关系。

近年来,高分子材料的溶剂诱导结晶引起了人们广泛的兴趣,研究材料涉及聚苯乙烯(PS)、聚醚醚酮(PEI)、聚对苯二甲酸乙二醇酯(PET)、聚碳酸酯(PC)等。Tashiro等人提出一种溶剂诱导结晶的分子机理[1],他们认为聚合物无定形链段与溶剂能够发生相互作用,从而诱导无定形链段产生微布朗运动,使得链段在玻璃化温度(T_g)以下的活动性得以提高。当聚合物浸入溶剂一定时间后,聚合物链段的运动就会逐渐有序化,产生一些短的螺旋段,而这些短螺旋段起到核的作用,进一步生长成长螺旋段,最后聚集在一起形成结晶区。

X射线衍射(X-ray diffraction,XRD)对晶体结构高度敏感,高分子材料的结晶相和非晶相在XRD上呈现出不同的衍射特征,该手段是现阶段定量计算高分子材料结晶度的普遍方法。以聚乳酸为例,对其XRD数据的处理过程如图1所示,相对结晶度计算均采用高斯函数拟合计算,计算公式如下所示[2]:

$$X_{c-\text{XRD}} = \frac{I_{\text{crystal}}}{I_{\text{total}}} \times 100 = \frac{I_{\text{crystal}}}{I_{\text{crystal}} + I_{\text{amorphous}}} \times 100 \tag{1}$$

其中,$I_{crystal}$和$I_{amorphous}$分别代表聚乳酸的晶相和非晶相产生的衍射峰面积的积分强度。I_{total}是总积分强度,即晶相和非晶相部分的积分之和。

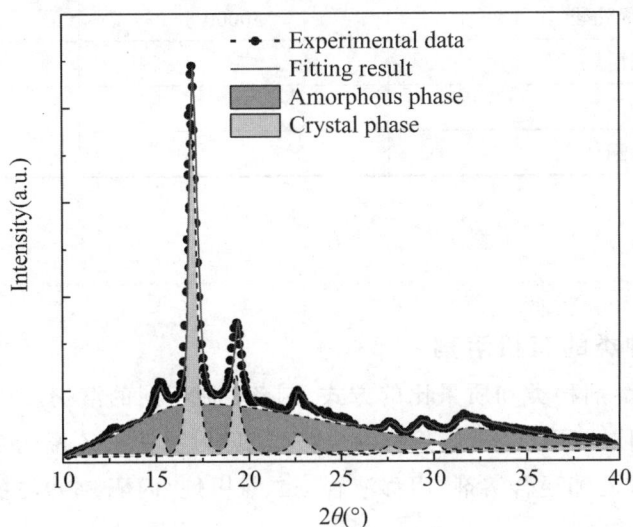

图1　XRD法计算聚乳酸结晶度示例

采用多重高斯函数(Gaussian)拟合XRD数据,其中,黑色虚线代表实验数据;红色曲线代表拟合数据;绿色拟合峰代表结晶相聚乳酸($I_{crystal}$);蓝色拟合峰代表非晶相聚乳酸($I_{amorphous}$);紫色拟合峰代表杂质,该部分对结果影响很小,可忽略不计。

本实验以聚乳酸为对象,通过不同极性的有机溶剂调控聚乳酸的结晶度,并用XRD手段定量计算其结晶度。

三、仪器与试剂

1.仪器

仪器名称	数量
10mL移液管	5
20mL烧杯	3
50mL烧杯	3
玻璃培养皿	3
电热恒温鼓风干燥箱	1
真空干燥箱	1
电子分析天平	1
恒温磁力搅拌器	1
X射线粉末衍射仪	1

2.试剂

试剂名称	分子量	纯度规格
左旋聚乳酸	50000	–
二氯甲烷	–	分析纯
乙酸乙酯	–	分析纯
丙酮	–	分析纯

四、实验步骤

1.配制不同种类的有机溶剂

通过改变有机溶剂种类和质量比的方式,制备3种不同的溶剂。用10mL移液管量取50mL二氯甲烷配制二氯甲烷溶剂,用移液管按二氯甲烷:乙酸乙酯为99:1的质量比配制50mL二氯甲烷/乙酸乙酯混合溶剂,用移液管按二氯甲烷:丙酮为99:5的质量比配制50mL二氯甲烷/丙酮混合溶剂。

溶剂	溶剂种类	质量比
1	二氯甲烷	100
2	二氯甲烷/乙酸乙酯	99:1
3	二氯甲烷/丙酮	95:5

2.配制15g/L的聚乳酸溶液

首先在分析天平上称取150mg的聚乳酸颗粒,将颗粒放入20mL的烧杯中。然后用移液管将10mL配制完成的有机溶剂移入该烧杯中。最后,将此烧杯置于24℃恒温环境下的恒温磁力搅拌器上持续搅拌1h,直至聚乳酸颗粒全部溶解于有机溶剂中,配制成15g/L的聚乳酸溶液。

3.制备聚乳酸薄膜

将完全溶解的聚乳酸溶液(15g/L)浇注于玻璃培养皿中,在24℃恒温环境下静置24h,之后将玻璃培养皿移入35℃的电热鼓风干燥箱中1h以确保有机溶剂完全挥发。最后,为了便于进行相关测量,将制备好的聚乳酸薄膜裁剪成合适尺寸的薄片。进行测试表征之前将制备好的聚乳酸薄膜在40℃真空烘箱中干燥48h,以充分去除残留溶剂和表面水分。

五、实验结果与处理

1.观察不同有机溶剂诱导后的聚乳酸薄膜外观与形态。

2.用X射线衍射仪进行聚乳酸薄膜晶体结构的测试与分析,测试范围为$2\theta=10°\sim40°$,基于XRD数据,利用XRD软件进行结晶度的计算。

样品	溶剂种类	质量比	衍射峰位置	结晶度
1	二氯甲烷	100		
2	二氯甲烷/乙酸乙酯	99:1		
3	二氯甲烷/丙酮	95:5		

六、思考题

1.不同溶剂为什么能影响聚乳酸结晶度?

2.聚乳酸经不同溶剂诱导后的外观形态和结晶度之间的关系怎样?

3.XRD计算结晶度过程中需要注意些什么?

七、参考文献

[1]K. Tashiro, A. Yoshioka. Molecular mechanism of solvent-induced crystallization of syndiotactic polystyrene glass. 2. Detection of enhanced motion of the amorphous chains in the induction period of crystallization[J]. Macromolecules, 2002, 35(2):410-414.

[2]L. Alexander. X-ray diffraction methods in polymer science[J]. Journal of Materials Science, 1971, 6(1):93-93.

八、拓展阅读

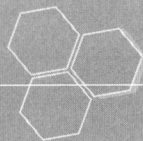

一、实验目的

1.了解等温结晶的基本原理。

2.了解聚乳酸常见同质晶型。

3.掌握表征多晶型的常见测量方法。

二、实验原理

高分子同质多晶现象源于分子链构象和链堆积方式的改变。因此,随结晶条件的变化(热处理或外力诱导等),即使链结构相同的高分子材料也会形成多种不同链构象的晶型并相互转变,例如,稳定的正交晶系聚乙烯在拉伸作用下会形成三斜或单斜晶系。此外,高分子材料的主导晶型都会通过不同的物理性能表现出来。因此,明确并有效调控材料的晶体形式十分重要。

聚乳酸(PLA)是典型的同质多晶体,其不同晶型会受到特定条件诱导而发生固-固或熔融-重结晶的相变行为,影响其物理性能。例如,由于聚乳酸α′晶型和α晶型的链堆积差异,两者的含量分布对聚乳酸的力学性能具有显著影响;而聚乳酸的拉伸强度和模量均又随β晶型含量的增加而提高。

无论晶核的形成还是晶体的生长都受到环境温度的显著影响。聚合物只有具备了足够的能量,其分子链段才能够进一步发生移动扩散,进而进行适当的堆砌与构象的有序排列。因此,温度对于材料内分子运动的影响尤为显著,当温度升高时,一方面可以提供各运动单元的热运动能量,另一方面由于热膨胀,分子间距离增大,即聚合物内部自由体积的增加为各运动单元提供了活动空间,这些变化都有利于分子运动,使得分子链的松弛过程加快,最终实现晶型的转变。

本实验以聚乳酸为对象,通过改变结晶温度的方式调控聚乳酸的晶型,并用现阶段常用的测试手段进行多晶型的验证。

三、仪器与试剂

1.仪器

仪器名称	数量
10mL移液管	3
20mL烧杯	3
玻璃培养皿	3
聚四氟乙烯模具	3
电热恒温鼓风干燥箱	1
真空干燥箱	1
电子分析天平	1
恒温磁力搅拌器	1
X射线粉末衍射仪	1
傅里叶变换红外光谱仪	1
差示扫描量热仪	1

2.试剂

试剂名称	分子量	纯度规格
左旋聚乳酸	50000	–
二氯甲烷	–	分析纯

四、实验步骤

1.调控初始聚乳酸薄膜晶型

首先在分析天平上称取150mg的聚乳酸颗粒,将颗粒放入20mL的烧杯中。然后用移液管将10mL二氯甲烷溶剂移入该烧杯中。最后,将此烧杯置于24℃恒温环境下的恒温磁力搅拌器上持续搅拌1h,直至聚乳酸颗粒全部溶解于二氯甲烷溶剂中,配制成15g/L的聚乳酸溶液。将完全溶解的聚乳酸溶液(15g/L)浇注于玻璃培养皿中,在24℃恒温环境下静置24h,之后将玻璃培养皿移入35℃的电热鼓风干燥箱中1h以确保有机溶剂完全挥发。

2.制备非晶态聚乳酸薄膜

将溶液结晶得到的初始聚乳酸薄膜放置在聚四氟乙烯模具中,置于180℃恒温环境下加热10min,使聚乳酸薄膜完全熔化得到非晶态聚乳酸薄膜以消除热历史,最后用液氮淬火急速冷却以固定晶体结构。

3.制备不同晶型的聚乳酸薄膜

将非晶态聚乳酸薄膜分别移至不同的恒温环境中等温结晶2h,之后将得到的聚乳酸薄膜立即在液氮中淬火以固定晶体结构。最后,为了便于进行相关测量,将制备好的聚乳酸薄膜裁剪成合适尺寸的薄片。进行测试表征之前将制备好的聚乳酸薄膜在40℃真空烘箱中干燥48h,以充分去除残留溶剂和表面水分。

样品	结晶温度/℃
1	80
2	110
3	130

五、实验结果与处理

1.观察非晶态聚乳酸和结晶态聚乳酸的外观差异。

2.用X射线衍射仪进行聚乳酸薄膜晶体结构的测试与分析,测试布拉格角度范围为10°~40°。

样品	结晶温度/℃	衍射峰数量	衍射峰位置
1	80		
2	110		
3	130		

3.用傅里叶变换红外光谱进行聚乳酸薄膜晶体结构的测试与分析,测试波数范围为$4000~400cm^{-1}$。

样品	940~890cm⁻¹范围的吸收峰波数
1	
2	
3	

4.用差示扫描量热仪进行聚乳酸薄膜晶体结构的测试与分析,测试温度范围为室温至200℃。

样品	结晶温度/℃	玻璃化转变温度/℃	结晶温度/℃	熔融温度/℃
1	80			
2	110			
3	130			

六、思考题

1. 非晶态聚乳酸的外观差异源于什么？

2. XRD上怎么辨别聚乳酸的晶型？

3. 傅里叶变换红外光谱上怎么辨别聚乳酸的晶型？

4. 差示扫描量热上怎么辨别聚乳酸的晶型？

七、拓展阅读

一、实验目的

1. 了解立构复合结晶的基本原理。
2. 掌握聚乳酸立构复合体的一般制备方法。
3. 掌握聚乳酸立构复合体结构的表征方法。

二、实验原理

立构复合(stereocomplex,SC)结晶是高分子结晶过程中存在的普遍现象。不同手性和构型(如左旋/右旋、等规/间规)的高分子间和嵌段共聚物中可发生立构复合结晶[1,2],这种独特的结晶方式可以有效提高高分子材料的熔点、耐热性、机械力学性能、耐溶剂性能等。通过立构复合结晶也可使一些非晶或难结晶的聚合物材料转变为易结晶的状态。因此,通过互为立体异构高分子之间的立构复合结晶为材料的性能优化和调控提供了有效的途径。

聚乳酸(polylactic acid,PLA)作为一种典型的生物基聚合物,其原料来源广泛,同时具备显著的生物相容性和环境友好性[3]。然而,相比石油基高分子材料,聚乳酸的性能仍有待提高。聚乳酸的组成单元中有一个手性碳的存在,使得聚乳酸有着多种不同的立体结构,这导致了聚乳酸也存在立构复合结晶体系(见图1)。聚乳酸立构复合体具有更紧密的堆积结构和较高的密度,从而呈现出更优异的力学性能和热力学稳定性[4]。

热诱导结晶(熔融结晶或冷结晶)和溶剂诱导结晶是常见的聚合物结晶方式。等量左旋聚乳酸(L-polylactic acid,PLLA)和右旋聚乳酸(D-polylactic acid,PDLA)可通过熔融结晶、冷结晶和溶液结晶等方式有效形成。

本实验以溶液结晶为结晶方式,以二氯甲烷为溶解溶剂,促使聚乳酸对映体间的立构复合结晶行为。

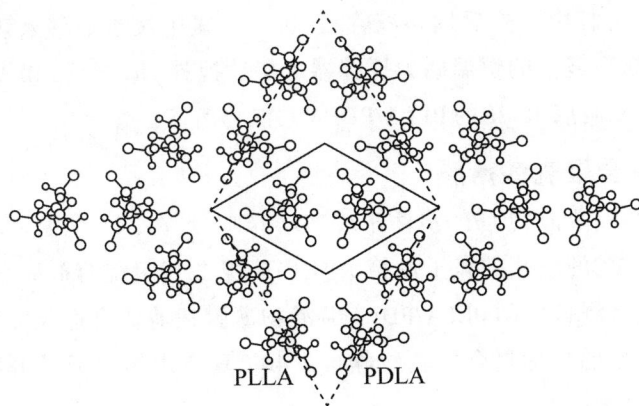

图1　聚乳酸立构复合体晶体结构

三、仪器与试剂

1.仪器

仪器名称	数量
10mL移液管	2
20mL烧杯	1
玻璃培养皿	1
电热恒温鼓风干燥箱	1
真空干燥箱	1
电子分析天平	1
恒温磁力搅拌器	1
X射线粉末衍射仪	1
傅里叶变换红外光谱仪	1

2.试剂

试剂名称	分子量	纯度规格
左旋聚乳酸	50000	—
右旋聚乳酸	50000	—
二氯甲烷	—	分析纯

四、实验步骤

1.配制30g/L的PLLA/PDLA共混物溶液

首先在分析天平上称取各150mg的PLLA和PDLA颗粒,两者的质量需保持相等,将混合颗粒放入20mL的烧杯中。然后用移液管将10mL二氯甲烷溶剂移入该烧杯中。最后,将此烧杯置于24℃恒温环境下的恒温磁力搅拌器上持续搅拌1h,直至PLLA和PDLA颗粒全部溶解于二氯甲烷中,配制成30g/L的PLLA/PDLA共混物溶液。

2.制备立构复合聚乳酸薄膜

将完全溶解的共混溶液(30g/L)浇注于玻璃培养皿中,在24℃恒温环境下静置24h,之后将玻璃培养皿移入35℃的电热鼓风干燥箱中1h以确保二氯甲烷溶剂完全挥发。最后,为了便于进行相关测量,将制备好的PLLA/PDLA共混物薄膜裁剪成合适尺寸的薄片。在进行测试表征之前,将制备好的立构复合聚乳酸薄膜在40℃真空烘箱中干燥48h,以充分去除残留溶剂和表面水分。

3.制备聚乳酸薄膜

称取150mg的PLLA聚乳酸颗粒,按上述步骤1配制15g/L的PLLA溶液,然后按上述步骤2同质结晶制备聚乳酸薄膜。

五、实验结果与处理

1.用X射线衍射仪进行同质结晶和立构复合聚乳酸薄膜晶体结构的测试与分析,测试范围为$2\theta=10°\sim50°$。

	衍射峰数量	衍射峰角度
立构复合聚乳酸		
同质结晶聚乳酸		

2.用傅里叶变换红外光谱进行同质结晶和立构复合聚乳酸薄膜链构象信息的测试与分析,测试波数范围为$4000\sim400cm^{-1}$。

	$940\sim890cm^{-1}$范围的吸收峰波数
立构复合聚乳酸	
同质结晶聚乳酸	

六、思考题

1.立构复合聚乳酸的性能为什么比同质结晶得到的聚乳酸性能优异? 阐明直接原因。

2.不同的有机溶剂是否会对立构复合结晶产生影响,为什么?

3.立构复合聚乳酸不同的XRD衍射峰各自对应什么晶面?

七、参考文献

［1］Tsuji H. Poly(lactic acid)stereocomplexes：A decade of progress［J］.Advanced Drug Delivery Reviews,2016,107:97−135.

［2］Tan BH,Muiruri JK,Li Z,et al. Recent progress in using stereocomplexation for enhancement of thermal and mechanical property of polylactide［J］.ACS Sustainable Chemistry & Engineering, 2016,4(10):5370−5391.

［3］Ikada Y,Jamshidi K,Tsuji H,et al. Stereocomplex formation between enantiomeric poly(lactides) ［J］.Macromolecules,1987,20(4):904−906.

八、拓展阅读

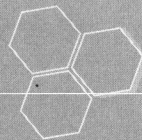

一、实验目的

1. 了解羧甲基化壳聚糖。
2. 掌握羧甲基化壳聚糖气凝胶吸附剂的制备过程。
3. 掌握吸附剂吸附容量的测试方法。

二、实验原理

1.羧甲基化壳聚糖与戊二醛的交联反应

壳聚糖是由甲壳素脱乙酰化后制得,其原料来源广泛、生物相容性好,其分子链上含有丰富的氨基、羟基等活性基团。羧甲基化壳聚糖是向壳聚糖分子上引入羧基后的产物,在戊二醛的作用下,羧甲基化壳聚糖中的氨基可与羰基发生缩合反应,使线型的分子发生交联形成体型分子。

2.冷冻干燥技术

冷冻干燥是利用冰的升华,在真空环境下,将已冻结样品中的水不经融化直接转化为蒸汽,实现干燥样品的目的。该技术可以有效保持样品原来的孔道结构,是制备气凝胶类材料的重要技术手段。

本实验将交联后的羧甲基化壳聚糖进行冷冻,然后使用冷冻干燥技术排除其中水分,制备羧甲基化壳聚糖气凝胶。

3.金属离子吸附

吸附剂对金属离子的吸附可分为物理吸附和化学吸附,且物理吸附和化学吸附一般是同时存在的。物理吸附主要通过分子间作用力使金属离子固定在吸附剂表面,吸附过程可为单分子层吸附,也可为多分子层吸附。化学吸附主要通过吸附剂上的有机官能团与金属离子之间的配位来实现,金属离子与吸附剂之间的结合力强,吸附过程一般为单分子层吸附。

本实验以羧甲基化壳聚糖气凝胶为吸附剂,其丰富的孔道结构有利于其与溶液充分接触,其富含的羧基可以与金属离子发生配位,提升其吸附能力。

4.吸附容量测试

吸附容量是衡量吸附剂吸附性能的重要指标,本实验将一定质量的吸附剂分散到一定体积和离子浓度的溶液中进行吸附,待吸附完成后,通过电感耦合等离子体光谱仪(ICP-OES)测量吸附结束后溶液中的残余离子浓度,并采用以下公式计算吸附容量q_e(mg/g)。

$$q_e = (C_0 - C_1)V/m$$

式中:C_0(mg/L)为离子的初始浓度,V(L)为溶液体积,C_1(mg/g)为吸附后上清液中的残余浓度,m(g)为吸附剂质量。

三、实验试剂以及仪器设备

1.仪器

名称	型号	生产厂家
机械搅拌器	C-MAG HS7	德国IKA公司
电感耦合等离子发射光谱仪(ICP-OES)	X Series II	美国赛默飞世尔科技有限公司
电子天平	ALC-110.4.	德国Sartorious公司
真空干燥箱	BPZ-6033LG	上海一恒有限公司
气浴恒温摇床	THZ-82	金坛区金城春兰实验仪器厂
冷冻干燥机	FD-1A-50	北京博医康实验仪器有限公司

2.试剂

名称	纯度	生产厂家
羧甲基化壳聚糖(CMC)	B.R.	上海麦克林生化科技股份有限公司
戊二醛水溶液	50%	上海阿拉丁生化科技股份有限公司
无水氯化铜($CuCl_2$)	98%	上海阿拉丁生化科技股份有限公司
硝酸镍六水合物($Ni(NO_3)_2 \cdot 6H_2O$)	A.R.	上海阿拉丁生化科技股份有限公司

四、实验步骤

1.CMC的溶解

在室温下,将0.5g的CMC、8mL的去离子水装入烧杯中磁力搅拌6h,搅拌结束后,获得黏稠均一的CMC溶液。

2.戊二醛交联

将 CMC 溶液改用机械搅拌器在室温下继续搅拌,搅拌过程中缓慢滴加 25%戊二醛水溶液(约 100μL),观察溶液黏度变化,待溶液变成透明胶冻后停止搅拌,随后将烧杯密封放入温度设定为 60℃的干燥箱中加热 6h。

3.冷冻干燥

将加热后的 CMC 胶冻放入冰箱冷冻后,使用冷冻干燥机进行干燥,干燥完成后获得 CMC 气凝胶(CMC-aerogels)。合成过程如图 1 所示。

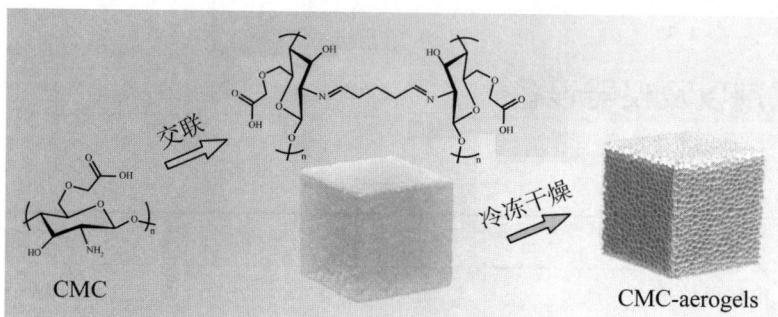

图 1　CMC-aerogels 的合成过程

4.吸附容量测定

配置离子浓度为 500mg/L 的 Cu^{2+}、Ni^{2+} 金属离子溶液各 50mL 并将其装入 2 只 100mL 的锥形瓶中,向每只锥形瓶中投入 50mg CMC-aerogel,然后将锥形瓶置于 25℃的恒温摇床中进行吸附,每隔 1h 取微量的上清液,采用 ICP-OES 测试其离子浓度并计算此时吸附剂的吸附容量。

五、实验结果与处理

吸附时间/h	吸附容量/(mg/g)	
	Cu^{2+}	Ni^{2+}
1		
2		
3		
4		
5		
6		

六、思考题

1. 羧甲基化壳聚糖气凝胶对哪种金属离子的吸附容量高?
2. 吸附过程中通过什么现象可以判断吸附剂已经吸附了金属离子?

七、参考文献

[1]邢其毅,裴伟伟,徐瑞秋,等.基础有机化学[M].北京:高等教育出版社,2005.
[2]潘祖仁.高分子化学[M].北京:化学工业出版社,2011.

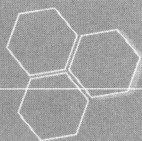

一、实验目的

1. 了解并掌握静电纺丝制备纳米纤维材料的方法。
2. 了解纳米纤维材料的表征方法。
3. 掌握摩擦纳米发电机性能的评价方法。

二、实验原理

物联网、5G技术、人工智能与可穿戴电子设备的蓬勃发展,彻底改变了人类的生活方式,使我们能够快速进入高效智能时代,享受科学发展红利。特别是可穿戴传感器对人们的生活产生了积极影响,其可实现持续的健康监测、疾病预防、诊断和治疗。同时,其也对电子设备供电电子技术提出了新的要求,传统的能源供应,如有线电源或笨重而坚硬电池(或电容器)不能满足灵活性、重量轻与生物相容性的要求。因此,依靠电流供电系统为庞大的物联网设备网络供电是不可持续的,迫切需要发展新的可持续能源转换技术为各种分布式电子设备供电。

摩擦纳米发电机(TENG)作为一种新型的能量采集装置被用于低功耗的电子应用,利用摩擦带电和静电耦合效应将分布式机械能(尤其是低频)有效地转换为电能。同时,其具有成本低、重量轻、易于设计、通用性、灵活性、耐久性、生物相容性和良好的环境友好性等特点,其在可穿戴电子设备供能领域有潜在的应用价值。

纤维基摩擦纳米发电机由于其柔性透气、穿戴舒适、可以实现自驱动传感等多方面优势,受到了广泛的研究。静电纺丝法因其方式简单、成本较低的优点,是目前制备摩擦纳米发电机用纤维薄膜的一种常用方法。静电纺丝常用有机物高分子溶液作为前驱体溶液,如聚偏二氟乙烯(PVDF)、聚乙烯醇(PVA)等材料。作为一种摩擦电性能优异的材料,聚二甲基硅氧烷(PDMS)因其柔性、生物相容性好等原因,常被用来作为TENG的摩擦层材料。但由于其前聚体分子量较小,且需要高温促进其交联固化反应,故目前难以采用静电纺丝法实现PDMS纳米纤维膜的制备。因此,选择适当的载体高分子有机物,在静电纺丝过程中拉伸产生纤维骨架,可以有效引导PDMS实现纳米纤维的制备。PVDF作为常用的静电纺丝材料,因其摩擦电性能优异而常被作为摩擦电负极材料。

　　本实验采用分子量为1300000的PVDF粉末,将其配制成溶液后,与低分子量PDMS混合,从而在溶液体系中可以形成充分的分子链缠绕,增加液体黏度,后续通过静电纺丝法制备PDMS/PVDF复合纳米纤维作为负摩擦材料。

三、仪器与试剂

1.仪器

仪器名称	型号	厂家
鼓风式干燥箱	DHG-9035A	安徽贝意设备技术有限公司
精密电子天平	CP114	奥豪斯仪器(常州)有限公司
真空干燥箱	DZF-6020AB	上海坤天实验仪器有限公司
扫描电子显微镜	GEminiSEM 300	Carl Zeiss
静电纺丝机	ET-1	北京永康乐业科技发展有限公司
数据采集卡	DA-ARM1651	Dreamer工作室
线性马达	——	Dreamer工作室
静电计	6514	美国Keithley公司

2.试剂

化学试剂和材料	纯度和规格	厂家
聚二甲基硅氧烷$((C_2H_6OSi)_n)$	sylgard 184	美国道康宁公司
N,N二甲基甲酰胺(DMF)	分析纯(AR)	阿拉丁试剂(上海)
聚偏二氟乙烯(PVDF)	分子量:1300000	阿拉丁试剂(上海)
导电织网	X-Silver,China	中国台湾碳能

四、实验步骤

1.PDMS/PVDF复合纳米纤维薄膜制备

　　称取1g PVDF放入6.7g DMF中,磁力搅拌2h,得到第一混合溶液;将0.1g固化剂与1.0g PDMS前驱体溶解在2.67g乙酸乙酯中,得到第二混合溶液;将第一混合溶液和第二混合溶液混合,磁力搅拌2h,得到静电纺丝液。纺丝参数为推注速度0.4mL/h,纺丝距离15cm,接收滚筒转速120r/min,纺丝电压10kV,静电纺丝时间为2h、4h、6h、8h。

2.PDMS/PVDF复合纳米纤维基摩擦纳米发电机的组装

本实验摩擦纳米发电机工作模式采用单电极方式,其由PDMS/PVDF复合纳米纤维为负摩擦层与导电织物电极组成。制备流程如下:①首先PDMS/PVDF复合纳米纤维背面附着导电织物电极作为负摩擦层材料;②把导电线连在导电织物层上作电性能测试的导线,从而制备了PDMS/PVDF复合纳米纤维基TENG。

3.PDMS/PVDF复合纳米纤维基摩擦纳米发电机的摩擦电性能测试

摩擦纳米发电机是将机械能转换为电能的收集装置,需要测试最佳的条件下的输出性能。本实验在负载压力(10N)和负载频率(2Hz)条件下,使用静电计以及数据采集卡测试制备的接触分离式结构的器件的开路电压、短路电流和电荷转移量等。

五、实验结果与处理

1.表面形貌表征结果

序号	PDMS/PVDF复合纳米纤维厚度	SEM表征结构
1		
2		
3		
4		

2.摩擦电性能测试结果

序号	PDMS/PVDF复合纳米纤维厚度	开路电压	短路电流	电荷转移量
1				
2				
3				
4				

六、思考题

1.实验过程PDMS/PVDF复合纳米纤维薄膜制备中,如何验证PDMS/PVDF复合纳米纤维薄膜制备成功?

2.负载压力和频率是否对摩擦纳米发电机的摩擦电性能产生影响?

七、参考文献

［1］王中林.摩擦纳米发电机［M］.北京:科学出版社,2017.

［2］张肖楠.聚二甲基硅氧烷复合纳米纤维膜的制备与摩擦电性能研究［D］.哈尔滨:哈尔滨工业大学,2021.

［3］Yang JK,Dong J,Wang ZL,et al.UV-protective,self-cleaning,and antibacterial nanofiber-based triboelectric nanogenerators for self-powered human motion monitoring［J］.ACS Applied Mater Interfaces,2021,13(9):11205-11214.

［4］Sun N,Wang GG,Zhao H-X,et al.Waterproof,breathable and washable triboelectric nanogenerator based on electrospun nanofiber films for wearable electronics［J］.Nano Energy,2021,90:106639.

［5］孙皓然.聚二甲基硅氧烷纳米纤维的复合改性与摩擦电性能研究［D］.哈尔滨:哈尔滨工业大学,2023.

［6］陈楚楚,王怡仁,卜香婷,等.聚二甲基硅氧烷/纳米纤维素复合膜的制备及性能分析［J］.纤维素科学与技术,2018,26(4):39-44.

八、拓展阅读

真空辅助取向制备 BNNS/PVA
薄膜及其导热性能测试

一、实验目的

1. 了解导热复合材料以及导热测试原理。

2. 掌握真空辅助取向的方法。

3. 掌握纳米氮化硼片的制备。

二、实验原理

现代电子产品中不断减小的尺寸和不断提高的功率密度对系统热管理提出了更严苛的要求。考虑到电子器件散发的功率密度可达到 1000W/cm²,大家普遍认为未来电子产品的限制因素并不是硬件本身,而是有效热管理材料的发展。传统的聚合物基复合材料被广泛地用作热管理材料,但是其具有较低的导热系数。氮化硼具有优异的导热性能、化学稳定性、电绝缘性等性能。由于氮化硼片(BNNS)具有更高表面积、热导率、化学稳定性、抗氧化性等性能,在新材料领域引起越来越多的关注。

许多导热填料具有各向异性的导热性质,这些填料可在特定加工过程中定向取向,在复合材料内部形成取向的导热通道,使得材料在取向方向导热性能较好。很多应用领域中需要导热复合材料在特定的方向上具有高的热导率。

真空辅助取向也是一种使各向异性导热填料形成水平取向的方法,区别在于流延成型是基于剪切应力,而真空辅助取向是基于流体作用力。将填料和溶剂混合后置于真空辅助抽滤系统,在底部真空的作用下,溶剂会向下流动,渗透穿过抽滤砂芯的孔,从而产生液体流力。填料在液体流力的作用下会向底部运动,为了保持其结构的稳定性,填料会趋向于水平排列,从而形成致密的层状结构。真空度越高,复合膜在面内方向的取向程度和密度也越高。采用真空辅助抽滤技术可以在聚合物基体较少的情况下使无机填料成型,并具有较好的韧性和强度。

三、仪器与试剂

1.仪器

仪器名称	型号	生产厂家
超声仪	JP-070S	深圳龙腾辉电子有限公司
电热恒温鼓风干燥箱	DGG-9070B	上海森信实验仪器有限公司
离心机	TD4C	常州金坛良友仪器有限公司
激光导热仪	LFA 467 NanoFlash	德国耐驰仪器有限公司
扫描量热仪	3500	德国耐驰仪器有限公司
透射电镜	JEM-200CX	日本 JBOL 公司
扫描电子显微镜	S-3400N	日立公司

2.试剂

六方氮化硼（h-BN），丹东日津化学试剂公司，使用前在 100℃下真空干燥箱中干燥 24h。聚乙烯醇，购买于阿拉丁化学试剂公司。

四、实验步骤

1.纳米氮化硼片的制备

将一定质量的 BN（2μm）放入适量 DMF 溶液中配制成 100mg/mL 的悬浮液，以 300W 的功率超声 48h 后，静置 12h，取上层悬浮液，以 500r/min 的转速离心 10min 对悬浮液进行抽滤处理，取底部沉积物，置于 60℃的真空烘箱中干燥 12h，留待使用。

2.纳米氮化硼/PVA 复合薄膜制备

将上述制备的 BNNS（0.4mg/mL）加入至 PVA（1%、3%、5%、7%、9%）水溶液中，经过 15min 超声处理得到分散均匀的混合物。将混合物倒入真空辅助抽滤装置，所用有机滤膜直径为 50mm、孔径为 0.22μm。抽滤结束后，将抽滤产物放入 70℃烘箱干燥 24h，后得到 BNNS/PVA 复合材料。将上述混合物直接铺膜，与上述取向后的复合薄膜对比。

3.实验表征方法

（1）通过扫描电子显微镜（SEM）对 BNNS 样品进行形貌表征，扫描电子显微镜的加速电压为 5kV，其中 BNNS 制样过程如下：将适量 BNNS 粉超声分散于异丙醇溶液中，然后将 BNNS/异丙醇分散液滴到硅片基体上面，待干燥后，将硅片贴在 SEM 测试的样品台子上面。BNNS/PVA 复合材料制样过程如下：将样品撕裂，然后将撕裂面朝上贴在 SEM 测试的样品台子上面。

（2）利用透射电镜观察样品 BNNS 的形貌和尺寸分布,将上述粉末分散于乙醇溶液中,将分散液滴在碳支持膜上,经烘干干燥后,进行 TEM 测试。

（3）样品系数(α)由 NETZSCH LFA 467 NanoFlash 激光导热仪进行测试,样品的导热系数(k)由以下公式进行计算:$k=\alpha \cdot C_P \cdot \rho$,其中,$\rho$ 为样品的密度,C_P 为样品的比热容,基于蓝宝石法、使用 TA 差示扫描量热仪(DSC)测试得到。

五、实验结果与处理

BNNS/PVA 复合材料的导热系数

序号	纳米氮化硼片填充量/%	BNNS 取向后的面内导热系数	BNNS 无规分散的面内导热系数
1			
2			
3			
4			
5			

六、思考题

1.氮化硼超声剥离成纳米氮化硼片的原理是什么?

2.为什么复合材料中 BNNS 取向后导热率会增加?

3.真空辅助取向 BNNS 的原理是什么?

七、参考文献

［1］Wang ZG,Chen MZ,Liu YH,et al.Nacre-like composite films with high thermal conductivity, flexibility,and solvent stability for thermal management applications［J］.Journal of Materials Chemistry C,2019,7(29):9018-9024.

［2］Sun N;Sun JJ,Zeng XL,et al.Hot-pressing induced orientation of boron nitride in polycarbonate composites with enhanced thermal conductivity［J］.Composites Part A Applied Science and Manufacturing,2018,110(33):45-52.

［4］虞锦洪.高导热聚合物基复合材料的制备与性能研究［D］.上海:上海交通大学,2012.

［5］周文英.高导热绝缘高分子复合材料研究［D］.西安:西北工业大学,2007.

［6］么依民.基于微/纳米结构单元的有序组装制备高导热复合材料［D］.深圳:中国科学院大学(中国科学院深圳先进技术研究院),2018.

［7］Yao HB,Tan ZH,Fang HY,et al.Artificial nacre-like bionanocomposite films from the self-assembly of chitosan-montmorillonite hybrid building blocks［J］. Angewandte Chemie International Edition,2010,49(52):10127-10131.

八、拓展阅读

一、实验目的

1.了解并掌握静电纺丝原理以及操作使用。

2.了解表面润湿角。

3.掌握 PVDF 纳米纤维膜的制备实验。

二、实验原理

1.静电纺丝法制备纳米纤维

在过去几年中,静电纺丝已成为制造聚合物纳米纤维膜的一种高效、简单和低成本的方法,成功制备直径几微米、甚至几纳米的超细纳米纤维。静电纺丝装置由高压电源、推注装置、接收装置组成。在高压静电场的作用下,一定浓度的聚合物溶液或熔体进行喷射拉伸与固化形成聚合物纳米纤维。其具有可调控性,通过改变纺丝溶液的参数、工艺参数和环境参数可有效调控纳米纤维的形态、直径、排列以及结构等。因此,根据静电纺丝的材料多样性、加工参数多样化,调控纳米纤维的几何形状、透气性、机械性能等方面,从而优化纳米纤维薄膜的整体性能与拓宽应用领域。

聚偏氟乙烯(PVDF)作为一种白色或半透明粉状结晶聚合物,具有氟化半结晶热塑性特性,是膜分离和油水分离中的理想材料,也是一种具有良好拒水性的疏水材料。采用静电纺丝技术制备 PVDF 薄膜,具有低成本、操作简便、高效率等优势,所制备的 PVDF 及其复合型纳米纤维膜在穿戴设备、传感器、生物医药、电工电气及环保建筑等领域具有广泛的应用前景。

2.润湿角(CA)的定义

润湿角是表征液体在固体表面润湿性能的一个重要指标。如图 1 所示,θ 表示润湿角,即固液气三相交界处作液气界面的切线与液固交界线间的夹角。

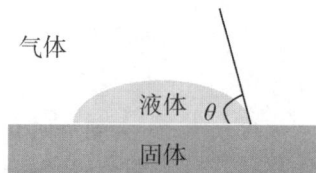

图 1　润湿角

三、仪器与试剂

1.仪器

设备名称	型号或规格	生产厂家或品牌
恒温磁力搅拌器	HJ-3	国华
电热恒温鼓风干燥箱	DGG-9070B	上海森信实验仪器有限公司
电子天平		上海卓精电子科技有限公司
扫描电子显微镜	S-4800	日本 Hitachi 公司
光学接触角测定仪	JJ2000B2	中国 Powerach 公司
静电纺丝机	ET-1	北京永康乐业科技发展有限公司

2.试剂

PVDF(分子量 100000)、N,N 二甲基甲酰胺(AR)由上海阿拉丁试剂提供。

四、实验步骤

1.PVDF 纳米纤维膜制备

将 PVDF 粉末溶于 DMF 溶液中并在 45℃下磁力搅拌 12h,获得均一透明 PVDF(14%)纺丝溶液。静电纺丝参数如下:注射器注射速度为(0.2mL/h、0.4mL/h、0.6mL/h、0.8mL/h),纺丝电压为(8kV、10kV、12kV、14kV),工作距离为 15cm,温度为 26℃±3℃和相对湿度为(45±5)%。接收器滚筒上收集 PVDF 纳米纤维膜。

2.PVDF 纳米纤维膜形貌表征

场发射扫描电镜(SEM)对不同摩擦层材料及其他功能层材料的微观形貌、形状以及尺寸进行表征,拍摄时设置加速电压范围为 5~15kV。为了提高样品表面的导电性能,从而保证拍摄的清晰性和稳定性,在所有样品测试之前均进行了喷金处理。利用 ImageJ 图像分析软件测量超过 50 根纤维的直径,分析纤维直径及其分布情况。

3.PVDF 纳米纤维膜表面接触角的测定

采用静态接触角测试仪,测定滴液在复合纤维膜表面形成的接触角大小来表征其表面润湿性能。测试要求:首先调整实验台处于水平位置,保障安装针管与地面垂直,并且针管中无气泡;其次确保样品平整,避免测试误差以及阻挡观察视野。每次测试使用 5μL 的水滴进行测试。为了保证数据的准确性,对纳米纤维膜的不同位置进行测试,并求取平均值。

五、实验结果与处理

1.在电压为10kV下,不同推注速度下纳米纤维膜的平均直径与疏水性能。

序号	推注速度/(mL/h)	纳米纤维膜平均直径/nm	润湿角/(°)
①			
②			
③			
④			

2.在推注速度为0.4mL/h下,不同推注电压下纳米纤维膜的平均直径与疏水性能。

序号	推注电压/kV	纳米纤维膜平均直径/nm	润湿角/(°)
①			
②			
③			
④			

六、思考题

1.实验过程PVDF纳米纤维膜制备中,如何验证纳米纤维样品制备成功?

2.实验过程PVDF纳米纤维膜制备中,不同电压和推注速度为什么会对纳米纤维直径产生影响?

3.纳米纤维直径是否对接触角的数据产生影响?

七、参考文献

[1]马杨,夏婷婷,江叔芳.基于绿色溶剂的PVDF静电纺丝膜的制备与性能研究[J].胶体与聚合物,2024,42(4):177-179.

[2]王青,盘思伟,赵耀洪,等.静电纺PVDF纳米纤维膜的工艺参数优化及压电性能[J].武汉大学学报(理学版),2024,70(5):576-586.

[3]Dong WH,Liu F,Zhou XX,et al.Superhydrophilic PVDF nanofibrous membranes with hierarchical structure based on solution blow spinning for oil-water separation[J].Separation and Purification Technology,2022,301(12):121903.

[4]杜春晓.静电纺丝PVDF复合膜的表面亲水改性及其油水分离性能研究[D].上海:东华大学,2022.

[5]邓永茂.静电纺丝/喷雾技术制备PVDF多孔纤维/微球及性能研究[D].广州:广东工业大学,2016.

[6]贾彤彤.静电纺丝PVDF基纳米纤维膜的构筑及在免疫层析检测中的应用研究[D].西安:陕西科技大学,2022.

八、拓展阅读

实验 34　聚乳酸基纳米复合材料的制备及其流变行为

一、实验目的

1. 了解聚乳酸基纳米复合材料的流变测试方法。
2. 掌握聚乳酸纳米复合材料的制备方法。

二、实验原理

聚乳酸(PLA)是半结晶聚合物,存在结晶速率慢、尺寸稳定性差、成型时制品收缩率大等缺点,限制了其作为工程塑料的应用。在用纳米材料(如纳米二氧化硅、碳纳米管等)与PLA通过物理共混法制备的聚乳酸基纳米复合材料中,纳米材料可以起到异相成核作用,同时,提高 PLA 的结晶速率并改善其物理性能。纳米材料的引入对 PLA 结晶和物理性能的影响可以借助差示扫描量热仪、旋转流变仪等进行表征分析。本实验拟选用纳米二氧化硅来制备聚乳酸基纳米复合材料,重点掌握高分子复合材料制备的物理共混工艺方法,并了解流变学测试方法,同时,可根据具体情况选择是否对材料的晶体形貌、结晶速率、共混物内部结构进行表征分析。

三、仪器与试剂

1.仪器

仪器名称	型号/规格/材质	参考生产厂家
电热恒温鼓风干燥箱	DHG-9005	上海一恒科学仪器有限公司
分析天平	可读性 0.01,220g 量程	梅特勒-托利多
电子台秤	可读性 0.1g,6kg 量程	梅特勒-托利多
偏光显微镜	DM2500P	Leica
场发射扫描电子显微镜	Ultra 55/S-4800	Zeiss/Hitachi
示差扫描量热仪	Q20	TA Instruments
转矩流变仪	HAAKE™Polylab™OS	ThermFisher Scientific
旋转流变仪	ARES2000	TA Instruments

2.试剂

名称	规格/用量
聚乳酸	4032D(Natureworks)
纳米二氧化硅	AEROSIL200(Degussa AG)

四、实验过程

1.聚乳酸基纳米复合材料的制备

本实验拟通过熔融共混法制备聚乳酸基纳米复合材料。第一步,将 PLA 和纳米二氧化硅(SiO_2)放在干燥箱中进行干燥,干燥温度和时间分别为 45℃ 和 72h。第二步,将原料按所需的比例称量好,实验共分 2 组,SiO_2 的质量分数分别为 0 和 3%,两组样品总质量均为 60g。第三步,将两组样品分别在转矩流变仪中进行熔融共混,并将所得到的加工样品依次命名 PLA0 和 PLA3。熔融共混的温度、转速和时间分别为 180℃、60r/min 和 5min。将共混后的样品剪成小块,取适量放入金属模具中,然后在平板硫化机上于 190℃、10MPa 的压力下稳定 2min 后取出,冷却到室温,最终得到厚度为 1mm 的薄膜。将压制好的薄膜样品装入密封袋中并放入干燥器中,于室温下存放 72h。

2.流变测试

采用美国 TA 公司 ARES2000 型旋转流变仪测试纯 PLA 及其纳米复合材料的流变行为。样品厚度为 1.0mm,直径为 25mm,测试温度为 180℃,样品在预设温度下停留 3min 以消除热历史,然后在其线性黏弹区进行动态频率扫描。扫描范围为 0.1~100Hz,固定应变为 0.5% 进行小幅震荡剪切。以上为参考测试参数,可根据具体情况调整。

五、实验配比与工艺

1.实验配比

实验	PLA	SiO_2
1		
2		
3		

2.密炼工艺参数

实验	样品量	温度	时间
1			
2			
3			

3.流变行为测试工艺参数

实验	温度	频率	应变
1			
2			
3			

六、实验现象

1.聚乳酸、纳米二氧化硅和共混物的颜色分别是_____。

2.用平板硫化机制作薄膜可以观察到的现象是_____。

3.用旋转流变仪测试前后样品的外观的变化是_____。

4.其他实验现象_____。

七、思考题

1.聚乳酸基复合材料制备的工艺步骤有哪些？

2.纳米材料的加入对聚乳酸流变行为的影响是什么？

八、参考文献

[1] H W Yang, J H Du. Crystallinity, Rheology, and Mechanical Properties of Low-/High-Molecular-Weight PLA Blended Systems[J]. Molecules,2024,29(1):15.

[2] W J Jiang, C D Sun, Y Zhang, et al. Preparation of well-dispersed graphene oxide-silica nanohybrids/poly(lactic acid)composites by melt mixing[J]. Polym Test,2023,118.

九、拓展阅读

一、实验目的

1. 了解天然桑蚕丝的结构。
2. 掌握天然桑蚕丝丝素纤维的制备方法。
3. 掌握天然桑蚕丝丝素纤维力学性能的测试方法。

二、实验原理

本实验以天然桑蚕丝为研究对象,选择碳酸氢钠或碳酸钠溶液作为蚕丝脱胶处理溶液。天然桑蚕丝由外层丝胶蛋白和内层丝素纤维组成。蛋白质是由氨基酸缩合脱水得到的一种高分子。蛋白质的典型一级结构(化学键)是肽键 $R-CO-NH-R'$,每个肽键水解后生成一个氨基和一个羧基: $R-CO-NH-R'+H_2O \Longrightarrow R-COOH+NH_2-R'$。如果蛋白质完全水解,则得到氨基酸。蚕丝表面的丝胶在碱性溶液中易发生分子链水解断裂,溶解性能增加,从而使丝胶从丝素纤维上脱落下来,最终得到丝素纤维。

三、仪器与试剂

1. 仪器

仪器名称	型号/规格/材质	参考生产厂家
电磁炉	2200W	美的/苏泊尔
烧水锅	304不锈钢/4L	苏泊尔
电热恒温鼓风干燥箱	DHG-9005	上海一恒科学仪器有限公司
分析天平	可读性0.01,220g量程	梅特勒-托利多
电子台秤	可读性0.1g,6kg量程	梅特勒-托利多
拉力机	Instron5966	Instron
偏光显微镜	DM2500P	Leica
场发射扫描电子显微镜	Ultra 55/ S-4800	Zeiss/Hitachi

2.试剂

桑蚕茧、去离子水、碳酸钠、碳酸氢钠、溴化锂等。

其他实验用品：2000mL烧杯、玻璃棒、橡胶手套、弯头镊子、搪瓷托盘、密封袋等。

四、实验及表征

1.碱性溶液配制及脱胶

根据实验需要，配置适量质量分数为0.5%的碳酸氢钠或碳酸钠水溶液，将溶液加热至沸腾，然后将桑蚕茧放入其中，并用玻璃棒搅拌按压，将蚕茧尽可能没入水中进行脱胶。30min后更换相同浓度的碳酸氢钠或碳酸钠溶液于同样的条件下再次脱胶30min。最后，将脱胶后的桑蚕丝依次用热水和去离子水洗净后于50℃烘箱中烘干备用。

2.天然桑蚕丝脱胶前后形貌观察

（1）纤维断面形貌

将脱胶前后的桑蚕丝分别固定于自制长方体形模具中（使纤维平行于模具长边），将配置好的环氧树脂倒入模具中，于室温下固化3天得到长方体型固化样条。用自制的设备在垂直于纤维轴向的方向将所得固化样条进行多次冲击以断裂成4~5段长约4mm的小样品。将断裂所得小样品固定在扫描电镜样品台上，于10mA电流下喷金45s后，用Hitachi公司型号为S-4800的场发射扫描电子显微镜观察丝纤维的断面并拍照。

（2）纤维表面形貌

将脱胶前后的桑蚕丝固定在扫描电镜样品台上，于10mA电流下喷金45s后，用Hitachi公司型号为S-4800的场发射扫描电子显微镜进行观察并拍照。

注：天然桑蚕丝脱胶前后形貌也可以考虑通过偏光显微镜进行观察，纤维断面形貌观察制样复杂，可根据具体情况选择是否观察纤维断面形貌。

3.天然桑蚕丝脱胶前后力学性能测试

脱胶前后的桑蚕丝的力学性能均采用英斯特朗（INSTRON）公司型号为Instron 5966的万能材料试验机进行测试。所有测试均在温度为20~25℃和相对湿度为40%~50%下进行，拉伸夹具距离为3cm，拉伸速率为15mm/min。测量结果至少取5次测量的平均值。

五、实验配比与结果

1.实验配比

实验	碳酸氢钠/碳酸钠	去离子水	蚕茧
1			
2			
3			

2.力学性能测试

序号	蚕茧丝/断裂载荷	丝素纤维/断裂载荷
1		
2		
3		
4		
5		
6		
7		
8		
9		
10		

六、实验现象

1.采用碱溶液对天然桑蚕丝进行煮洗的效果是＿＿＿＿＿＿＿＿＿＿＿＿＿＿＿＿。

2.天然蚕丝脱胶前后结构的变化是＿＿＿＿＿＿＿＿＿＿＿＿＿＿＿＿＿＿＿。

3.天然蚕丝脱胶前后力学性能的变化是＿＿＿＿＿＿＿＿＿＿＿＿＿＿＿＿＿。

4.其他实验现象＿＿＿＿＿＿＿＿＿＿＿＿＿＿＿＿＿＿＿＿＿＿＿＿＿＿＿。

七、思考题

1.碱溶液为什么能促使天然桑蚕丝脱胶？

2.天然桑蚕丝的结构是怎样的？

3.准确进行纤维力学性能测试的关键点有哪些？

八、参考文献

[1]H Zhou,Z Z Shao,X Chen. Wet-spinning of regenerated silk fiber from aqueous silk fibroin solutions: Influence of calcium ion addition in spinning dope on the performance of regenerated silk fiber[J]. Chinese Journal of Polymer Science,2014,32(1):29-34.

九、拓展阅读

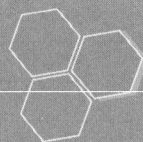

一、实验目的

1. 了解再生丝蛋白溶液的制备方法。
2. 掌握再生丝蛋白溶液的湿法纺丝工艺。

二、实验原理

　　本实验以天然桑蚕丝为原材料制备再生丝蛋白溶液。实验选择碳酸氢钠水溶液作为蚕丝脱胶处理溶液，以得到丝素蛋白纤维（或称为丝素纤维），并选择用溴化锂（LiBr）水溶液来溶解丝素纤维。碳酸氢钠水溶液呈碱性，可以促使蚕丝表面的丝胶发生分子链水解断裂，溶解性能增加，从而使丝胶从丝素纤维上脱落下来，最终得到丝素纤维。溴化锂是一种无机物，极易溶于水，可以破坏丝素蛋白分子间的氢键和疏水相互作用，进而使丝素蛋白纤维溶解于溶液中。在湿法纺丝过程中，纺丝液被注入凝固浴后会因溶剂间的双扩散效应发生固化。在双扩散过程中，纺丝原液经喷丝板挤入凝固浴中，纺丝原液细流中的溶剂向外扩散，而沉淀剂向纺丝原液细流内部扩散。通过选择匹配的溶剂和凝固剂，并设置合适的纺丝液挤出速度，最终可得到成型纤维。本实验纺制出纤维即为成功，对纤维形貌及力学性能不做要求，因此，可根据具体情况选择是否对纤维力学性能和形貌进行分析。

三、仪器与试剂

1. 实验原料与试剂

序号	名称	规格/参考用量
1	桑蚕茧	5kg
2	碳酸氢钠	25kg
3	碳酸钠	5kg
4	溴化锂	25kg
5	硫酸铵	25kg

序号	名称	规格/参考用量
6	透析袋	截留分子量14000
7	聚乙二醇	分子量20000/25kg

2.主要实验仪器

仪器名称	型号/规格/材质	参考生产厂家
电磁炉	2200W	美的/苏泊尔
烧水锅	304不锈钢/4L	苏泊尔
电热恒温鼓风干燥箱	DHG-9005	上海一恒科学仪器有限公司
分析天平	可读性0.01,220g量程	梅特勒-托利多
电子台秤	可读性0.1g,6kg量程	梅特勒-托利多
拉力机	Instron5966	Instron
偏光显微镜	DM2500P	Leica
场发射扫描电子显微镜	Ultra 55/S-4800	Zeiss/Hitachi
离心机	>1200r/min	ThermFisher

其他实验用品:烧杯(2000mL、1000mL、500mL、250mL)、蓝盖瓶(500mL、100mL)、玻璃培养皿(35mL、100mL)、医用注射器(10mL、20mL)、玻璃棒、密封袋、弯头镊子、透析夹、搪瓷托盘、不锈钢水槽(长×宽×高≈1m×0.2m×0.2m)、注射泵、直流电机、磁力搅拌器、橡胶手套、医用纱布等。

四、实验过程

1.再生丝蛋白稀溶液的制备

根据实验需要,取适量天然桑蚕茧,用质量分数为0.5%的碳酸氢钠水溶液进行脱胶,并将获得的丝素纤维于50℃烘箱中烘干备用。取适量干燥的丝素纤维,然后将溶液加热至沸腾,然后将桑蚕茧放入其中,并用玻璃棒搅拌按压,将蚕茧尽可能没入水中进行脱胶。30min后更换相同浓度的碳酸氢钠或碳酸钠溶液于同样的条件下再次脱胶30min。最后,将脱胶后的桑蚕丝依次用热水和去离子水洗净后于45℃烘箱中烘干备用。将上述烘干后的桑蚕丝用浓度为9.3mol/L的溴化锂水溶液在60℃的恒温水浴中溶解1h,然后用医用纱布过滤掉溶液中少许的不溶解物质。将过滤后的溶液装入透析袋中(截留分子量为14000),用去离子水透析3天,以将溶液中的溴化锂去除干净而得到再生丝蛋白水溶液。将上述透析得到的再生丝蛋白水溶液在9000r/min的转速下离心,以去除少量沉淀物,得到纯净的再生丝蛋白水溶液。

2.再生丝蛋白浓溶液的制备

根据实验需要,取适量上述再生丝蛋白的水溶液装入截留分子量为14000的透析袋中,于质量分数为13%的聚乙二醇(PEG,分子量20000)水溶液中进行反向透析浓缩。通过调控浓缩时间以得到质量分数约为17%的高浓度再生丝蛋白水溶液(纺丝原液)。

3.湿法纺丝

将上述配置的高浓度再生丝蛋白纺丝原液小心倒入10或20mL医用注射器中,然后将注射器安装在注射泵上,设置好工艺参数,以固含量为35%的硫酸铵水溶液作为凝固浴,进行湿法纺丝。将湿法纺丝得到的纤维用去离子水冲洗后自然风干,并装入密封袋保存。

4.实验配比与工艺

(1)脱胶实验配比

实验	碳酸氢钠	去离子水	蚕茧
1			
2			
3			

(2)溶丝实验配比

实验	溴化锂	去离子水	丝素纤维
1			
2			
3			

(3)浓缩实验配比

实验	聚乙二醇	去离子水
1		
2		
3		

(4)纺丝工艺参数

实验	凝固浴浓度	挤出速度	纤维收取速度
1			
2			
3			

五、实验现象

1.丝素纤维溶于溴化锂溶液后溶液的颜色是＿＿＿＿＿＿＿＿＿＿＿＿＿＿＿＿＿＿＿。

2.再生丝蛋白的水溶液经聚乙二醇溶液浓缩时的现象是_____。

3.纺丝过程中纺丝原液细流在凝固浴中可观察到的现象是_____。

4.其他实验现象_____。

六、思考题

1.再生丝蛋白溶液制备的关键实验步骤有哪些?

2.简述再生丝蛋白溶液的湿法纺丝工艺过程。

七、参考文献

[1] M. Wöltje, K. L. Isenberg, C. Cherif, et al. Continuous Wet Spinning of Regenerated Silk Fibers from Spinning Dopes Containing 4% Fibroin Protein[J]. International Journal of Molecular Sciences, 2023, 24(17).

[2] H Zhou, Z Z Shao, X Chen. Wet-spinning of regenerated silk fiber from aqueous silk fibroin solutions: Influence of calcium ion addition in spinning dope on the performance of regenerated silk fiber[J]. Chinese Journal of Polymer Science, 2014, 32(1): 29-34.

八、拓展阅读

第二部分

综合与设计性实验

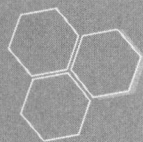

一、实验目的

1. 了解金属有机骨架材料的基本结构和性质。
2. 掌握 ZIF-8 的合成方法。
3. 掌握贵金属纳米粒子的合成方法。
4. 理解原位生长法封装纳米颗粒的合成策略。
5. 熟练观察和分析 TEM 照片。

二、实验原理

　　金属有机框架材料(metal-organic frameworks,MOFs)也可称之为多孔配位聚合物,是由金属离子或团簇与有机配体通过配位自组装而形成的具有周期性网状结构的多孔材料。作为 21 世纪最热门的材料之一,MOFs 由于其具有传统多孔材料不具备的高比表面积、结构可调、高孔隙率、低密度等特殊的理化性质,引起了学术界和工业界的持续关注。近年来,功能纳米复合材料的开发也引起了世界范围内研究者的广泛兴趣,两种或两种以上的活性材料的复合,可以赋予单一材料所不具备的特性和优势。利用 MOFs 材料多孔且内含规则孔道的结构特点,可以实现许多客体分子,如生物酶、金属纳米粒子、碳纳米管和碳量子点等物质的封装,构筑具有协同增效的复合物。贵金属纳米粒子可通过化学还原法制备,还原方法主要有抗坏血酸还原法、柠檬酸钠还原法和鞣酸-柠檬酸钠还原法等。本实验选择 ZIF-8 作为 MOFs 主体,封装贵金属纳米颗粒,掌握 ZIF-8 以及贵金属纳米粒子的合成方法,探究原位生长法构筑纳米复合物的基本手段(见图 1),并通过透射电子显微镜(TEM)观察纳米粒子在 MOFs 结构中的分布。

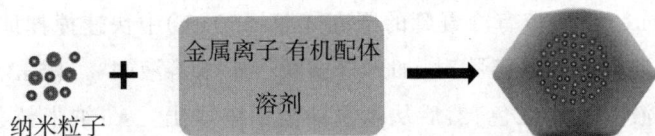

纳米粒子　　金属离子 有机配体 溶剂

图 1　原位封装法构筑 MOFs/纳米粒子复合物的示意图

三、仪器与试剂

1.仪器

仪器名称	型号规格	生产厂家
台式离心机	Sorvall ST 16/16R	赛默飞世尔科技公司
分析天平	ME204	瑞士梅特勒托利多公司
超纯水仪	Direct-Q3	美国密理博
恒温鼓风干燥箱	DGG-9030BD	上海森信实验仪器有限公司
加热真空干燥箱	DZ-1BCIV	天津泰斯特
多点磁力搅拌台	RO15	德国IKA公司
旋转蒸发仪	DLSB-10/20	长城科工贸
油浴锅	HWS-24	上海一恒
烧杯	20mL	
广口瓶	50mL	
圆底烧瓶	250mL	
冷凝装置		
透射电子显微镜	JEOL JEM F2100	日本电子株式会社

2.试剂

硝酸锌六水合物、2-甲基咪唑、四氯金酸、六氯铂酸、柠檬酸钠、聚乙烯吡咯烷酮（PVP，$M_w=29000$）、丙酮、氯仿、无水乙醇、甲醇、去离子水等。

四、实验步骤

1.ZIF-8的合成

将含有2-甲基咪唑（25mmol/L）（思考应该怎么转换，称量对应的质量）的10mL甲醇溶液和$Zn(NO_3)_2\cdot 6H_2O$（25mmol/L）的10mL甲醇溶液的混合物，密封于50mL广口玻璃瓶中，在室温下静置反应24h。离心收集产物，并用甲醇洗涤三次，所得样品真空干燥保存。

2.贵金属纳米颗粒的制备

13nm Au纳米粒子合成：采用$HAuCl_4$的柠檬酸钠还原法制备Au纳米粒子。将$HAuCl_4$水溶液（0.01%，150mL）装入带有冷凝管的圆底烧瓶（250mL）中快速搅拌加热，在油浴中使其剧烈沸腾并回流。当溶液开始沸腾时，加入柠檬酸三钠水溶液（1%，4.5mL）再搅拌20min，使混合物回流。待溶液变为深红色，然后从高温油浴锅中取出。Au纳米粒子溶胶冷却至室温后，将含有PVP（0.5g，$M_w=29000$）的20mL去离子水滴入搅拌，继续在室温下搅拌24h。反应结束后，离心分离，并用甲醇反复清洗三次，最后分散于甲醇中备用。

3.原位生长法合成ZIF-8/Au纳米颗粒复合物

称取111.6mg Zn(NO₃)₂·6H₂O溶于15mL甲醇中,称取30.8mg 2-甲基咪唑也溶于15mL甲醇中。随后,将上述两种溶液混合并向其中添加含有Au纳米颗粒的甲醇分散液1mL。接下来,将得到的混合溶液混合均匀,且静置于室温中进行反应24h。最后,通过离心分离出产物,并使用甲醇洗涤产物3次后,通过真空干燥箱对产物进行干燥处理得到ZIF-8/Au粉末。

在实验条件不变的情况下,改变Au纳米粒子的加入时间:分别在前驱体混合液反应0、1和5min的时间点加入Au纳米粒子溶液,生长得到产物。

4.透射电子显微镜观察样品形貌

透射电子显微镜的样品制备:取试样粉末,分散于乙醇溶液中,形成约1mg/mL的分散溶液,用移液器移取10μL缓慢滴在铜网上,放置在烘箱中烘干。

5.实验表征方法

利用透射电镜观察样品,分辨ZIF-8的形貌以及Au纳米粒子的分布情况。

五、实验结果与处理

计算ZIF-8的产率为:_____。

称取氯金酸的注意事项:_____。

不同时间加入Au纳米颗粒的封装分布情况:

序号	加入时间	分布情况
1		
2		
3		

六、思考题

1.Au纳米颗粒封装进ZIF-8,可能在结构的什么位置?

2.在Au纳米颗粒合成过程中,加入PVP的作用是什么?

3.除了原位生长法,还有什么方法可以在MOFs中封装纳米颗粒?

七、参考文献

[1]Lu G,Li S,Guo Z,et al.Imparting functionality to a metal-organic framework material by controlled nanoparticle encapsulation[J].Nature Chemistry,2012,4(4):310-316.

八、拓展阅读

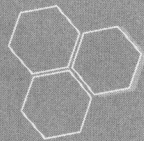

一、实验目的

1. 理解超级电容器的基本原理及特点。
2. 熟悉超级电容器电极材料及电极的制备方法。
3. 掌握超级电容器的测试方法及充放电过程的特点。

二、实验原理

1. 电容器的分类

电容器是一种电荷存储器件,按其储存电荷的原理可分为三种:传统静电电容器、双电层电容器和法拉第准电容器(法拉第赝电容)。

传统静电电容器主要是通过电介质的极化来储存电荷,它的载流子为电子。

双电层电容器和法拉第准电容储存电荷主要是通过电解质离子在电极/溶液界面的聚集或发生氧化还原反应,它们具有比传统静电电容器大得多的比电容量,载流子为电子和离子,因此它们两者都被称为超级电容器,也称为电化学电容器。

2. 双电层电容器

双电层理论由 19 世纪末 Helmhotz 等提出。Helmhotz 模型认为金属表面上的净电荷将从溶液中吸收部分不规则的分配离子,使它们在电极/溶液界面的溶液一侧,离电极一定距离排成一排,形成一个电荷数量与电极表面剩余电荷数量相等而符号相反的界面层。于是,在电极上和溶液中就形成了两个电荷层,即双电层。

双电层电容器的基本构成如图 1 所示,它是由一对可极化电极和电解液组成。

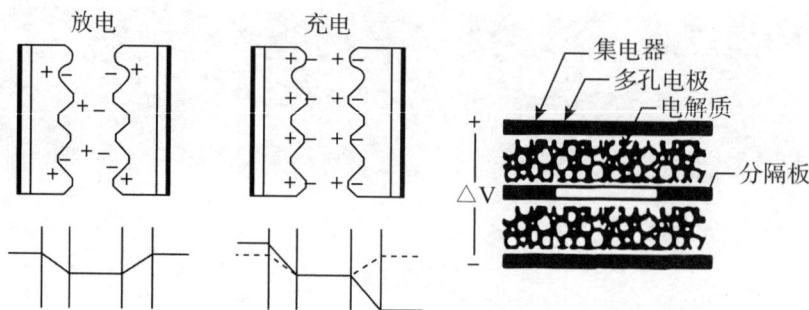

（a）非充电状态下的电位 （b）充电状态下的电位 （c）超级电容器的内部结构

图1 双电层电容器工作原理及结构示意图

双电层由一对理想极化电极组成,即在所施加的电位范围内并不产生法拉第反应,所有聚集的电荷均用来在电极的溶液界面建立双电层。

这里极化过程包括两种:(1)电荷传递极化;(2)欧姆电阻极化。

当在两个电极上施加电场后,溶液中的阴、阳离子分别向正、负电极迁移,在电极表面形成双电层;撤销电场后,电极上的正负电荷与溶液中的相反电荷离子相吸引而使双电层稳定,在正负极间产生相对稳定的电位差。当将两极与外电路连通时,电极上的电荷迁移而在外电路中产生电流,溶液中的离子迁移到电极上呈电中性,这便是双电层电容的充放电原理。

3.法拉第准电容器

对于法拉第准电容器而言,其储存电荷的过程不仅包括双电层上的存储,还包括电解液中离子在电极活性物质中由于氧化还原反应而将电荷储存于电极中。对于其双电层电容器中的电荷存储与上述类似,对于化学吸脱附机理来说,一般过程为:电解液中的离子(一般为H^+或OH^-)在外加电场的作用下由溶液中扩散到电极/溶液界面,而后通过界面的电化学反应

$$MO_x+H^+(OH^-)+(-)e^- \longrightarrow MO(OH) \tag{1}$$

进入电极表面活性氧化物的体相中,由于电极材料采用的是具有较大比表面积的氧化物,这样就会有相当多的这样的电化学反应发生,大量的电荷就被存储在电极中。根据(1)式,放电时这些进入氧化物中的离子又会重新返回到电解液中,同时所存储的电荷通过外电路而释放出来,这就是法拉第准电容器的充放电原理。

在电活性物质中,随着存在法拉第电荷传递化学变化的电化学过程的进行,极化电极上发生欠电位沉积或发生氧化还原反应,充放电行为类似于电容器,而不同于二次电池,不同之处为:

(1)极化电极上的电压与电量几乎呈线性关系;

(2)当电压与时间呈线性关系$dv/dt=k$时,电容器的充放电电流为恒定值。

$$I=Cdv/dt=Ck$$

4.二氧化锰超级电容器

赝电容的大小通常是由电极材料所含活性物质的多少以及氧化还原反应时的利用情况决定的。赝电容超级电容器通常使用导电聚合物和金属氧化物作为电极材料,利用它们的快速氧化还原反应来存储电荷,这种方式普遍比单纯的双电层电容器具有更高的电荷存储能力。

金属氧化物是赝电容器中最为广泛使用的材料,其中MnO_2得到了最广泛的研究,发展迅速。这主要是由于锰元素在地壳中的含量排在过渡元素中的第三位,仅次于铁和钛。锰元素在自然界中主要以软锰矿($MnO_2 \cdot nH_2O$)的形式存在。对应锰的化合物,锰的氧化价态有$+7,+6,+5,+4,+3,+2,+1,0,-1,-2$,丰富的化合价态以及化合物种类为氧化锰材料的研究提供了无限的可能。另外,MnO_2具有较大的理论比电容、制备成本低廉、自然资源丰富以及对环境友好的特点,同时MnO_2作为电极材料可在中性水系电解液中表现出优良的电化学特性,且电位窗口较宽。

MnO_2材料在水系电解液中的电化学反应机理(即储能机理)主要基于高度可逆的法拉第氧化还原反应来获得电容量。离子的嵌入与脱出过程伴随着Mn^{4+}和Mn^{3+}的价态变化,电解液(Na_2SO_4溶液)中的阳离子在MnO_2电极材料中的反应方程式为:

$$MnO_2 + Na^+ + e^- \Longleftrightarrow MnOONa$$

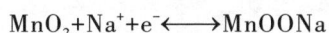

本实验采用简单的电化学沉积方法制备MnO_2/Ni电极,并用三电极体系来测试其电容性能。

三、仪器试剂

1.仪器

电化学工作站,电子天平,真空干燥箱,超声波清洗机,三电极电解池,电极夹,铂片电极,银–氯化银参比电极。

2.试剂

多孔泡沫镍,$Mn(CH_3COO)_2$　A.R.,Na_2SO_4　A.R.,盐酸　A.R.,无水乙醇　A.R.,去离子水。

四、实验步骤

1.MnO_2/Ni电极的制备

从大块泡沫镍($110ppi,350g/m^2,1mm$厚)上剪下四片$1.0cm \times 1.5cm$用作沉积二氧化锰的基材。为了去除其表面上可能存在的氧化物,首先,将泡沫镍用盐酸超声清洗$5min$,然后再用去离子水和乙醇超声清洗$5min$,最后放置于真空干燥箱中$80℃$真空干燥$2h$,然后在电子天平上称量并记录其质量。使用以泡沫镍为工作电极,$Ag/AgCl$电极为参比电极,铂片电极作为对电极的常规的三电极电化学系统,在浓度为0.07mol/L的Mn(CH$_3$COO)$_2$和Na$_2$SO$_4$的混合溶液中进行电化学沉积。在沉积前将泡沫镍浸入酒精中,然后不经任何干燥处理就直接将其从酒精中取出放入沉积设备中。泡沫镍的表面是粗糙和不平整的,局部粗糙部分具有较大的表面积,因此提供了与电解液接触的巨大面积,这导致沉积在局部粗糙部分上的MnO$_2$的量大于在局部平滑部分上沉积的MnO$_2$的量。因此,在泡沫镍表面沉积的MnO$_2$的厚度和质量缺乏均匀性,这不利于其电化学性能的提高。相反,如果直接沉积在带有酒精涂层的泡沫镍表面,则附着在基材表面的酒精等同于提供虚拟的平坦表面,会引起MnO$_2$在泡沫镍表面上的均匀沉积,这将改善沉积质量,从而增强电化学性能。打开计算机,打开电化学工作站,打开辰华CHI660电化学工作站测试软件,将电极夹到工作站上,选择Mult-potential step技术,设置电位为0.6V,测量时间分别为50s、100s、150s,进行电化学沉积。在此过程中,氧化反应方程式为

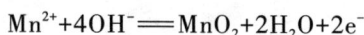

$$Mn^{2+} + 4OH^- = MnO_2 + 2H_2O + 2e^-$$

沉积完成后将MnO$_2$/Ni电极取出,用去离子水反复洗涤,然后在干燥箱中于60℃干燥12h。在电子天平上称量干燥后的MnO$_2$/Ni电极的质量并记录下来。在沉积前后将质量变化记录为二氧化锰的质量,并据此计算MnO$_2$/Ni电极上MnO$_2$的净负载量。

2.电化学性能测试

以MnO$_2$/Ni电极为工作电极,Ag/AgCl为参比电极,铂片电极为对电极,1.0mol/L的Na$_2$SO$_4$水溶液为电解液,利用辰华CHI660电化学工作站进行三电极体系电化学性能测试。在进行的测试中,循环伏安曲线(CV)和恒流充放电曲线(GCD)测量(CP技术)的电势窗口均为0~1.0V。CV曲线的扫描速率分别为10、20、30、50mV/s。GCD曲线的电流密度分别为1、2、3、5A/g,每个电流密度循环5次。在3A/g的电流密度下,恒流充放电100圈。交流阻抗谱(EIS)的频率范围为$10^{-2} \sim 10^5$Hz,振幅为5mV。

五、结果与处理

1.绘制不同扫描速率下的CV曲线,利用CV曲线计算MnO$_2$的比电容,公式如下:

$$C = \frac{\int I dV}{v \Delta V m}$$

式中:C为活性电极材料的质量比电容,单位为F/g;I为氧化电流或者还原电流,单位为A;v为电压扫描速率,单位为V/s;m为工作电极负载的活性物质的质量,单位为g;ΔV为电压扫描范围,单位为V。

2.绘制不同电流密度下的GCD曲线,利用GCD曲线计算MnO$_2$的比电容,公式如下:

$$C = \frac{I \Delta t}{m \Delta V}$$

式中:C为活性电极材料的质量比电容,单位为F/g;I为放电电流,单位为A;Δt为放电时间,

单位为 s；m 为工作电极负载的活性物质的质量，单位为 g；ΔV 为充放电电压扫描范围，单位为 V。并根据计算结果画出 MnO_2 的比电容随电流密度的变化曲线。

3.根据 3A/g 的电流密度下恒流充放电 100 圈的曲线，利用公式计算第 1、10、20、30、40、50、60、70、80、90、100 圈的放电比电容，绘制圈数-比电容图，分析 MnO_2 的电化学稳定性。

4.绘制交流阻抗谱，讨论其阻抗特性。对于电极-溶液体系，其界面阻抗包括：理想双电层电容 C_{dl}；溶液电阻 R_s；电荷转移电阻 R_{ct}；溶液-电极界面扩散引起的 Warburg 阻抗 Z_w，其等效电流如图 2 所示。

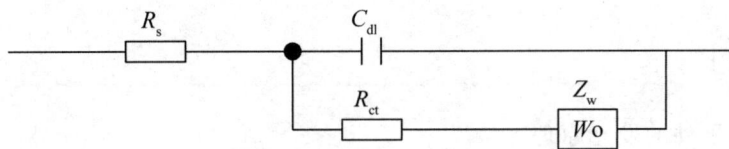

图 2

六、注意事项

盐酸具有腐蚀性，会腐蚀皮肤，操作中要小心，防止溅到皮肤和衣物上。

高温固相法制备 $Ca_3B_2O_6:Ce^{3+}$ LED荧光粉及LED器件封装

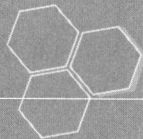

一、实验目的

1. 了解 LED 器件的发光原理。
2. 掌握高温固相法制备荧光粉的原理。
3. 了解 LED 器件的封装工艺。

二、实验原理

  白光 LED 是由 LED 发光芯片发出的光和在其上面的荧光粉吸收光后再次激发出来的光这两种光合成的白光。其中所用的芯片和荧光粉的材料不同,最后输出的光复合成的光也会明显不同。一般常见的 LED 激发光源有蓝光 LED、紫外光 LED 等。蓝光 LED 芯片作为发光源就是在其上面覆盖一层黄光荧光粉,部分蓝光被黄光荧光粉吸收然后发出黄光和剩余的蓝光合成白光。这种方法的技术目前最为成熟,不会造成紫外光的污染,但这种方法的主要缺点是由于缺少红光导致最后产生的白光显色性较差,而且使用了蓝光芯片使其光色容易受到荧光粉的厚度和电流的影响。以蓝光芯片为激发光源激发蓝光,同时使部分蓝光被覆盖的绿色和红色的荧光粉吸收,最后红绿蓝三基色混合产生白光。这种白光由于具备红绿蓝三基色所以其形成的白光显色性很好,不过由于进入芯片的电流会发生变化,其激发光的颜色也会产生变化,从而导致荧光粉吸入蓝光产生的绿光和红光的变化,最后影响到白光的色温和光度。以紫外光 LED 芯片作为激发光源然后选用可以吸收该波段紫外光的红绿蓝三基色的荧光粉转化为红绿蓝光混合成为白光,这种方法需要采用三基色荧光粉即红绿蓝三色的荧光粉,成本高,并且如果没有吸收完散发的紫外光会让多余的紫外光对人体和环境造成紫外光危害和污染,所以这种方法并不值得实行。

三、仪器与试剂

1. 仪器

  研钵、坩埚、电子天平、马弗炉、荧光光谱仪、X射线粉末衍射仪、稳压电源。

2.试剂

荧光粉制备:硼酸(H_3BO_3)、$NaHCO_3$或Na_2CO_3、氧化铈(CeO_2)、碳酸钙($CaCO_3$)和无水乙醇。

器件封装:5V紫光灯带(365nm)2m,荧光粉封装用有机硅胶A/B胶水,紫外激发绿光荧光粉、紫外激发红光荧光粉。

四、实验步骤

1.用电子天平称取4.455g $CaCO_3$、1.855g H_3BO_3、0.077g CeO_2及0.38g Na_2CO_3置于陶瓷研钵中,研磨均匀。

2.加入1mL无水乙醇,进一步充分研磨直至无水乙醇挥发干。将得到的粉体混合物装入20mL坩埚中,在80℃烘箱中干燥30min。

3.将坩埚放入马弗炉中于600℃煅烧4h,自然冷却后取出样品置于干净干燥的研钵内研磨至粉状,再装入坩埚内放入高温马弗炉内于900℃进行再烧结6h,待其冷却后取出将其研磨至粉状就是我们需要的成品。

封装:将制备的荧光粉和适量绿光荧光粉和红光荧光粉及有机硅胶混合(A:B=1:4),涂覆于紫光LED芯片中,于150℃干燥1h。

测试:XRD测试荧光粉的物相,荧光光谱测试荧光粉和LED器件的发光性能。

五、实验结果和处理

1.样品制备

产量:_____g;理论产量:_____g,产率:_____%。

2.样品表征

(1)XRD谱图及物相解析。

(2)荧光光谱谱图分析。

(3)LED灯性能分析。

六、思考题

1.制备过程中加入Na_2CO_3的作用是什么?

2.制备过程中为何要进行两次烧结?

3.如何能得到白光的LED灯?

七、参考文献

［1］刘峰,潘正伟,张家骅,等.基于荧光粉光转换的白光LED固态照明[J].中国稀土学报,2017,35(2):12.

［2］Xia Z,Meijerink A.Ce³⁺－Doped garnet phosphors:composition modification,luminescence properties and applications[J].Chemical Society Reviews,2017,46(1):275-99.

［3］Yang Y,Zhao Y,Chen J,et al.Synthesis of CaAlSiN₃:Eu²⁺ nitride phosphors from entire oxides raw materials and their photoluminescent properties[J].Journal of Materials Science:Materials in Electronics,2016,28(1):715-20.

［4］Zhao M,Yang Z,Ning L,et al.Tailoring of White Luminescence in a NaLi₃SiO₄:Eu²⁺ Phosphor Containing Broad－Band Defect－Induced Charge－Transfer Emission[J].Advanced Materials,2021,33(29):e2101428.

八、知识拓展

实验 40 陶瓷原料的认识

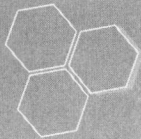

一、实验目的

1.掌握物相分析的基本方法。

2.熟练地区分不同的陶瓷原料,了解不同陶瓷原料的性质及其对陶瓷制品制备工艺和性能的影响。

二、实验原理

陶瓷制品的性能和品质的好坏,与所选用的原料密切相关。因此,了解和掌握各种原料的品质和特性,才能科学合理地加以利用,这就是我们研究陶瓷原料的主要目的。作为传统陶瓷原料的黏土、石英、长石的外观、物理性能及化学性能差异很大,要根据其性能差异选择合理的实验方案来进行区分。本实验中,学生可根据自己设计的实验方案,选用相应的仪器设备进行探索性验证。

三、实验设备

自选。

四、实验步骤

1.实验方案设计:

调研文献,结合教案设计相关实验方案,确认实验方案的可行性后发送给老师核准。

2.实验老师确认好方案后,学生按照调整确认过的方案,验证自己的实验方案并给出实验结论。

3.撰写实验报告并给出实验方案设计反思。

五、实验分析

1.实验方案设计过程中遇到问题的记录与分析。

2.实验结果准确性的影响因素分析。

六、参考文献

[1]于岩.陶瓷工艺学[M].北京:高等教育出版社,2023.

[2]谢志鹏.智能终端陶瓷[M].北京:清华大学出版社,2021.

[3]张锐.陶瓷工艺学[M].北京:化学工业出版社,2013.

[4]马铁成.陶瓷工艺学[M].北京:中国轻工业出版社,2011.

七、教学后记

本实验内容涉及面广、知识点多,如果面面俱到的话,学生理解起来较为费劲。因此,教师在课堂教学中只进行知识背景介绍,把握关键点,将更多的时间交由学生调研、思考、分析及研讨,这样则可望产生事半功倍的效果。

实验 41　陶瓷成型方案的探索

一、实验目的

1.掌握塑性成型的基本方法。

2.掌握塑性成型坯体性能的影响因素。

二、实验原理

塑性成型指的是具有一定含水量(通常在20%左右,具体值因配料的不同而不同)的塑性泥料在外力作用下使其成为具有一定形状、尺寸和强度的坯体的成型法。塑性成型是传统陶瓷产品生产中常用的成型方法之一,常用的塑性成型方法有滚压成型法、旋坯成型法、拉坯成型法、盘条法、泥雕法等。

本实验中,学生可根据自己的兴趣在相关的成型方法中任选其一,并完成一件素坯作品。

三、实验设备

拉坯机、转盘、拍泥板、压泥板机、其他相关工具。

四、实验步骤

1.确定给定泥料的含水率。

2.按照测定的含水率选择合适的成型方法。

3.设计作品造型。

4.使用自选的成型方法进行成型。

5.将成型好的作品放到坯架上阴干。

五、实验分析

1.成型过程中遇到问题的记录与分析。

2.影响坯体成型质量的因素分析。

六、参考文献

[1]张长海.陶瓷生产工艺知识问答[M].北京:化学工业出版社,2008.

[2]谢志鹏.智能终端陶瓷[M].北京:清华大学出版社,2021.

[3]张锐.陶瓷工艺学[M].北京:化学工业出版社,2013.

[4]马铁成.陶瓷工艺学[M].北京:中国轻工业出版社,2011.

七、教学后记

本实验内容以科普性质为主,主要涉及成型工艺选择,内容设置得相对浅显以利于学生理解、掌握。同时,以丰富的实践案例(多取自生产、生活)辅助,使课堂一直处于活泼生动的状态,取得了令人满意的效果。

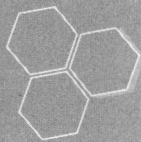

实验 42 　陶瓷坯体的烧成制度的确立及验证

一、实验目的

1.进一步了解陶瓷烧成温度和温度制度对材料性能的影响。

2.掌握实验室常用高温实验仪器、设备的使用方法。

3.通过实验学会分析材料的烧成缺陷,制定材料合理的烧成温度制度。

4.通过实验方案设计,提高分析问题和解决问题的能力。

二、实验原理

　　烧制是指通过高温处理,使坯体发生一系列物理化学变化,形成预期的矿物组成和显微结构,从而达到固定外形并获得所要求效果的工序。烧制是陶瓷工艺的第三个重要工序。陶瓷材料在烧成过程中,随着温度的升高,将发生一系列的物理化学变化。例如,原料的脱水和分解,原料之间新化合物的生成,易熔物的熔融等。

　　陶瓷的烧成制度包括:温度制度,指升温速度、烧成温度、保温时间及冷却速度;气氛制度,指氧化、还原、中性或其他气氛;压力制度,指窑炉内气体的压力大小;实际生产中还要考虑窑炉的加热类型、内部结构和装窑方式等因素。烧成制度对陶瓷的性能有很大影响,所以实验时要控制好。

三、实验器材

　　陶瓷素坯、坩埚、同步热分析仪、高温炉及相关辅助设备。

四、实验过程

1.结合陶瓷配方及同步热分析仪,确定给定素坯的烧成制度。

2.将素坯样品放入高温炉中,按制定好的升温制度进行烧结。

温度区间/℃			
升温速率/(℃/min)			
保温时间/min			

3.让样品在高温炉中随炉自然冷却至室温,取出样品即得到陶瓷作品。

4.测试所得陶瓷制品的抗折强度、吸水率、气孔率等物理性能;确认所设计烧成制度的合理性。

五、实验分析

1.烧成制度制定过程中遇到问题的记录与分析。

2.坯体烧成样品性能的影响因素分析。

六、参考文献

[1]张长海.陶瓷生产工艺知识问答[M].北京:化学工业出版社,2008.

[2]Kingery W D.陶瓷导论[M].北京:高等教育出版社,2010.

[3]张锐.陶瓷工艺学[M].北京:化学工业出版社,2013.

[4]马铁成.陶瓷工艺学[M].北京:中国轻工业出版社,2011.

七、教学后记

本实验内容较为抽象,涉及较多的理论,因而难度也较大。在教学中采用启发式传授方式,通过耐心的概念介绍,辅以生动的实例,极大地调动了学生的积极性。教学过程中应当注意把握重难点,既不能平铺直叙,也不能面面俱到,否则将导致学生在短时间内消化不了,继而产生厌学情绪。

HCPSAN-B 多孔超交联聚合物的合成以及孔结构分析

一、实验目的

1. 了解超交联聚合物。
2. 了解傅-克烷基化反应。
3. 掌握 HCPSAN-B 超交联聚合物的合成过程。
4. 掌握多孔材料的孔结构分析方法。

二、实验原理

1. 傅-克烷基化反应

傅-克烷基化反应（Friedel-Crafts alkylation）的反应机理是烷基化试剂在催化剂的作用下产生烷基碳正离子，其向苯环进攻形成碳正离子，然后失去一个质子生成烷基苯。如图 1 所示。

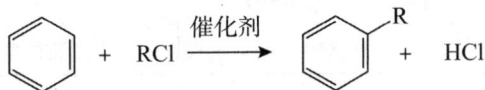

图 1　傅-克烷基化反应

卤代烷、烯烃、醇、环氧乙烷等在适当催化剂的作用下都能产生烷基碳正离子。卤代烷、烯烃、醇是常用的烷基化试剂，质子酸以及许多 Lewis 酸可以起催化作用，Lewis 酸催化活性顺序大致如下：$AlCl_3 > FeCl_3 > SbCl_5 > SnCl_4 > BF_3 > TiCl_4 > ZnCl_2$。以卤代烷为烷基化试剂时，卤代烷的结构与烷基化的难易有关，通常三级卤代烷要比一级卤代烷活泼。烷基相同时，氟化物最活泼，碘化物最不活泼。

2. 超交联聚合物

超交联聚合物（HCPs）的制备过程借鉴了以往聚合物合成中"交联"的思路，但其交联度更高，制备的 HCPs 骨架更具刚性，其分子链间存在间隙，可以形成微孔-介孔-大孔的多级孔结构。HCPs 具有制备方法简单、成本低廉、比表面积高、物理化学性能稳定和易于功能化等优点，其应用前景广泛，在物质的吸附分离、药物释放和催化方面都体现出非常广泛的应用。

苯乙烯-丙烯腈(SAN)共聚物是商业上重要的热塑性塑料,具有较高的强度、硬度和良好的耐热性、化学稳定性,因此其适用领域广泛。

本实验通过傅-克烷基化反应将溶解在溶剂中的前驱体聚合物(SAN)进行交联,SAN分子链在溶剂中呈舒展状态,反应过程中邻近的苯环之间会产生大量桥接,形成聚合物网络,反应结束后将聚合物网络中的溶剂去除,分子间存在的间隙会形成丰富的孔道结构。反应过程中,溶剂1,2-二氯乙烷(DCE)以及联苯二氯苄(BCMBP)均可充当交联剂的作用。

3.比表面积和孔结构分析

比表面积是指单位质量物质所具有的总面积,多孔材料的孔可分为微孔(孔径<2nm)、介孔(2nm<孔径<50nm)和大孔(孔径>50nm)。多孔材料的比表面积与孔结构的分析目前主要依靠气体吸附分析技术,其利用固体材料的吸附特性,可以对材料的比表面积进行测定,对材料中的微孔、介孔等孔结构的孔径大小以及分布情况进行分析。该吸附是指吸附分子依靠范德华力在固体样品表面上吸附,该过程是一个可逆过程。当待测样品吸附到一种吸附质时,吸附量与温度和压力密切相关,在温度不变的情况下,通过改变吸附气体的压力可以得到吸附量随压力变化的等温吸脱附曲线,由此可计算出相应的比表面积和孔结构参数。对于介孔类材料,目前主要采用BET法和BJH法计算其比表面积和孔结构参数。

三、实验试剂以及仪器设备

1.仪器

名称	型号	生产厂家
恒温磁力搅拌器	IKA C-MAG HS-7	德国IKA公司
台式高速离心机	H1850	湖南湘仪实验室仪器开发有限公司
电子天平	ALC-110.4.	德国Sartorious公司
真空干燥箱	BPZ-6033LG	上海一恒有限公司
比表面积和孔隙分析仪	ASAP 2020	美国Micromeritics公司

2.试剂

名称	纯度	生产厂家
苯乙烯-丙烯腈共聚物(SAN)	95%	台化兴业(宁波)有限公司
无水三氯化铁($FeCl_3$)	A.R.	上海麦克林生化科技股份有限公司
1,2-二氯乙烷(DCE)	A.R.	上海阿拉丁生化科技股份有限公司
联苯二氯苄(BCMBP)	96%	上海阿拉丁生化科技股份有限公司
甲醇(CH_3OH)	A.R.	上海阿拉丁生化科技股份有限公司

四、实验步骤

1.试剂的纯化处理

为排除溶剂DCE中残余的水对实验的影响,需要对DCE进行纯化。具体方式为:取适量氢化钙(CaH_2)(CaH_2用量根据所需干燥试剂量而定,约每100mL试剂取1g CaH_2)研磨成粉末状,将其加入装有试剂DCE的圆底烧瓶中并持续搅拌24h,然后搭接冷凝装置在常压条件下进行蒸馏,在蒸馏过程中取前馏分30mL以保证蒸馏所得试剂的纯度,收集中馏分存放于阴凉干燥通风的环境中备用。在蒸馏过程中需严格密封装置,蒸馏结束后要使用无水乙醇将瓶中残余的CaH_2冲出并妥善处理,防止其与水接触发生剧烈反应。除了DCE外,其他试剂不需要进一步纯化处理。

2.SAN的溶解

在室温条件下,将0.5g SAN投入装有60mL DCE的茄形瓶中,搅拌2h获得均一溶液后备用。

3.HCPSAN-B的制备

将1.5g的$FeCl_3$和一定量的BCMBP置于三颈烧瓶中,搭接回流装置后,对装置整体进行3次抽真空通氮气处理以去除装置内的空气,然后将上述SAN溶液倒入烧瓶,在80℃条件下搅拌24h,反应装置如图2所示。反应结束后向反应瓶中加入60mL甲醇以中止反应。

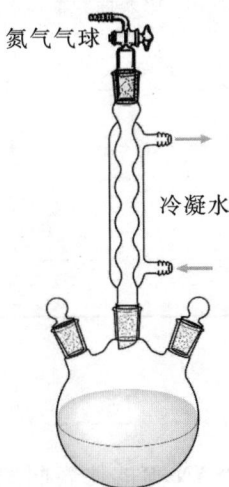

图2　反应装置

反应结束后,待烧瓶中液体冷却至室温,抽滤分离获得固体样品,用甲醇多次洗涤,洗涤结束后采用索氏提取装置用甲醇纯化产物48h。结束后,将产物滤出并置于温度为60℃的真空干燥箱中干燥过夜,得到的棕红色粉末固体即为超交联聚合物HCPSAN-B。如图3所示为合成HCPSAN-B的反应过程。

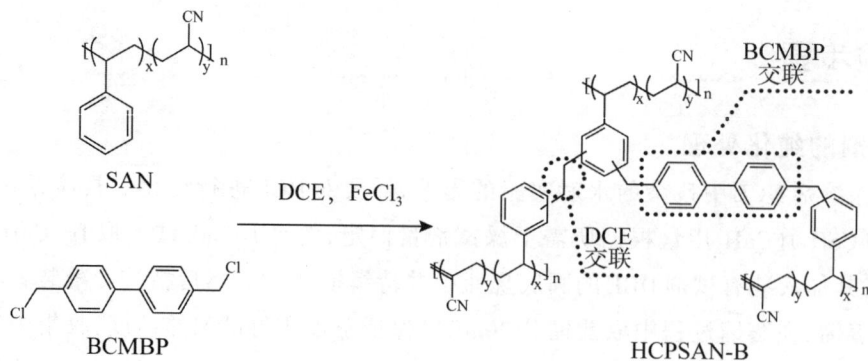

图3 合成HCPSAN-B的反应过程

上述实验中,BCMBP的用量取0.3g、0.6g、0.9g、1.2g、1.5g等多个数值,重复实验后,获得一系列HCPSAN-B,将其编号为1~5。

4.比表面积和孔结构参数测试

采用比表面积和孔隙分析仪对上述编号1~5的HCPSAN-B进行测试,分别绘制等温吸脱附曲线以及孔径分布曲线,记录5种HCPSAN-B的比表面积以及主要孔径。

五、实验结果与分析

序号	比表面积	主要孔径
1		
2		
3		
4		
5		

六、思考题

1.当BCMBP的用量变化时,HCPSAN-B的比表面积和主要孔径会发生怎样的变化? 原因是什么?

2.可通过何种现象以及表征证实成功合成的HCPSAN-B?

七、参考文献

[1]邢其毅,裴伟伟,徐瑞秋,等.基础有机化学[M].北京:高等教育出版社,2005.

[2]周玉.材料分析方法[M].北京:机械工业出版社,2004.

[3]科学指南针团队.材料测试宝典[M].杭州:浙江大学出版社,2022.

[4]秦非凡.偕胺肟化苯乙烯-丙烯腈超交联共聚物的合成及其铀吸附性能研究[D].哈尔滨:哈尔滨工程大学,2022.

[5]田瑶.基于超交联双酚聚合物的铀吸附材料的设计合成与吸附性能研究[D].哈尔滨:哈尔滨工程大学,2023.

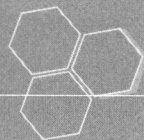

多片层聚酰亚胺的合成以及其结构形貌表征分析

一、实验目的

1. 了解逐步聚合的原理和缩聚。
2. 掌握两步法合成聚酰亚胺的过程。
3. 掌握多片层聚酰亚胺的结构形貌分析方法。

二、实验原理

1. 逐步聚合和缩聚

逐步聚合的反应特征是低分子聚合成高分子的过程是缓慢逐步进行的,反应早期,两单体分子发生反应形成二聚体,二聚体与单体反应可生成三聚体,两个二聚体反应可生成四聚体,反应早期单体的转化率就很高,但基团的反应程度较低,之后反应主要在低聚体之间进行,分子量逐步增加。缩聚是缩合聚合的简称,是单体依靠官能团发生多次缩合而形成缩聚物的过程,大部分的缩聚反应都属于逐步聚合机理。

本实验采用两步法合成多片层聚酰亚胺,反应第一步为二元胺和二元酸酐的缩聚反应,反应属于逐步聚合。反应过程中,二元胺中的氨基与二元酸酐中的酸酐基团在溶剂中发生反应,得到聚酰胺酸溶液。

2. 亚胺化反应

两步法合成聚酰亚胺反应第一步先形成聚酰胺酸,第二步为聚酰胺酸发生亚胺化反应,脱水闭环形成聚酰亚胺。亚胺化方式主要有两种,其一为热亚胺化,即高温条件下聚酰胺酸分子脱水闭环形成聚酰亚胺,其二为化学亚胺化,即聚酰胺酸分子在脱水剂的作用下形成聚酰亚胺。

本实验合成的聚酰胺酸溶液采用溶剂热法进行热亚胺化反应。与传统的聚酰亚胺类材料相比,采用溶剂热法进行亚胺化可获得具有特殊的多片层聚集结构的聚酰亚胺。多片层聚集结构的形成主要有两个原因,其一是亚胺化过程中高温会促进聚酰胺酸分子脱水形成聚酰亚胺并从溶液中析出,其二是线性的聚酰亚胺分子之间存在很强的分子间作用力,在这种作用力的诱导下,线性分子会发生有序排列形成聚酰亚胺纳米片,然后聚酰亚胺纳米片再进行自组装形成多片层结构。

3.化学结构以及形貌分析

(1)红外光谱分析

红外光谱是利用红外辐射激发分子振动的原理获得的。红外光是一种电磁波,波长在$0.78\sim500\mu m$范围,基团从基态振动能级跃迁到上一个振动能级所吸收的辐射正好落在红外区,通过分析吸收峰的位置、强度可以对待测物的分子结构进行分析鉴定。

本实验利用红外光谱判断是否发生了亚胺化反应,并确定最佳亚胺化时间。未进行亚胺化反应时,聚酰胺酸的红外光谱中存在明显的酰胺(-NHCO-)的特征吸收峰,随着亚胺化反应的进行,-NHCO-的特征峰会逐渐变弱,同时新出现的属于酰亚胺环上羰基(C=O)的特征峰会逐渐变强($1720cm^{-1}$和$1780cm^{-1}$),当亚胺化时间超过某个值后,红外光谱不再有明显变化,此时可以认为亚胺化反应基本完成,此时对应的时间t即为最佳的亚胺化时间。

(2)扫描电镜分析

扫描电子显微镜是利用电子束在样品表面扫描时产生的背散射电子、二次电子、吸收电子、透射电子、特征X射线、俄歇电子等物理信号来调制成像的,具有使用方便、分辨率高、景深大的特点。除成像功能外,扫描电子显微镜可以与其他分析仪器相组合,同时完成形貌、化学成分等信息的分析。本实验采用扫描电子显微镜对合成的多片层聚集结构的聚酰亚胺进行形貌分析,探究不同实验条件对多片层聚酰亚胺粒径尺寸以及片层厚度的影响。

三、实验试剂以及仪器设备

1.仪器

名称	型号	生产厂家
恒温磁力搅拌器	IKA C-MAG HS-7	德国IKA公司
真空泵	SHZ-D(Ⅲ)	巩义市予华仪器有限责任公司
电子天平	ALC-110.4.	德国Sartorious公司
真空干燥箱	BPZ-6033LG	上海一恒有限公司
红外光谱仪	Spectrum 100	美国Perkin Elmer(PE)公司
扫描电子显微镜	SU 5000	日本HITACHI

2.试剂

名称	纯度	生产厂家
4,4′-二氨基二苯醚(ODA)	95%	上海阿拉丁生化科技股份有限公司
3,3′4,4′-二苯甲酮四羧酸二酐(BTDA)	A.R.	上海阿拉丁生化科技股份有限公司
N,N-二甲基甲酰胺(DMF)	AR	天津市富宇精细化工有限公司
N-甲基吡咯烷酮(NMP)	AR	上海阿拉丁生化科技股份有限公司
乙醇	AR	天津市富宇精细化工有限公司

四、实验步骤

1.试剂的预处理

实验所用 ODA、BTDA 在使用前需放入温度设定为 100℃ 的真空干燥箱中干燥 2h 以排除水分。

为排除溶剂 NMP、DMF 中残余的水对实验的影响,需要对其进行纯化。具体方式为:取适量氢化钙(CaH_2)(CaH_2 用量根据所需干燥试剂量而定,约每 100mL 试剂取 1g CaH_2)研磨成粉末状,将其加入装有试剂 NMP 或 DMF 的圆底烧瓶中并持续搅拌 24h,然后搭接冷凝装置,采用减压蒸馏的方式进行蒸馏,在蒸馏过程中取前馏分 30mL 以保证蒸馏所得试剂的纯度,收集中馏分存放于阴凉干燥通风的环境中备用。在蒸馏过程中需严格密封装置,蒸馏结束后要使用无水乙醇将瓶中残余的 CaH_2 冲出并妥善处理,防止其与水接触发生剧烈反应。

2.聚酰胺酸合成

在氮气气氛下,将 1.6g 的 ODA 加入装有 32mL 溶剂(DMF 或 NMP)的三口瓶中室温下磁力搅拌 1h,待 ODA 完全溶解后,将 2.6g 的 BTDA 缓慢加入三口瓶中持续搅拌 12h,待搅拌结束后获得 0.25mol/L 的聚酰胺酸溶液。为了探究溶剂对最终产物多片层聚酰亚胺形貌的影响,本实验分别采用 DMF 和 NMP 作为反应溶剂,获得两种聚酰胺酸 PAA-DMF 和 PAA-NMP 溶液。

3.溶剂热法亚胺化

将上述 PAA-DMF 和 PAA-NMP 溶液分别转移到 100mL 高压反应釜中,然后将反应釜放入温度为 180℃ 的烘箱中加热 t(h)。在加热过程中,聚酰胺酸将发生亚胺化反应,反应结束后,将反应釜冷却至室温,用 0.2μm 滤膜分离固体物质,并使用 DMF 和乙醇多次清洗。最后,将固体物质在 60℃ 的真空干燥箱中干燥 12h,所得的粉末即为多片层聚酰亚胺。合成过程如图 1 所示。

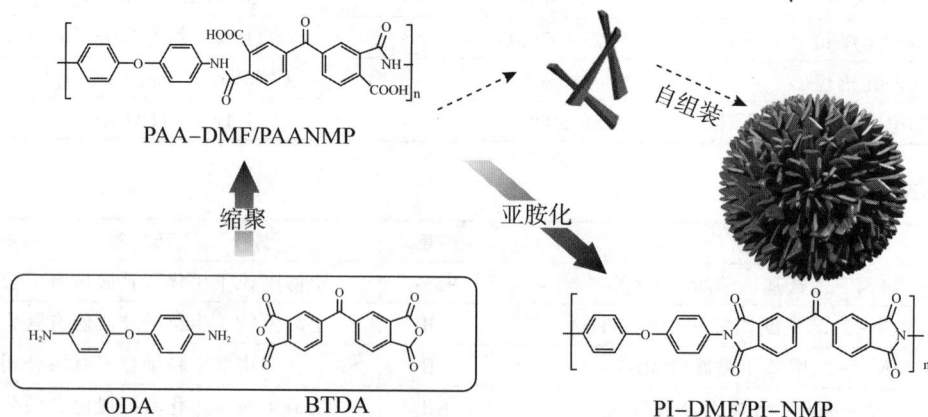

图1　多片层聚酰亚胺的合成过程

为了探究加热时间 $t(h)$ 对亚胺化反应程度的影响,进而确定最佳的亚胺化反应时间,取加热时间 t 为变量,将 PAA-DMF 和 PAA-NMP 两种聚酰胺酸分别在加热时间为 1h、3h、5h、7h、9h 时重复实验。所得产物命名为 PI-DMF(t) 和 PI-NMP(t)。

4.化学结构和形貌表征

采用红外光谱仪测试所合成的 PI-DMF(t) 和 PI-NMP(t),通过对比系列红外光谱,分析是否发生了亚胺化反应,确定最佳亚胺化时间。

采用扫描电子显微镜对 PI-DMF(t) 和 PI-NMP(t) 的形貌进行表征,记录多片层聚集的聚酰亚胺的粒径大小和片层厚度,并通过对比系列扫描电镜照片分析亚胺化时间以及溶剂对多片层聚酰亚胺形貌的影响。

五、实验结果与分析

样品	粒径/μm	片层厚度/nm	最佳亚胺化时间
PI-DMF(1)			
PI-DMF(3)			
PI-DMF(5)			
PI-DMF(7)			
PI-DMF(9)			
PI-NMP(1)			
PI-NMP(3)			
PI-NMP(5)			
PI-NMP(7)			
PI-NMP(9)			

六、思考题

1.合成聚酰胺酸过程中,通过何种现象可以初步判断二元胺和二元酸酐发生聚合?

2.为什么改变合成聚酰胺酸时的反应溶剂会导致最终产物多片层聚酰亚胺的形貌发生变化?

七、参考文献

[1]邢其毅,裴伟伟,徐瑞秋,等.基础有机化学[M].北京:高等教育出版社,2005.

[2]周玉.材料分析方法[M].北京:机械工业出版社,2004.

[3]潘祖仁.高分子化学[M].北京:化学工业出版社,2011.

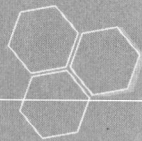

一、实验目的

1.掌握水热法合成过渡金属硫化物的基本操作。

2.了解并掌握使用X射线粉末衍射仪(XRD)、扫描电子显微镜(SEM)等手段表征样品的物相和微观形貌。

二、实验原理

硫化镍作为具有宽间接带隙的半导体材料,因其低成本、高导电性和优异的催化活性等优势,在超级电容器、锂离子电池和电催化水分解等领域备受关注。硫化镍包含多种物相,如 Ni_3S_2、Ni_9S_8、NiS 以及 NiS_2 等,其中 Ni_3S_2 和 NiS 表现出优良的电催化性能,而 NiS_2 常被应用于太阳能电池领域。硫化镍不同物相的生成受多种反应条件的影响,如硫源、前驱体的摩尔比、溶剂和实验方法等。

硫化镍的制备方法主要分为水热法和煅烧硫化法。水热法的优势在于其操作相对简单,且无须进行高温烧结即可直接获得结晶,实现晶型转变。此外,通过水热法合成的产物纯度高、分散性好。水热反应过程是将反应物溶液置于高压釜中,并在一定的温度下进行化学反应。在此过程中,水作为化学组分参与化学反应,通过加速化学反应进程和控制反应物的物理化学变化,从而实现合成无机化合物的目的。更重要的是,通过调控初始反应物浓度、反应温度以及压强等反应条件,能够精细控制产物的物相和形貌。

本实验采用简单的一步水热法,以泡沫镍(NF)作为镍源,硫脲作为硫源,通过调控硫源的添加量来控制硫化镍的物相组成。在硫脲添加量较少的条件下,生成的主要是贫硫相 Ni_3S_2;然而,随着硫脲添加量的增加,逐步形成富硫相 Ni_9S_8 和 NiS。在水热反应过程中,主要发生以下化学反应:首先,硫脲(NH_2CSNH_2)在水溶液中分解,生成为 HS^- 离子(反应1);随后,NF 与不同浓度的 HS^- 反应,分别生成 Ni_3S_2(反应2)、Ni_9S_8(反应3)和/或 NiS(反应4)。

$$NH_2CSNH_2 + 3H_2O \longrightarrow 2NH_4^+ + HS^- + HCO_3^- \qquad (反应1)$$

$$3Ni + 2HS^- + 2H_2O \longrightarrow Ni_3S_2 + 2OH^- + 2H_2 \qquad (反应2)$$

$$9Ni + 8HS^- + 8H_2O \longrightarrow Ni_9S_8 + 8OH^- + 8H_2 \qquad (反应3)$$

$$Ni + HS^- + H_2O \longrightarrow NiS + OH^- + H_2 \qquad (反应4)$$

三、仪器与试剂

1.仪器

设备名称	型号或规格	生产厂家
高压反应釜	50mL	北京星德精仪科技有限公司
恒温磁力搅拌器	DF-101S	力辰科技有限公司
电热恒温鼓风干燥箱	DHG-9030A	北京星德精仪科技有限公司
真空干燥箱	DZF-6020	北京星德精仪科技有限公司
电子分析天平	AR1140	Mettler Toledo 仪器有限公司
超声波清洗机	SB-5200DTD	新芝生物科技股份有限公司

2.试剂

试剂名称	纯度级别	生产厂家
硫脲	99%	天津市鼎盛鑫化工有限公司
泡沫镍	99%	深圳天成和科技有限公司
乙醇	95%	北京化工厂
丙酮	95%	北京化工厂
浓盐酸	37%	北京化工厂

四、实验步骤

1.NF预处理

新购买的泡沫镍(NF)表面含有一层氧化层,需要对其进行处理。具体步骤如下:

(1)将一片大小为10cm×10cm的NF剪成尺寸为1cm×2cm的若干片。

(2)向烧杯中加入150mL的1mol/L HCl溶液,随后浸入上述已裁剪的NF,超声清洗30min。

(3)将烧杯中的HCl溶液倒掉,并用去离子水洗涤NF至中性。随后,向该烧杯中加入适量的丙酮溶液,超声清洗30min。最后用去离子水和无水乙醇多次洗涤NF,在60℃条件下真空干燥。

2.水热法制备硫化镍复合材料

采用一步水热法,通过改变硫脲的添加量制备系列硫化镍复合材料。以样品一为例:

(1)将1mmol硫脲加入30mL去离子水中,室温搅拌10min形成透明的溶液。

(2)将上述溶液转移至50mL的高压反应釜中,加入4片预处理的NF(1cm×2cm),密封反应釜并在200℃下反应12h。

(3)反应结束后,待反应釜自然冷却至室温,取出产物用去离子水和乙醇多次洗涤,在60℃下真空干燥。

基本实验操作与上述相同,仅改变硫脲添加量为3mmol、8mmol和10mmol,所得到产物分别记作样品二、样品三和样品四。

3.晶体结构和微观形貌表征

采用XRD表征样品的晶体结构,扫描角度范围为5°~80°;使用SEM观察样品的微观形貌。

五、实验结果与处理

通过将产物的XRD图谱与标准图谱对比,确定所包含的物相。使用SEM观察产物形貌特征。

	硫脲添加量/mmol	产物物相	产物形貌特征
样品一	1		
样品二	3		
样品三	8		
样品四	10		

六、思考题

(1)生成硫化镍的反应过程中,涉及哪类化学反应? NF作为＿＿＿＿剂,Ni的化学价＿＿＿＿;硫脲(NH_2CSNH_2)作为＿＿＿剂,S的化学价＿＿＿?

(2)硫脲的添加量对产物中Ni的价态有什么影响?

(3)本实验中,NF除了作为镍源外,还具有什么作用?

七、参考文献

[1]Bhardwaj R,Bhardwaj V,Jha R,et al.Effect of different sulphur sources on electro-capacitive, structural,and mophology properties of single-phase rhombohedral nickel sulphide[J].Ionics, 2024,30:4995-5010.

[2]Guan B,Li Y,Yin B,et al.Synthesis of hierarchical NiS microflowers for high performance asymmetric supercapacitor[J].Chemical Engineering Journal,2017,308:1165-1173.

[3]Ma T,Fang X,Akiyama M,et al.Properties of several types of novel counter electrodes for dye-sensitized solar cells[J].Journal of Electroanalytical Chemistry,2004,574:77-83.

八、拓展阅读

实验 46　离子交换法制备 Mo_3S_{13}–LDH 复合体及其吸附碘性能研究

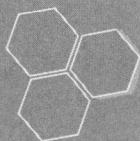

一、实验目的

1. 掌握离子交换法制备 Mo_3S_{13}–LDH 复合体的基本操作技术。

2. 了解和掌握 X 射线粉末衍射仪（XRD）、扫描电子显微镜（SEM）和傅里叶红外光谱（FT–IR）等表征技术。

3. 了解 Mo_3S_{13}–LDH 对气态碘的吸附机理。

二、实验原理

核能被公认为"零碳排放"能源，是传统化石能源的理想替代者。然而，发展核能过程中所产生的放射性核废物给生态环境和人类健康带来严重危害。其中，放射性气态碘因其高迁移率、大比活度和强辐射毒性，引起重点关注。目前，捕获和固定气态碘的方法主要分湿法洗涤和固体吸附两种。其中，固体吸附法是使用固体吸附剂材料直接捕获放射性碘，去除率高，操作简单且运行成本低，无腐蚀性，是目前去除放射性碘的前沿技术。

根据软硬酸碱理论（HSAB），S 元素具有软路易斯碱特性，对具软路易斯酸特性的 I_2 有强亲和力。此外，硫基材料中的 S_x^{2-} 具有较强的供电子能力，吸附 I_2 后能够形成中性的电荷转移配合物（$\cdot I_2$）或带负电荷的多碘化物阴离子（I_3^-，I_5^-），从而实现对气态碘的稳定固化，避免二次污染。$[Mo_3S_{13}]^{2-}$ 阴离子簇具有丰富的 S 位点，包括 1 个顶基 S^{2-}、6 个端基 S_2^{2-} 以及 6 个桥连 S_2^{2-}，这种特殊的结构暴露出丰富的 S–S 吸附位点，能够表现出良好的碘吸附性能。

层状双金属氢氧化物（LDH）是一种由带正电荷的层板和层间阴离子组成的二维材料（见图 1）。利用 LDH 特有的阴离子交换功能，可将包含多种吸附位点的 $[Mo_3S_{13}]^{2-}$ 阴离子簇引入层间，获得具有吸附碘性能的 Mo_3S_{13}–LDH 复合材料。

本实验采用离子交换法将钼硫化物阴离子簇 $[Mo_3S_{13}]^{2-}$ 插入 MgAl–LDH 层间，通过 XRD 和 FT–IR 等表征手段确认成功制备 Mo_3S_{13}–LDH 复合体，并研究该材料对气态碘的吸附性能。

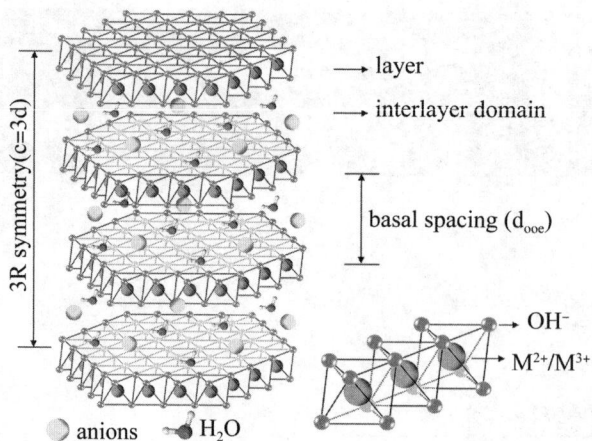

图 1　LDH 的结构

三、仪器与试剂

1.仪器

设备名称	型号或规格	生产厂家
高压反应釜	50mL	北京星德精仪科技有限公司
恒温磁力搅拌器	DF-101S	力辰科技有限公司
电热恒温鼓风干燥箱	DHG-9030A	北京星德精仪科技有限公司
真空干燥箱	DZF-6020	北京星德精仪科技有限公司
电子分析天平	AR1140	Mettler Toledo 仪器有限公司
调速多用振荡器	HY-2A	国华电器有限公司
X射线粉末衍射仪(XRD)	X′ Pert PRO MPD	PA Nalytical(荷兰)
扫描电子显微镜(SEM)	HITACHIS-4800	日立(日本)
傅里叶变换红外光谱仪(FT-IR)	Nicolet 360	Nicolet(美国)

2.试剂

试剂名称	纯度级别	生产厂家
六水合硝酸镁($Mg(NO_3)_2 \cdot 6H_2O$)	分析纯	国药集团化学试剂有限公司
九水合硝酸铝($Al(NO_3)_3 \cdot 9H_2O$)	分析纯	国药集团化学试剂有限公司
六次甲基四胺	分析纯	西陇化工股份有限公司
硝酸钠($NaNO_3$)	分析纯	西陇化工股份有限公司
浓硝酸	分析纯	北京化工厂
二水合钼酸钠($Na_2MoO_4 \cdot 2H_2O$)	99%	天津市博迪化工有限公司
硫代乙酰胺	分析纯	上海麦克林生化科技有限公司
N,N-二甲基甲酰胺(DMF)	分析纯	西陇化工股份有限公司
丙酮	>98%	北京化工厂

四、实验步骤

1.MgAl–Mo₃S₁₃–LDH复合体的制备

（1）前驱体 MgAl–CO₃–LDH 的制备

①称取 3.21g 的 $Mg(NO_3)_2 \cdot 6H_2O$、2.34g 的 $Al(NO_3)_3 \cdot 9H_2O$ 和 2.28g 的六次甲基四胺溶解于 50mL 去离子水中，室温搅拌 10min。

②将混合液转移至 100mL 的高压反应釜中，在 140℃下反应 24h。

③反应结束后，待反应釜自然冷却至室温，用去离子水多次洗涤产物，在 45℃下真空干燥，得到白色的 MgAl–CO₃–LDH 粉末，简称为 CO₃–LDH。

（2）前驱体 MgAl–NO₃–LDH 的制备

①将 63.15g $NaNO_3$ 溶解于 1000mL 煮沸的去离子水中，同时快速加入 335μL 浓硝酸，随后加入 1g 上述制备的 CO₃–LDH，并及时搅拌使分散均匀，密封反应容器（避免进入 CO_2），室温下搅拌 48h。

②反应结束后，将混合液进行抽滤，用去离子水多次洗涤所得的固体产物，在 45℃下真空干燥，得到 MgAl–NO₃–LDH 白色粉末，简称 NO₃–LDH。

（3）前驱体 $(NH_4)_2Mo_3S_{13} \cdot H_2O$ 的制备

①将 0.96g 的 $Na_2MoO_4 \cdot 2H_2O$ 和 4.51g 的硫代乙酰胺溶解于 60mL 去离子水中，室温搅拌 30min。

②将混合液转移至 100mL 的高压反应釜中，在 160℃下反应 24h。

③反应结束后，待反应釜自然冷却至室温，用去离子水多次洗涤沉淀物，在 70℃下真空干燥，得到红色的 $(NH_4)_2Mo_3S_{13} \cdot H_2O$ 晶体。

（4）MgAl–Mo₃S₁₃–LDH复合体的制备

①将 0.05g NO₃–LDH 分散到 20mL N,N-二甲基甲酰胺（DMF）中，静置使其充分膨胀，得到胶体悬浮液 A，呈现出丁达尔效应。

②将 0.08g $(NH_4)_2Mo_3S_{13} \cdot H_2O$ 晶体溶解于 180mL DMF，形成棕红色的溶液 B。

③将溶液 B 缓慢滴加到胶体悬浮液 A 中，在室温下震荡反应 48h。

④反应结束后，过滤混合液，所得固体用 DMF 和丙酮洗涤，室温干燥，得到棕红色的 MgAl–Mo₃S₁₃–LDH 粉末，简称 Mo₃S₁₃–LDH。

2.吸附碘性能测试

使用非放射性碘晶体作为碘源，通过碘晶体升华产生碘蒸气。首先，在小玻璃瓶底部放入 1g 固体碘，随后在锥形滤纸中放入 0.05g 吸附剂材料，并将其置于小玻璃瓶上方，吸附剂和碘之间没有物理接触。将小玻璃瓶密封后放入一个大玻璃瓶内，随后将大玻璃瓶密封，以防止碘蒸气泄漏并确保热量均匀地传递到小瓶内。随后，将密闭的大玻璃瓶放入鼓风干燥箱中，在静态条件（80℃和环境压力）下吸附 24h。吸附反应结束后，在通风橱内迅速打开小玻璃瓶,除去未被吸附的碘蒸气。冷却至室温后,再次对吸附剂进行称重。碘吸附量是根据吸附剂捕获碘前后的质量差计算得到的,每组碘吸附实验重复3次,取平均值进行后续分析。碘吸附量的计算如公式1所示。

吸附量计算公式:
$$q_e = \frac{m_2 - m_1}{m_1} \times 1000 \tag{1}$$

式中:m_1——吸附剂的初始质量(mg);

m_2——吸附剂吸附碘后的质量(mg);

q_e——吸附平衡时的吸附量(mg/g)。

五、实验结果与处理

1. 制备 Mo_3S_{13}-LDH 的过程中,观察并记录实验现象

NO_3-LDH 分散到 DMF 后,混合液的颜色和形态为:＿＿＿＿＿＿＿＿＿＿

Mo_3S_{13}-LDH 溶解于 DMF 后,混合液的颜色和形态为:＿＿＿＿＿＿＿＿＿

离子交换反应初始时,混合液的颜色和形态为:＿＿＿＿＿＿＿＿＿＿

离子交换反应结束时,混合液的颜色和形态为:＿＿＿＿＿＿＿＿＿＿

2. 吸附碘实验结果记录

		m_1/mg	m_2/mg	q_e/(mg/g)
NO_3-LDH	第一组			
	第二组			
	第三组			
		m_1/mg	m_2/mg	q_e/(mg/g)
Mo_3S_{13}-LDH	第一组			
	第二组			
	第三组			

3. 产物表征结果分析

产物	XRD 图谱分析	SEM 结果分析	FT-IR 结果分析
	LDH 的层间距 d/nm	形貌特征	是否存在 NO_3^- 的特征吸收峰
NO_3-LDH			
Mo_3S_{13}-LDH			

六、思考题

1. 怎样检测 NO_3-LDH 在 DMF 溶液中充分膨胀后所呈现的丁达尔效应?

2.如何判定 $NO_3^-/[Mo_3S_{13}]^{2-}$ 离子交换反应结束?

3.在吸附碘实验中,影响吸附量的因素有哪些?

七、参考文献

[1] Santos RMM, Tronto J, Briois V, et al. Thermal decomposition and recovery properties of $ZnAl-CO_3$ layered double hydroxide for anionic dye adsorption: Insight into the aggregative nucleation and growth mechanism of the LDH memory effect [J]. Journal of Material Chemistry A, 2017, 5: 9998-10009.

[2] Iyi N, Matsumoto T, Kaneko Y, et al. A novel synthetic route to layered double hydroxides using hexamethylenetetramine [J]. Chemistry Letters. 2004, 33: 1122-1123.

[3] Iyi N, Matsumoto T, Kaneko Y, et al. Deintercalation of carbonate ions from a hydrotalcite-like compound: Enhanced decarbonation using acid-salt mixed solution [J]. Chemistry of Materials, 2004, 16: 2926-2932.

[4] Wang Q, Yan L, Wang L, et al. Enhanced peroxymonosulfate activation by $(NH_4)_2Mo_3S_{13}$ for organic pollutant removal: Crucial roles of adsorption and singlet oxygen [J]. Journal of Environmental Chemical Engineering, 2022, 10: 107966.

八、拓展阅读

实验 47　氧掺杂 Co-Fe 双金属硫化物的制备及其析氢性能研究

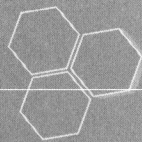

一、实验目的

1.掌握煅烧硫化法制备金属硫化物的基本操作技术。

2.了解和掌握 X 射线粉末衍射仪和扫描电子显微镜等表征技术。

3.了解和掌握电催化析氢反应机理以及评估催化剂析氢性能的测试技术。

二、实验原理

电解水制氢（$2H_2O \rightarrow O_2 + 2H_2$）是一种清洁、可持续的制氢技术。电解水示意图中（见图1），电解槽一般由三部分构成：发生析氧反应（OER）的阳极、发生析氢反应（HER）的阴极以及电解质水溶液。在标准状况下（25℃，1atm），水的分解从热力学上说是不容易的，在不同pH的电解质溶液中会发生以下电化学反应：

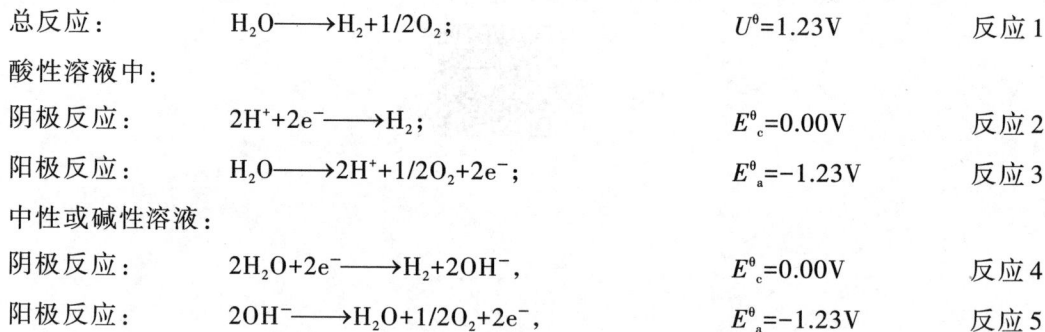

总反应：　　　　　　$H_2O \longrightarrow H_2 + 1/2O_2$；　　　　　　$U^\theta = 1.23V$　　　　反应 1

酸性溶液中：

阴极反应：　　　　　$2H^+ + 2e^- \longrightarrow H_2$；　　　　　　$E_c^\theta = 0.00V$　　　　反应 2

阳极反应：　　　　　$H_2O \longrightarrow 2H^+ + 1/2O_2 + 2e^-$；　　　　$E_a^\theta = -1.23V$　　　反应 3

中性或碱性溶液：

阴极反应：　　　　　$2H_2O + 2e^- \longrightarrow H_2 + 2OH^-$，　　　　$E_c^\theta = 0.00V$　　　反应 4

阳极反应：　　　　　$2OH^- \longrightarrow H_2O + 1/2O_2 + 2e^-$，　　　　$E_a^\theta = -1.23V$　　　反应 5

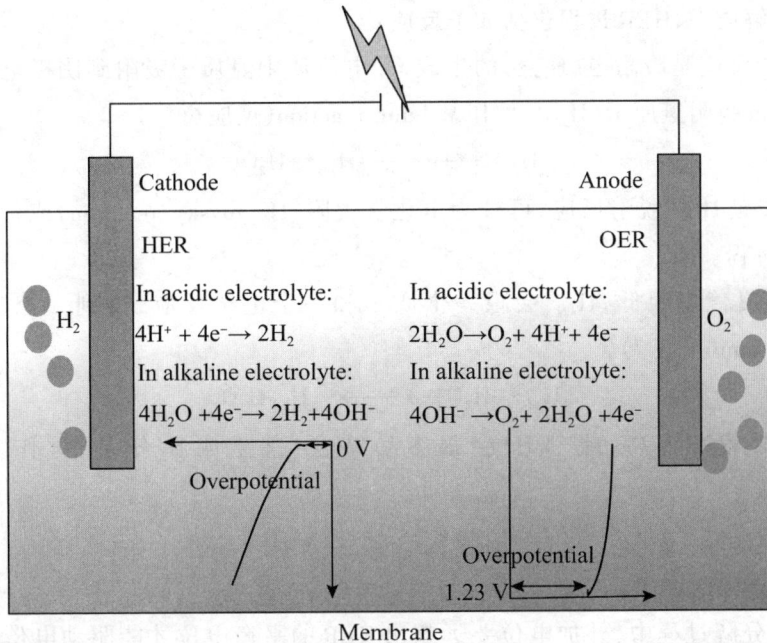

图 1　电解水示意图

  电催化水分解的理论热力学电压(U^θ)与电解质溶液的 pH 无关,任何条件下均为 1.23V。其中,HER 的平衡电位为 0V,OER 为 1.23V。阴极发生的 HER 反应是近年来研究最深入的电化学反应之一,由于酸性电解液中存在大量的质子,因此大部分催化剂在酸性介质中具有更高的 HER 活性。酸性条件下 HER 包含 Volmer-Tafel 和 Volmer-Heyrosky 两种反应机理(见图 2),涉及三种可能的反应。

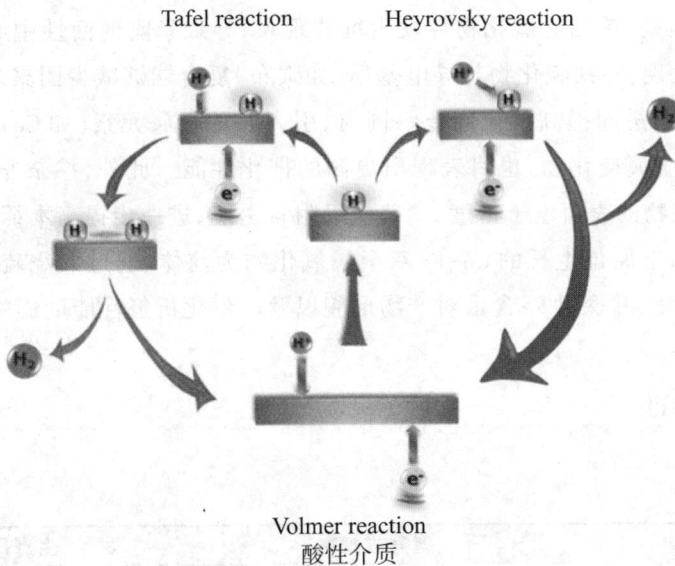

图 2　析氢反应在酸性电解液中的机理示意图

在酸性电解质中，HER过程包括如下反应：

（1）第一步反应是吸附氢（H_{ads}*）的生成，即电解质中氢质子吸附到阴极电极表面，并获得一个电子形成吸附氢原子（H_{ads}），称作 Volmer reaction（反应6）。

$$H_3O^+ + * + e^- \longrightarrow H_{ads}* + H_2O \qquad\qquad \text{反应6}$$

（2）第二步是H_2的脱附反应，可分为电化学脱附（Heyrovsky reaction）或化学脱附（Tafel reaction）两个过程。

若H_{ads}*的覆盖率很低，H_{ads}*会跟一个质子和一个电子反应，得到一个H_2分子，称作 Heyrovsky reaction（反应7）。

$$H_{ads}* + H_3O^+ + e^- \longrightarrow * + H_2 + H_2O \qquad\qquad \text{反应7}$$

若H*的覆盖率很高，毗邻H*会很容易结合，并生成H_2分子，称作 Tafel reaction（反应8）。

$$H_{ads}* + H_{ads}* \longrightarrow 2* + H_2 \qquad\qquad \text{反应8}$$

其中，*指催化剂表面。

在实际水分解过程中，外加电位要远超出HER的平衡电位才能驱动电催化反应进行，额外附加的电能定义为过电位，用η表示。通常，I–V曲线测试可以得到给定电流密度（j）下的过电位，η越大，消耗的电能越多，能量转换效率越低。电化学水分解效率为12.3%时所对应的电流密度为$10mA/cm^2$，因此，电流密度在$10mA/cm^2$时的过电位（η_{10}）被广泛认为是评估HER电催化剂活性的重要参数。

在众多过渡金属硫化物中，黄铁矿型FeS_2被认为是有望替代Pt基材料的析氢电催化剂之一。铁是地球上储量第二丰富的金属元素，与其他金属基催化剂相比，铁基催化剂的成本更低。此外，铁硫化物的价带和导带之间的间隙相对较窄，使其具有半导体特性，并表现出良好的导电性。但是，单相的硫化物易发生堆叠现象，导致暴露的活性中心数目减少，催化性能降低。研究发现，将铁硫化物与导电基质（如碳布）复合能够减少团聚现象的发生，同时可以加速电子传输，进而提高催化性能。同时，引入其他金属元素（如Co）后得到的双金属硫化物，相比于单金属硫化物，也将表现出更高的催化性能。此外，掺杂非金属原子O可以提高过渡金属硫化物的表面电子密度，调节氢吸附自由能，进一步提高本征催化活性。

本实验以碳布上原位生长的Co-Fe双金属氧化物为前体，通过煅烧硫化法制备氧掺杂Co-Fe双金属硫化物，并探讨Fe含量对产物形貌以及电催化析氢性能的影响。

三、仪器与试剂

1. 仪器

设备名称	型号或规格	生产厂家
电化学工作站	CHI750E	上海辰华仪器有限公司
恒温磁力搅拌器	DF-101S	力辰科技有限公司

设备名称	型号或规格	生产厂家
真空干燥箱	DZF-6020	北京星德精仪科技有限公司
电子分析天平	AR1140	Mettler Toledo仪器有限公司
管式炉	OTF-1200X	合肥科晶材料技术有限公司
X射线粉末衍射仪(XRD)	X′Pert PRO MPD	PA Nalytical(荷兰)
扫描电子显微镜(SEM)	HITACHIS-4800	日立(日本)

2.试剂

试剂名称	纯度级别	生产厂家
碳布	WOS1009	中国台湾碳能科技股份有限公司
乙醇	95%	北京化工厂
六水合硝酸钴	99%	北京化工厂
2-甲基咪唑	99.0%	西格玛奥德里奇化学试剂有限公司
浓硝酸	分析纯,65%	北京化工厂
亚铁氰化钾	80%	天津市博迪化工有限公司
氮气	99.9%	北京北温气体厂
硫粉	99.9%	西格玛奥德里奇化学试剂有限公司

四、实验步骤

1.氧掺杂Co-Fe双金属硫化物(CC@O-CoFeS)材料的制备

(1)前驱体CC@Co-MOF的制备

①剪取2cm×3cm的碳布(CC),依次用浓硝酸、去离子水和乙醇分别超声清洗30min以去除表面杂质,在45℃下真空干燥。

②将0.582g的Co(NO₃)₂·6H₂O和1.313g的2-甲基咪唑分别溶解于40mL去离子水,得到A溶液和B溶液。随后将上述处理后的碳布浸入A、B溶液的混合液中,在室温下静置4h。

③反应结束后,用去离子水洗涤产物,在45℃下真空干燥,产物记作CC@Co-MOF。

(2)前驱体CC@CoFe PBA的制备

①制备Fe浓度分别为0.015、0.025和0.033mol/L的K₄[Fe(CN)₆]水溶液。

②将CC@Co-MOF分别浸泡在上述制备的K₄[Fe(CN)₆]水溶液中,室温下反应8h。

③反应结束后,用去离子水洗涤产物,在45℃下真空干燥,产物分别记作CC@CoFe PBA-0.015,CC@CoFe PBA-0.025和CC@CoFe PBA-0.033。

(3)前驱体CC@CoFeO的制备

将上述产物CC@CoFe PBA-0.015、CC@CoFe PBA-0.025和CC@CoFe PBA-0.033置于

空气氛围中以5℃/min的升温速度加热至300℃并保温2h,分别得到氧化物CC@CoFeO-0.015、CC@CoFeO-0.025和CC@CoFeO-0.033。

（4）CC@O-CoFeS复合体的制备

将CC@CoFeO-0.015、CC@CoFeO-0.025和CC@CoFeO-0.033置于氮气气氛的下风口处,上风口处放置0.4g硫粉,以5℃/min的升温速度加热至500℃保温2h,得到O掺杂的Co-Fe双金属硫化物,记作CC@CoFeS-0.015、CC@CoFeS-0.025和CC@CoFeS-0.033。

2.电催化析氢性能测试

（1）电化学仪器及装置

利用CHI660E电化学工作站,以Ag/AgCl为参比电极,铂片为对电极,所制备的样品直接作为工作电极（用电极夹固定样品,使其浸入电解液中的面积为1cm^2）,在酸性（0.5mol/L H_2SO_4）电解质中进行电化学性能测试。

（2）$I-V$曲线测试方法

线性扫描伏安法测试（LSV）:扫描LSV曲线设置的电压范围是0~-1.0V（vs.RHE）,扫速为2mV/s。

（3）电位换算

实验中得到的电压数值均为相对于Ag/AgCl电极的,需要换算成相对于可逆氢电极（RHE）的电位。本实验在酸性电解液（0.5mol/L H_2SO_4）中进行,转换公式如下:

$$E_{vs.RHE} = E_{vs.(Ag/AgCl, saturated\ KCl)} + E^{\theta}_{(Ag/AgCl, saturated\ KCl)} + 0.0592V \times pH$$

$$(E^{\theta}_{(Ag/AgCl, saturated\ KCl)} = 0.197V)$$

五、实验结果与处理

1.产物的XRD图谱分析

将系列CC@O-CoFeS复合材料的XRD图谱与标准图谱对比,确定产物的物相,并讨论Fe含量对产物物相组成的影响。

2.产物的形貌结果分析

使用SEM观察所制备的CC@O-CoFeS复合材料,对产物的形貌特征进行描述,并讨论Fe含量对产物形貌的影响。

3.电催化析氢性能结果分析

以过电位η（V vs.RHE）为横坐标,电流密度j（mA/cm^2）为纵坐标绘制$I-V$曲线,并确定电流密度在10mA/cm^{2}时的过电位（η_{10}）数值。

	CC@CoFeS-0.015	CC@CoFeS-0.025	CC@CoFeS-0.033
η_{10}/mV			

六、思考题

1.根据测得的过电位数值,结合 XRD 和 SEM 结果,分析 Fe 含量对产物的析氢性能有什么影响?

2.除了煅烧硫化法,还有哪些实验方法常用于制备过渡金属硫化物?

3.根据 I-V 数据,怎样判定 HER 过程是遵循 Volmer-Tafel 反应机制还是遵循 Volmer-Heyrosky 反应机制?

七、参考文献

[1]Wang M,Zhang L,He Y,et al.Recent advances in transition-metal-sulfide-based bifunctional electrocatalysts for overall water splitting[J].Journal of Materials Chemistry A,2021,9:5320.

[2]Yu Z,Duan Y,Feng X,et al.Clean and affordable hydrogen fuel from alkaline water splitting: Past,recent progress,and future prospects[J].Advanced Materials,2021,33:2007100.

[3]Strmcnik D,Uchimura M,Wang C,et al.Improving the hydrogen oxidation reaction rate by promotion of hydroxyl adsorption[J].Nature Chemistry,2013,5:300.

八、拓展阅读

实验48 具有葡萄糖传感器电化学性能的钴镍双金属氢氧化物制备

一、实验目的

1. 了解葡萄糖传感器的作用与原理。
2. 掌握镍钴双金属氢氧化物的制备方法。
3. 掌握电化学性能测试的基本方法。

二、实验原理

葡萄糖含量的常规评估和测量在食品工业以及临床诊断中都是十分重要的。血糖浓度大幅度增加可导致肾、视网膜和神经并发症,严重者可导致残疾和死亡。目前,所有市售的血糖仪都使用葡萄糖氧化酶(Gox)来确保所制备的传感平台拥有最大灵敏度和选择性。然而,生物酶具有热和化学不稳定性,因此酶的活性可能受到诸如 pH、温度、湿度变化和有毒化学物质等环境参数的影响。目前,针对生物模拟酶的研究,很多纳米材料尤其是镍基纳米结构被认为是构建非酶性葡萄糖传感器的关键材料。葡萄糖检测的机理是镍基活性中心可以将葡萄糖氧化为葡萄糖内酯,可通过电化学扫描检测该反应的电化学信号(见图1)。在镍基材料中,镍钴双金属氢氧化物(LDH)因其丰富的活性位点和良好的电催化活性,具有良好的应用前景。除镍基纳米结构外,各种类型的钴基纳米材料广泛应用于各种领域,包括能源

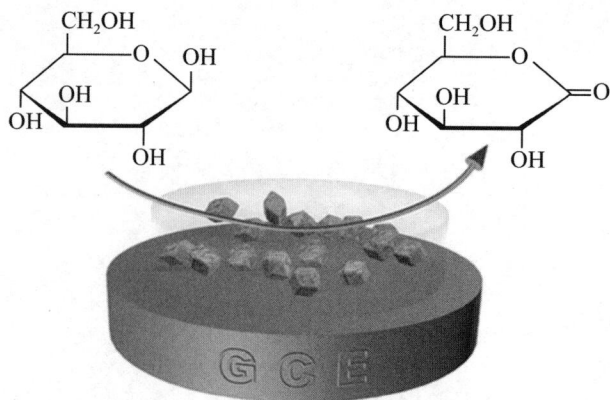

图1 葡萄糖分子电化学检测的原理示意图

168

相关应用以及传感。本实验中,采用ZIF-67作为模板,通过溶剂热反应制备出镍钴双金属氢氧化物,探索和优化模板法制备的产物的形貌。随后,将该产物涂覆于电极的表面,用于测试葡萄糖氧化的电催化性能。

三、仪器与试剂

1.仪器

仪器名称	型号	生产厂家
超声波清洗仪	S30H	Elma
电子天平	ML204	梅特勒-托利多仪器有限公司
高速离心机	X1,micro21	美国Thermo
扫描电子显微镜	LEO 1530	德国LEO
电化学分析仪	CHI660E	上海辰华
真空干燥箱	DZG-6020D	上海森信实验仪器有限公司
电解池和玻碳电极		
Ag/AgCl参考电极		
扫描电子显微镜	S-3400N	日立公司

2.试剂

六水合硝酸钴、六水合硝酸镍、2-甲基咪唑、无水乙醇、甲醇、葡萄糖、nafion溶液、去离子水和氢氧化钠等。

四、实验步骤

1.ZIF-67纳米颗粒的制备

在室温下用沉淀法合成ZIF-67纳米颗粒。将0.870g(3mmol)六水合硝酸钴和1.978g(24mmol)2-甲基咪唑分别溶解在30mL和20mL甲醇中。在搅拌下将2-甲基咪唑溶液倒入$Co(NO_3)_2 \cdot 6H_2O$溶液中。经过24h的陈化后,以8000r/min转速离心收集ZIF-67。用甲醇洗涤三次后在室温下真空过夜干燥。收集所得到的ZIF-67紫色粉末样品,并于真空干燥环境下存储。

2.模板法制备CoNi-LDH

将预先制备的ZIF-67纳米颗粒(8mg)和六水合硝酸镍(4mg)各自分散在2mL的无水乙醇中,然后在搅拌下将六水合硝酸镍溶液加入ZIF-67溶液中。然后将混合物溶液在75℃油浴中回流6h。最后,通过离心收集产物,用无水乙醇洗涤并置于真空烘箱中干燥。

3.Co-Ni LDH修饰电极的制备

在光滑的绒面革上用0.02~0.05mm的Al_2O_3粉末研磨玻璃碳电极(直径3mm),并在乙醇和去离子水中交替进行超声清洗。随后,将 5mg Co-Ni LDH 分散在 1mL 混合溶液(水：乙醇=4:1)中以形成均匀油墨,并加入 20μL nafion 溶液。最后,用移液枪吸取 3μL 墨水涂布在玻璃碳电极的表面上。干燥后,可在电极表面上观察到薄膜。

4.电极性能测试

(1)伏安特性曲线

在一个典型的三电极装置中使用 0.1mol/L KOH 溶液作为电解质,Co-Ni LDH 改性的玻璃碳用作工作电极,铂片用作对电极,Ag/AgCl 电极用作参比电极。Co-Ni LDH 对葡萄糖氧化的电催化性能通过循环伏安法(CV)在 0.1mol/L KOH 溶液中进行评估,扫描速率为 10mV/s,电位区间设置(相对于 Ag/AgCl)为 0V 至 0.7V。

(2)葡萄糖溶液浓度灵敏性检测

在 0.1M KOH 溶液中测量 CoNi-LDH 对葡萄糖氧化的电催化活性,通过使用电流-时间曲线(I-t)进一步检测葡萄糖溶液的工作电极的电流特性。所有典型的电流分析响应的电位都在 0.475V 下进行测试,所有检测都在 0.1mol/L KOH 溶液中进行。随着向溶液中连续添加葡萄糖(参考浓度范围：从 10μmol/L 到 5mmol/L),电解槽的葡萄糖浓度变高,观察 I-t 曲线的变化。

5.实验表征方法

(1)通过扫描电子显微镜(SEM)观察合成的 CoNi-LDH 材料的形貌特征。

(2)利用电化学工作站分析材料检测葡萄糖浓度的电化学性能。

五、实验结果与处理

1.CoNi-LDH 的形貌特征为_____。

2.记录电流-时间曲线(I-t)和葡萄糖浓度之间的关系,画出曲线图。

六、思考题

1.为什么要用 ZIF-67 作为模板制备 CoNi-LDH?

2.体液中往往有其他干扰因素,如抗坏血酸、尿酸、乳糖和果糖等,在实验中,是否有办法排除这些因素对葡萄糖检测的干扰?

七、参考文献

[1]X Kong,B Xia,Y Xiao,et al.Regulation of Cobalt-Nickel LDHs' structure and components for optimizing the performance of an electrochemical sensor [J]. ACS Applied Nano Materials,2019,2(10):6387-6396.

八、拓展阅读

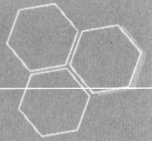

一、实验目的

1. 了解溶剂热法的基本概念及特点。

2. 掌握高温高压下溶剂热合成材料的方法和操作注意事项。

3. 通过表征手段(如扫描电子显微镜与 X 射线衍射仪)分析其形貌、结构特征。

二、实验原理

溶剂热法是一种通过在高温条件下溶剂中的化学物质发生化学反应,从而制备纳米材料的方法。这种方法常用于制备金属氧化物、金属硫化物、金属硒化物等纳米结构材料,以及其复合材料。它基于以下基本原理:

(1)选择溶剂和前驱体:通常选择的是高沸点的有机溶剂,如二甲苯、乙二醇等。这些溶剂能够在高温下稳定,并且可以作为热传导媒介和反应物的分散介质。前驱体是指能够在高温条件下分解或反应形成目标纳米结构的化学物质,通常选择的是金属盐类或其他相应的化合物。

(2)提高温度和压力:将溶剂和溶解物混合在一块,然后加热到一定的温度,使溶液中可溶性物质的浓度达到过饱和。同时,可以增加压力,提高溶剂的渗透能力,使其穿过晶界到达晶体内部,产生溶剂热效应,从而促进晶体生长。

(3)控制晶体生长和物相形成:晶体的生长速度快慢可以通过控制过饱和度来实现。通常情况下,要想获得高质量的晶体,就要采用缓慢均匀的生长方式,以避免过饱和度过高导致的晶体缺陷和杂质。

溶剂热法在制备纳米材料时具有以下优势:

(1)简单操作:反应条件相对温和,实验操作相对简单。

(2)可控性高:可以通过调整反应温度、时间和溶剂组合来控制产物的形貌、尺寸和结构。

(3)扩展性强:适用于多种金属氧化物、硫化物等的制备,以及与其他材料的复合。

总体而言,溶剂热法是一种有效的纳米材料制备方法,特别适用于需要控制形貌和结构的应用领域。

VO$_2$在不同的温度和压力条件下可以形成多种晶体结构,包括VO$_2$(R)、VO$_2$(M)、VO$_2$(B)、VO$_2$(A)、VO$_2$(C)和其他晶相。VO$_2$(B)作为电池和超级电容器的电极材料,具有高比容量、高电导率和优异的循环稳定性,有望提高电池的能量密度和寿命。水热、溶剂热合成方法具有晶体纯度高、操作简单、结构可控等特点,是制备VO$_2$(B)的重要方法之一。

本实验采用溶剂法制备VO$_2$(B)@碳纤维布(VO$_2$(B)@CC)柔性材料。

三、仪器与试剂

1.仪器

仪器名称	型号	生产厂家
恒温磁力搅拌器	HJ-3	国华
电热恒温鼓风干燥箱	DGG-9070B	上海森信实验仪器有限公司
烘箱	DH410	日本雅马拓公司
箱式炉	KSL-1200	合肥科晶材料技术有限公司
电子天平	BT25S	赛多利斯科学仪器(北京)有限公司
X射线衍射仪	Empyrean	帕纳科
扫描电子显微镜	S-3400N	日立公司

2.试剂

分析纯V$_2$O$_5$、双氧水、二水合草酸、硝酸、碳纤维布等。

四、实验步骤

1.处理碳纤维布

碳纤维布购自中国台湾碳能科技股份有限公司。先将碳纤维布在高温炉内300℃加热2h,然后在乙醇和丙酮中超声波处理30min。再将碳纤维布放入三颈烧瓶中,在70℃下用浓硝酸回流5h,最后用蒸馏水洗涤至pH为7。

2.制备氧化钒前驱体溶液:

称取0.2g V$_2$O$_5$和0.3g H$_2$C$_2$O$_4$·2H$_2$O溶于含有7.5mL去离子水和35mL乙醇的混合溶液当中。并缓慢将2mL的H$_2$O$_2$(30%)滴加至上述溶液中。将上述溶液搅拌30min,随后陈化24h。最后将溶液转移至50mL反应釜内衬中。将30mm×30mm的碳纤维布浸入反应溶液中。

3.水热反应制备VO₂@CC柔性材料

将反应釜封装完毕,放入烘箱中,温度设定为180℃,反应3h。然后冷却至室温并将碳布上的反应产物进行去离子水和乙醇多次清洗。随后,将清洗后的产物放置在干燥箱中干燥12h。

4.实验表征方法

(1)通过扫描电子显微镜观察VO₂@CC材料的微观形貌和尺寸分布。

(2)利用X射线衍射仪分析VO₂@CC材料的晶体结构。

五、实验结果与处理

1.XRD分析结果显示合成材料为_____,晶格参数为_____。

2.记录并分析SEM结果,给出合成材料的形貌及尺寸。

六、思考题

1.分析溶剂热法合成VO₂@CC材料的优缺点。

2.如何通过调控溶剂热的反应条件来控制VO₂材料的晶体结构和形貌?

3.VO₂@CC材料在哪些领域具有潜在的应用价值?

七、参考文献

[1]Li S,Liu G,Liu J,et al.Carbon fiber cloth@ VO₂(B):excellent binder-free flexible electrodes with ultrahigh mass-loading[J]. Journal of Materials Chemistry A,2016,4(17):6426-6432.

[2]Chao D,Zhu C,Xia X,et al.Graphene quantum dots coated VO₂ arrays for highly durable electrodes for Li and Na ion batteries[J]. Nano letters,2015,15(1):565-573.

八、拓展阅读

实验 50　锌离子电池正极材料水合钒酸钠的制备和结构表征

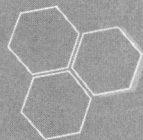

一、实验目的

1.通过实验掌握水合钒酸钠正极材料所使用的制备方法。

2.通过 X 射线衍射仪表征手段分析其结构特征。

3.通过同步热分析仪表征其结构水含量。

4.掌握正极电极片制备方法。

二、实验原理

过度的能源消耗和相关环境污染的日益加剧,促使人们越来越努力地寻找环境友好、可持续能源的成本效益应用。锂离子电池具有高能量密度、长循环寿命等优点,一直主导着便携式电子产品的大部分储能市场。然而,其功率密度不佳且近年来手机自爆、电动汽车自燃等众多事故的发生,以及有限的锂资源等问题使人们对锂离子电池的担忧越来越多。水系锌离子电池(AZIBs)具有高的理论比容量($820mA \cdot h/g$),Zn^{2+}/Zn 低的氧化还原电位($-0.76V$ vs 标准氢电极),以及低制造成本和出色的操作安全性,被认为是大规模应用的最有希望的储能设备之一。然而,在使用过程中,锌枝晶的形成和阴极材料的溶解是 ZIBs 电网规模应用的主要障碍。近几年中,研究者们投入大量的精力去寻找最合适的 ZIBs 正极材料。

正极材料的低比容量和不稳定性限制了 ZIBs 的能量密度和循环寿命。普鲁士蓝类似物已被证明具有良好的稳定性,但具有较低的容量($<100mA \cdot h/g$)。锰基氧化物具有较高的比容量($300mA \cdot h/g$),但由于电极材料的溶解而遭受严重的容量衰减。近年来,氧化钒由于其低成本、开放的层状框架结构、丰富的($+3$ 至 $+5$)价态和具有较高的比容量而受到广泛的关注。然而,由于氧化钒的层间空间狭窄,限制了 Zn^{2+} 的传输动力学,并且钒离子在电解质水溶液中的溶解会导致循环过程中容量的衰减。离子/分子插层是调节正极材料结构与电化学性能的一种有效策略。在 V_2O_5 中引入客体物质(如金属离子、水分子和有机分子)可以有效扩大材料的层间距、稳定层间结构,从而促进 Zn^{2+} 在充放电过程中的扩散。

本实验采用在室温条件下进行的溶解再结晶法来制备金属离子预嵌入的水合钒酸钠材料。通过 XRD 表征水合钒酸钠的结构特征。利用同步热分析仪探究样品随温度变化的重量损失及结构水含量。并将合成材料制备成锌离子电池正极材料电极片。

三、仪器与试剂

1.仪器

仪器名称	型号	生产厂家
恒温磁力搅拌器	HJ-3	国华
电热恒温鼓风干燥箱	DGG-9070B	上海森信实验仪器有限公司
真空干燥箱	DZF-6050D	北京莱凯博仪器设备有限公司
自动流延涂布机	MSK-AFA-a	合肥科晶材料技术有限公司
手动纽扣电池切片机	T-07	合肥科晶材料技术有限公司
电子天平	BT25S	赛多利斯科学仪器(北京)有限公司
X射线衍射仪	Empyrean	帕纳科
同步热分析仪	STA449F5	德国耐驰

2.试剂

分析纯 V_2O_5、氯化钠、乙炔黑、PVDF、N-甲基吡咯烷酮等。

四、实验步骤

1.水浴法制备水合钒酸钠

将 0.15mol 的 NaCl 和 3.0g V_2O_5 加入 100mL 去离子水中,在室温下恒温搅拌反应 72h。反应过程中,观察到样品颜色从黄色变成了红褐色。反应结束后,将样品进行多次离心和抽滤处理来洗清未反应的盐溶液。将产物在 80℃ 的温度下干燥 24h,并收集水合钒酸钠粉末样品。

2.正极电极片的制备

将制备的水合钒酸钠材料作为锌离子电池正极活性物质,按照质量分数比水合钒酸钠材料:乙炔黑:PVDF=70:20:10 的比例将正极材料和乙炔黑均匀混合,在特定 PVDF 浓度的 NMP 溶液中制成黏稠的具有流动性的糊状正极浆料。然后利用自动流延涂布机将浆料涂敷在不锈钢网集流体上,并在 80℃ 的真空干燥箱中经过充分的干燥来脱除 NMP 溶剂和少量水的残留。最后对电极进行冲孔,圆孔直径为 12mm。

3.实验表征方法

(1)利用 X 射线衍射仪分析水合钒酸钠材料的晶体结构。

(2)利用同步热分析仪分析水合钒酸钠材料中的结构水含量。

五、实验结果与处理

1.XRD分析结果显示合成材料为_____,晶格参数为_____。

2.分析热重结果,给出各个阶段的质量损失原因,并计算结构水含量。

3.对12mm的正极片进行质量称重,并计算活性物质质量。

六、思考题

1.分析水浴法合成水合钒酸钠材料的优缺点。

2.水浴法制备水合钒酸钠的方法可否用于其他金属离子预嵌入的钒酸盐材料?

3.分析正极片按照水合钒酸钠材料:乙炔黑:PVDF=70:20:10质量分数比进行制备的原因。

七、参考文献

[1]Liang P,Zhu K,Rao Y,et al.Hydrated Calcium Vanadate Nanoribbons with a Stable Structure and Fast Ion Diffusion as a Cathode for Quasi-Solid-State Zinc-Ion Batteries [J].ACS Applied Materials & Interfaces,2024,16(19):24723-24733.

[2]Pang Z,Ding B,Wang J,et al.Metal-ion inserted vanadium oxide nanoribbons as high-performance cathodes for aqueous zinc-ion batteries[J].Chemical Engineering Journal,2022,446:136861.

八、拓展阅读

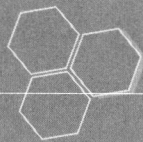

一、实验目的

1. 了解准固态锌离子电池的基本概念及特点。
2. 掌握凝胶电解质的合成方法和操作注意事项。
3. 掌握电池性质测试的方法。

二、实验原理

由于目前使用的锂离子电池的高成本和安全性问题，人们迫切寻找替代锂离子电池的新型可充电电池技术。在各种备选方案中，水系锌离子电池被认为是最具潜力的新型技术之一。锌离子电池采用金属锌作为负极，其天然丰富且无毒。同时，锌阳极具有较低的氧化还原电位（-0.76V vs标准氢电极），由于其双电子氧化还原（Zn/Zn^{2+}）和高密度（7.13g/cm^3），其体积容量几乎是 Li 阳极的 3 倍。水系锌离子电池采用水性电解质，因此有效避免了有机电解质的使用，所以具有更高的安全性能。但是，锌金属阳极的沉积可逆性差和枝晶问题是阻碍锌金属阳极实际应用的重大挑战。采用固态电解质可有效缓解锌枝晶的生长，提高电池寿命。但固态电解质的离子电导率不佳，降低了电池的容量。凝胶电解质结合了液态和固态电解质的优点：快速的锌离子传输降低了近表面浓度梯度并提高了近表面环境的均匀性。凝胶电解质还有效避免液态电解质在使用过程中的泄漏问题。同时，相较于固态电解质，凝胶电解质具有更高的离子电导率。因此，开发具有高锌离子导电性、高柔性和稳定性的凝胶电解质对于准固态锌离子电池的实际应用非常重要。基于聚丙烯酰胺（PAM）的水凝胶电解质具有超高的离子电导率和强大的机械性能，其制备的准固态锌离子电池在切割和锤击后具有优异的电化学性能和极高的安全性能。

本实验采用自由基聚合反应合成了具有良好导电性的聚丙烯酰胺-纤维素纳米纤维凝胶电解质，并组装成准固态锌离子电池进行电化学性能测试。

三、仪器与试剂

1.仪器

仪器名称	型号	生产厂家
恒温磁力搅拌器	HJ-3	国华
烘箱	DH410	日本雅马拓公司
电子天平	BT25S	赛多利斯科学仪器(北京)有限公司
真空干燥箱	DZF-6050D	北京莱凯博仪器设备有限公司
自动流延涂布机	MSK-AFA-a	合肥科晶材料技术有限公司
手动纽扣电池切片机	T-07	合肥科晶材料技术有限公司
纽扣电池封装机	MT-160D	合肥科晶材料技术有限公司
电池测试仪	CT-4008-5V20mA-164	深圳市新威尔电子有限公司
扫描电子显微镜	CT-4008-5V20mA-164	日立公司

2.试剂

分析纯 V_2O_5、$Zn(CF_3SO_3)_2$、丙烯酰胺、过硫酸铵、N,N'-亚甲基双丙烯酰胺、纤维素纳米纤维分散液(1%)、Zn 片等。

四、实验步骤

1.聚丙烯酰胺-纤维素纳米纤维(PAM-CNF)制备

将 3.6353g $Zn(CF_3SO_3)_2$、3.3g 丙烯酰胺单体、40mg 过硫酸铵(引发剂)和 2.0mg N,N'-亚甲基双丙烯酰胺(交联剂)加入 10g 纤维素纳米纤维分散液(1%)中,在 25℃下搅拌 60min。然后,将混合溶液倒入聚四氟乙烯(PTFE)模具中,并在 60℃的恒温烘箱中保持 90min,通过自由基聚合反应得到 PAM-CNF 水凝胶。利用切片机将凝胶裁成直径为 19cm 的圆形状凝胶。

2.正极电极片的制备

将商用 V_2O_5 材料作为锌离子电池正极活性物质,按照质量分数比 V_2O_5 材料:乙炔黑:PVDF=70:20:10 的比例将正极材料和乙炔黑均匀混合,在特定 PVDF 浓度的 NMP 溶液中制成黏稠的具有流动性的糊状正极浆料。然后利用自动流延涂布机将浆料涂敷在不锈钢网集流体上,并在 80℃的真空干燥箱中经过充分的干燥来脱除 NMP 溶剂和少量水的残留。最后对电极进行冲孔,圆孔直径为 12mm。

3.准固态锌离子电池组装

采用商用 2032 电池壳,制备的 V_2O_5 电极片作为正极,PAM-CNF 凝胶作为电解质和隔膜,金属锌(直径为16cm)作为负极进行电池组装。整个电池组装过程均在空气中进行。

4.电池测试

利用电池测试仪测试电池在室温条件下,在电流密度为100mA/g和5A/g时的充放电曲线和循环性能。电压范围为0.2~1.6V。

五、实验结果与处理

1.以电压为纵坐标、放电比容量为横坐标绘制电池在首圈和50圈循环之后的充放电曲线。

2.以放电比容量为纵坐标、循环次数为横坐标,绘制放电比容量-循环次数图,判断电池的循环性能。

六、思考题

1.如何确定锌离子电池测试电压范围?

2.请分析凝胶电解质相较于液态电解质,所具有的优点与缺点。

七、参考文献

[1]Liang P,Zhu K,Rao Y,et al.Hydrated calcium vanadate nanoribbons with a stable structure and fast ion diffusion as a cathode for quasi-solid-state zinc-ion batteries[J].ACS Applied Materials & Interfaces,2024,16(19):24723-24733.

[2]Liu C,Xu W,Mei C,et al.Highly stable $H_2V_3O_8$/Mxene cathode for Zn-ion batteries with superior rate performance and long lifespan[J].Chemical Engineering Journal,2021,405:126737.

八、拓展阅读

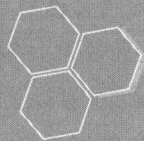

生物法构筑氨基修饰细菌纤维素复合固态电解质及性能研究

一、实验目的

1. 了解利用微生物合成和改性细菌纤维素(BC)的过程。
2. 了解氨基官能团促进离子传输的机理。
3. 掌握电化学性能的表征方法和机理。

二、实验原理

1. 生物途径合成氨基改性BC

BC的生物合成属于自上而下的生物自组装过程,其中,葡萄糖的聚合过程是构建和制备BC的核心环节,主要历经聚合、分泌、组装、结晶四个阶段[1],其合成过程如图1所示。首

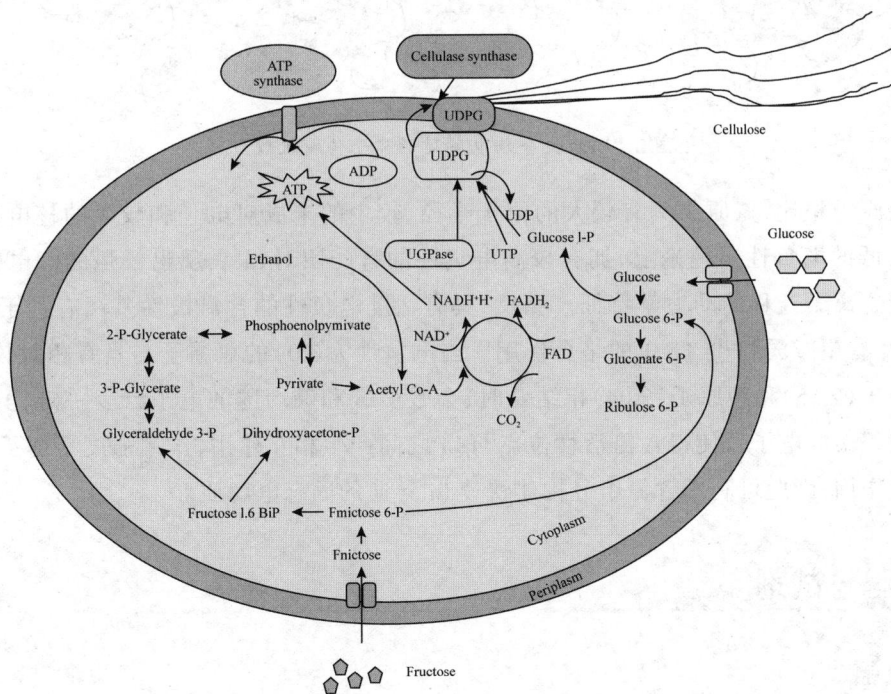

图1 BC的生物合成路径示意图[1]

先葡萄糖单元通过糖苷键聚合形成β-(1,4)-葡聚糖链,使得纳米微纤在此基础上聚合形成(直径为1~2nm)。经细菌细胞膜上的纳米孔,纳米微纤被转运到细胞外并有序组装成微纤维素(直径为3~4nm)。此过程与细菌内纤维素合成同步有序进行,两者密切协调。因此,本实验中用氨基葡萄糖部分代替葡萄糖作为木醋杆菌繁殖和分泌的碳源,可作为纤维素组分而被分泌到胞外进行组装。

2.氨基改性BC促进离子传输的机理

原则上,聚醚类固态电解质中Li^+的传输主要是在电池充/放电过程通过与醚基官能团发生络合和解离实现。通常一个锂原子倾向与聚环氧乙烷(PEO)中6~8个氧原子协同配位。随着Li-O键的动态形成与断裂,溶剂化的Li^+通过链段内部或链段间从一个配位点迁移到另外一个配位点[2]。然而,锂盐中的阴离子(如双三氟甲烷磺酰亚胺阴离子$TFSI^-$)与PEO中的醚氧之间的相互作用较弱(图2),因此在内部电场下,阴离子也会在两电极间产生迁移,这导致锂离子迁移数较低。

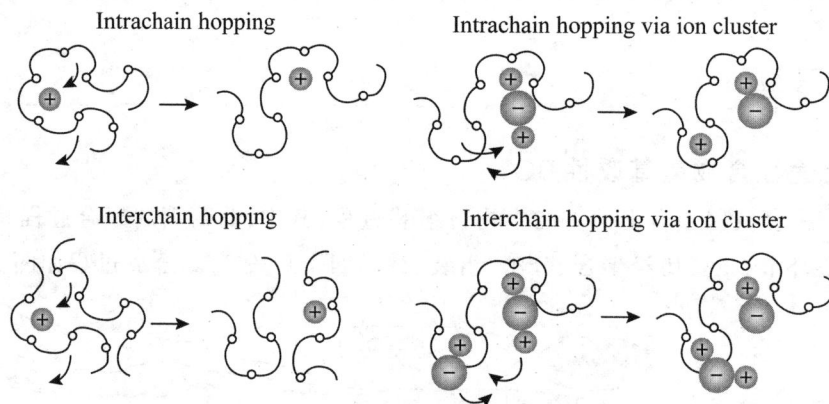

图2 PEO聚合物电解质的离子传输机理[3]

与氧原子相比,氮原子具有较大的原子半径、较少的未成对电子和较少的核电荷,因而表现出较低的电负性。理论上,拥有较高电负性的官能团对Li^+表现出较强的静电吸引力,从而减缓了离子迁移的动力学特征。相反,具有适度电负性的含氮极性基团有利于Li^+的快速传导,并有望减弱Li^+与$TFSI^-$的络合作用。当电负性为3.04的氮原子与具有相对较低电负性的碳原子(2.55)和硼原子(2.04)相结合时,会吸引碳和硼周围的电子云。一定程度上,氮原子周围积聚的电子云使得含氮活性位点与Li^+之间产生相互作用,作用强度平衡了对Li^+吸引和传导作用,因此可利用含氮组分构建快速Li^+导通的固态电解质。

三、仪器与试剂

1.仪器

分析天平、恒温生物培养箱、摇床、高压灭菌锅、pH计、真空干燥箱、自动涂布机、手套箱、压片机、封口机、电化学工作站、武汉 Land 电池测试系统、万用拉力机、扫描电子显微镜、Nanomeasure 软件、X 射线光谱电子能谱仪、X 射线衍射仪。

2.试剂

冰醋酸(分析纯)、葡萄糖(分析纯)、硫酸铵(分析纯)、磷酸二氢钾(分析纯)、硫酸镁(分析纯)、蛋白胨(分析纯)、酵母浸粉(分析纯)、PEO(分析纯,M_w=600000)、无水乙腈(分析纯)、N-甲基吡咯烷酮(NMP,分析纯)、双三氟甲烷磺酰亚胺锂(LiTFSI,分析纯)、叔丁醇(分析纯)、NaOH(分析纯)、H_2O_2(分析纯)、磷酸铁锂(LiFePO$_4$,电池级)、Super P(电池级)等。

四、实验步骤

1.氨基改性 BC 的制备

发酵液的制备(g/L):葡萄糖 10.0,葡萄糖盐酸盐 16.0,硫酸铵 1.0,磷酸二氢钾 5.0,硫酸镁 0.7,蛋白胨 10.0,酵母浸粉 7.5,醋酸 1.5,柠檬酸 1.5。此组分按配比溶于水中,后用 4.0mol/L NaOH 溶液将发酵液的 pH 调节至 6.0。最后置于高压灭菌锅中于 121℃高温高压灭菌 15min,取出冷却至室温。

按 8%(体积比)的接种量将加入活化后的木醋杆菌,在发酵液培养基中,将葡萄糖碳源替换为葡萄糖和葡萄糖盐酸盐混合物,其中氨基葡萄糖盐酸占总糖含量的 60%。利用摇床震荡培养 2 天后倒入灭菌的玻璃培养皿中,然后置于 30℃的恒温生物培养箱中静态培养 24h,即可得到 B-NBC 水凝胶,其氨基的含量通过调控发酵液中氨基葡萄糖盐酸盐质量与氨基葡萄糖盐酸盐和葡萄糖总量的比值(0、30%、60% 和 80%)来调节。B-NBC 水凝胶浸泡在 3‰ NaOH 和 H_2O_2 混合溶液中,在 80℃下恒温水浴中纯化 2h 后经去离子水冲洗至中性,以除去内部营养成分和细菌。随后用叔丁醇将去离子水置换并进行冷冻干燥,获得 B-NBC$_x$(x= 0、30、60、80)气凝胶。

2.LP/B-NBC 固态电解质的制备

PEO 和 LiTFSI 以 EO:Li=8:1(摩尔比)的比例溶解于无水乙腈中,在 80℃温度下持续搅拌 12h,得到均一的混合溶液,称之为 LP 溶液。将 B-NBC$_x$ 气凝胶浸入 LP 溶液中,并在真空环境中静置 2h。待 B-NBC 气凝胶中充满 LP 溶液后,取出铺在聚四氟乙烯板上。首先在通风橱中挥发乙腈,然后在 50℃的真空烘箱中干燥 12h,以除去残余乙腈,最终得到 LP/B-NBC$_x$ (x=0、30、60、80)复合固态电解质(CSE)。

3.LiFePO$_4$正极的制备

按质量比 6:1:2:1 分别称取 LiFePO$_4$、乙炔黑、PEO、LiTFSI,充分混合均匀后,分散在适量的 NMP 溶液中,在 60℃加热条件下使用磁力搅拌形成均匀的浆料。随后使用自动涂布机将浆料均匀涂在铝箔上,得到厚度为 150μm、负载量为 0.75~0.90mg/cm^2 的 LiFePO$_4$涂层。然后将其在 110℃下干燥 1h,成型后转移至 60℃真空干燥箱中放置 12h。制备出的 LiFePO$_4$正极极片称重后迅速转移至手套箱中。

4.电化学测试

依次将 LiFePO$_4$ 正极、CSE 和锂金属封装在纽扣电池 LIR2032 中，封装压力为 1.2MPa，即得全固态 LiFePO$_4$ 全电池。此外，钢片|CSE|Li 不对称电池、钢片|CSE|钢片对称电池和 Li|CSE|Li 对称电池进行组装以开展进一步的电化学测试。

用电化学工作站（CHI 760E）对钢片|CSE|钢片对称电池进行了电化学阻抗谱（EIS）测试。在 30~80℃ 的温度范围内，在 10^{-2}~10^6Hz 的频率范围内以 10mV 的振幅获取 EIS 数据，按以下公式计算离子电导率（σ）：

$$\sigma = \frac{L}{R_b S}$$

式中：L 和 S 分别是固态电解质的厚度和接触面积；R_b 是本征阻抗。

同时，在 10^{-2}~10^6Hz 的频率范围内，测试 Li|CSE|Li 直流极化前后的阻抗变化以确定锂离子迁移数（t_{Li^+}）。t_{Li^+} 采用布鲁斯-文森特-埃文斯方程计算：

$$t_{Li^+} = \frac{I_{ss}(\Delta V - I_0 R_0)}{I_0(\Delta V - I_{ss} R_{ss})}$$

式中：I_0 和 I_{ss} 分别代表初始电流和稳态电流；R_0 和 R_{ss} 分别是直流极化前后的电阻；ΔV 代表极化电压（10mV）。

为表征电解质的电化学稳定性，钢片|CSE|Li 电池上进行了线性扫描伏安（LSV）测试，电压范围为 0~6V，扫描速率为 0.1mV/s。在室温下以 0.1mV/s 的扫描速率对 Li|CSE|LiFePO$_4$ 电池进行循环伏安（CV）测试。在 2.0~4.3V 电压范围内，采用武汉 Land 电池测试系统对 Li|CSE|Li 电池在 0.1mA/cm^2 的电流密度下循环充/放电，表征对称电池的长期循环稳定性。同时，Li|CSE|LiFePO$_4$ 电池在不同电流密度（1C=170mA/g）下以相同的电压范围上进行了测试，评估其电池寿命。并在 0.2C、0.3C、0.5C 和 1C 下测试了 Li|CSE|LiFePO$_4$ 电池的倍率性能，测试温度为 60℃。

5.机械强度及抗穿刺强度测试

抗拉强度由万用拉力机（AGS-X，日本岛津）进行测试，选用拉伸模式，拉伸速率设置为 2mm/min。将复合固态电解质膜裁成 4cm×1cm（长×宽）的矩形长条，固定在万用拉力的下侧夹具上，上方夹具垂直放置一根钢针，以 2mm/min 的速度向下移动，对 BC 进行穿刺实验，以模拟锂枝晶的穿刺。每组测试三次，取平均值。

6.形貌与结构表征

通过扫描电子显微镜（SEM，JSM-7600F，JEOL，日本）观测了 B-NBC 的微观形貌，借助 Nanomeasure 软件测定其纳米纤维素的直径。X 射线光电子光谱仪（XPS，AXIS Ultra DLD，shimadzu，英国）用于分析 B-NBC$_x$ 的化学成分和状态。采用 X 射线衍射仪（Ultima IV，Rigaku，日本）分析 B-NBC$_x$ 的晶体结构与结晶度变化，配用 Cu Kα 发射源，测试范围 2θ 为 5°~80°，扫描

速率为10°/min。其中BC的结晶度(CrI)计算公式为:

$$\text{CrI} = \frac{I_{002} - I_{am}}{I_{002}} \times 100\%$$

式中:I_{002}代表002晶面的衍射峰强度,I_{am}代表位于$2\theta = 18°$的衍射强度。

五、实验结果与处理

1.B-NBC的形貌与氨基含量变化

(1)随着培养基氨基葡萄糖的含量的增加,B-NBC膜的厚度_____,B-NBC的纳米纤维素的直径_____。

(2)随着培养基氨基葡萄糖的含量的增加,B-NBC中氨基含量_____,结晶度_____。

2.培养基中氨基葡萄糖的含量变化对抗拉强度和抗穿刺强度的影响

序号	氨基葡萄糖含量	机械强度			抗穿刺强度	
		抗拉强度	断裂伸长率	杨氏模量	穿刺位移	穿刺力
1						
2						
3						
4						
5						
6						

3.不同温度下LP/B-NBC固态电解质膜的离子电导率

序号	测试温度	LP/B-NBC$_0$		LP/B-NBC$_{30}$		LP/B-NBC$_{60}$		LP/B-NBC$_{80}$	
		R_b	σ	R_b	σ	R_b	σ	R_b	σ
1	30℃								
2	40℃								
3	50℃								
4	60℃								
5	70℃								
6	80℃								

4.培养基中氨基葡萄糖的含量变化对电化学性能的影响

序号	氨基葡萄糖含量	锂离子迁移数	锂对称电池			LiFePO₄全固态电池		
			电化学稳定窗口	循环寿命	过电位	循环寿命	最大放电比容量	容量保留率
1								
2								
3								
4								
5								
6								

六、思考题

1.氨基改性BC的制备过程中,采用动静结合的方式进行微生物合成细菌纤维素,有什么益处?

2.LiFePO₄正极的制备中,LiFePO₄阳极在制备过程中添加PEO的作用是什么?

3.电化学表征过程为何在60℃下进行测试?

4.氨基对锂离子传输有利的原因是什么?

七、参考文献

[1]Mishra S,Singh P K,Pattnaik R,et al.Biochemistry,synthesis,and applications of bacterial cellulose:a review[J].Frontiers in Bioengineering and Biotechnology,2022,10:780409.

[2]吴昊.高性能电池关键材料[M].北京:科学出版社,2020:690.

[3]Xue Z,He D,Xie X.Poly(ethylene oxide)-based electrolytes for lithium-ion batteries[J]. Journal of Materials Chemistry A,2015,3(38):19218-19253.

八、拓展阅读

一、实验目的

1.了解纤维素纳米晶体（CNC）的酸解法制备。

2.掌握CNC的荧光功能化修饰。

3.了解如何确定荧光量子产率的方式。

二、实验原理

1.柠檬酸酸解纤维素制备CNC的机理

作为一种天然高分子聚合物，CNC可通过"自上而下"的策略制备得到，如酸水解、酶解、离子液体处理、机械法或多种策略相结合的方式，其物理、化学性质与纤维素来源和制备策略密切相关[1]。在制备过程中，纤维素纤维的非晶区被除去，留下纵向和横向尺寸分别为1~50nm和数百纳米的高度结晶的CNC[2]。在CNC的提取方法中，酸水解法效率最高。酸性化合物可释放水合氢离子，可破坏纤维素纤维无定形区的1,4-β-糖苷键，而结晶区的超分子结构致密，可很好保留。同时，通过柠檬酸（CA）脂化可以在CNC表面引入丰富的表面羧酸官能团，进而可进行共价耦联或静电吸附过程实现其功能化修饰[3]。

2.CNC的原位荧光功能化修饰

碳点（QDs）具有发射波长可调、激发波长灵活、光/化学稳定性好等优点。以CA为碳源、乙二胺为氮源，通过微波辅助热解法将修饰在CNC表面的CA原位碳化，生成氮掺杂的CNC–CD复合荧光材料。

三、仪器与试剂

1.仪器

分析天平、油浴锅、微波反应器、超声细胞破碎机、离心机、真空抽滤泵、荧光光谱仪、扫描电镜、全反射红外光谱仪、X射线光谱电子能谱仪。

2.试剂

漂白硫酸盐纸浆、柠檬酸(分析纯)、乙二胺(分析纯)等。

四、实验步骤

1.羧化 CNC 制备

采用高浓度 CA 对漂白木浆进行酸解,制备出高羧基含量的 CNC-CA。具体步骤如下:将 40g CA 和 10mL 去离子水置于圆底三颈烧瓶中,采用油浴加热至100℃,直至 CA 完全溶解,得到质量分数为80%的 CA 溶液。随后,将 1.2g 漂白硫酸盐纸浆(绝干重)放入装有 CA 溶液的烧瓶中,在油浴环境中加热至110℃,磁力搅拌条件下水解 8h 后,加入 200mL 去离子水,终止水解反应。

2.碳点(CDs)在 CNC 表面的原位复合

以 CNC 表面的 CA 为碳源,乙二胺为氮源,采用原位碳化法合成出 CNC-CDs 复合材料。具体步骤如下:取 60mL 的 CNC-CA 分散液转移至圆底烧瓶中,置于微波反应器中,调节微波反应器功率为600W,升温至180℃,对 CNC-CA 分散液进行微波碳化。反应一定时间后加入去离子水终止反应。随后通过真空过滤方式,用 0.22μm 滤膜截留碳化产物,以除去未反应的乙二胺及游离 CDs。继续用去离子水对截留产物进行洗涤直至获得中性无荧光滤液。最后,将得到的 CNC-CDs 复合荧光材料分散于 100mL 去离子水中,继而使用超声细胞破碎仪,频率为20kHz,处理 2h,离心后除去沉淀,留下的上清液放置于4℃的冰箱冷藏保存。

3.荧光量子产率的测定

以硫酸奎宁为标准溶液,将 CNC-CDs 复合材料溶液的荧光积分强度与标准溶液进行对比。硫酸奎宁溶液(在360nm处的量子产率为0.54)溶解于0.1mol/L硫酸溶液(折射率 n 为1.33),CNC-CDs 复合材料分散于取离子水中(n 为1.33)。采用相同的激发波长记录以上两种溶液的荧光光谱,为了减少自吸收效应,将两种溶液在360nm处的吸光度限制在0.1以下,其荧光量子产率计算如下:

$$Q_c = Q_s \times \frac{F_c \times A_s \times n_c^2}{F_s \times A_c \times n_s^2}$$

式中:Q 指荧光量子产率,F 指荧光发射积分强度,n 指溶剂的折射率,A 指用紫外-可见分光光度计在360nm处测量的光吸收度;下标"s"和"c"分别指已知的荧光量子产率的标准样品(硫酸奎宁)和 CNC-CDs 复合材料。

4.结构与性能测试

采用日本 JEOL 公司 JEM-1400 透射电镜观测样品表面形貌;采用 FT-IR650 型全反射红外光谱仪测定其傅里叶红外光谱来确定其表面官能团;采用岛津 AXIS UltraDLD 型 X 射线光谱电子能谱仪对样品元素进行成分鉴定和成分分析。

五、实验结果与处理

1.不同乙二胺溶液体积对CNC-CDs复合荧光材料的荧光量子产率的影响

序号	乙二胺溶液体积	荧光量子产率
1		
2		
3		
4		
5		
6		

2.不同微波碳化时间对CNC-CDs复合荧光材料的荧光量子产率的影响

序号	微波碳化时间	荧光量子产率
1		
2		
3		
4		
5		
6		

六、思考题

1.柠檬酸在实验过程中作用机理是什么？

2.如何确定CA碳化的最佳条件？

3.如何计算荧光量子产率？

七、参考文献

[1]宋智超,徐一鑫,马重重,等.纤维素纳米晶体的制备方法及其应用进展[J].化工新型材料,2024,12:1-9.

[2]Habibi Y,Lucia L A,Rojas O J.Cellulose nanocrystals：chemistry,self-assembly,and applications[J].Chemical Reviews,2010,110(6):3479-3500.

[3]岑钰,汪力生,项舟洋,等.催化和机械辅助柠檬酸水解法高得率制备纤维素纳米晶[J].中国造纸,2023,42(2):1-10.

八、拓展阅读

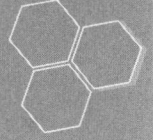

细菌纤维素的导电改性及其吸波性能探究

一、实验目的

1. 了解吡咯沉积聚合的机理。

2. 了解电磁波损耗机理和计算方式。

3. 掌握导电 PPy/BC 的制备、PDMS 固化等实验。

二、实验原理

1. 细菌纤维素原位沉积导电聚吡咯

细菌纤维素(BC)作为一种天然的高分子聚合物,具有更高的结晶度、聚合度和纯度,从而展现出优异的机械刚性,其高杨氏模量和拉伸强度分别高达 15~35GPa 和 200~300 MPa[1]。然而作为一种绝缘材料,BC 无法吸收任何电磁波能量。具有良好电导率的吸波材料中具有大量的自由电子,在电磁场作用下,载流子发生定向迁移而形成电流,引起导电损耗。本实验通过气相聚合得到的 PPy 导电层具有良好的连续性,这是由于挥发的吡咯气体具有良好渗透性,可以进入 BC 内部。同时,BC 纤维表面丰富的含氧官能团–OH 有助于锚定 Fe^{3+}。–OH 和 Fe^{3+} 离子之间形成的金属配位键为 PPy 导电聚合物的后续生长提供了成核位点。由于 $FeCl_3$ 的强氧化性,吡咯单体经历了脱氢和氧化耦合过程,最终在 BC 纳米纤维表面原位聚合成导电 PPy[2]。吡咯的聚合机理如图 1 所示。

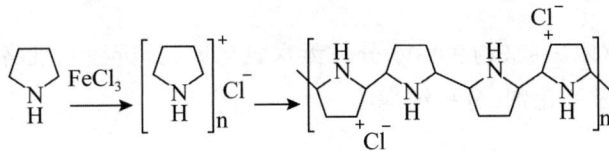

图 1　吡咯的聚合机理

2. 吸波损耗机理

入射电磁波到达吸波材料时会发生电磁波能量的反射、吸收和透射过程(见图 2)。为达到更好的电磁波吸收,希望更多的电磁波进入吸波材料内部,通过多重耗散机制进行有效衰减,将电磁波能量转化为热能或其他能量[3]。

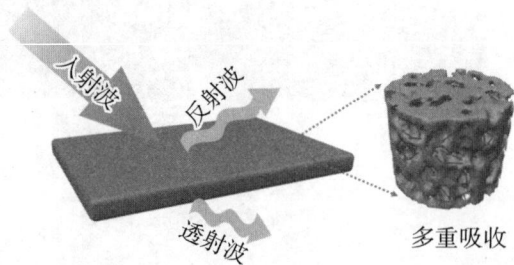

图 2　电磁波吸收机理

根据材料性质的不同,电磁波在材料内部主要产生导电损耗、介电损耗和磁损耗。导电损耗是材料内部的自由电子在电磁场的作用下产生感应电流,电子在运动过程中受内阻影响产生热量进而实现对电磁能量的损耗。导电损耗主要与材料的电导率的大小有关,电导率越大,吸波材料产生的感应电流越大,产生的热量就越多,对电磁波的损耗就越多。介电损耗主要是在电磁场作用下发生介电极化弛豫以耗散电磁能量,主要有电子极化、离子极化、偶极子极化、界面极化等;磁损耗是指材料在电磁场中产生涡流损耗和磁滞损耗[4]。但因导电 PPy/BC 吸波材料中不含磁性元素,因此 PPy/BC 对电磁波的耗散主要来源于导电损耗和介电损耗。

根据经典电磁学理论,吸波材料需尽可能降低反射和透射,增强吸收,需满足两个基本条件:一是阻抗匹配特性,即入射到材料表面的电磁波尽可能进入材料内部;二是损耗衰减特性,即进入材料内部的电磁波被快速有效地消耗衰减。

三、仪器与试剂

1.仪器

分析天平、冰箱、真空干燥箱、磁力搅拌器、称量瓶、玻璃烧杯、玻璃培养皿、矢量网络分析仪、扫描电子显微镜、透射电子显微镜、全反射红外光谱仪、X 射线光谱电子能谱仪。

2.试剂

块状细菌纤维素水凝胶(约99%水分)、无水氯化铁(分析纯)、吡咯单体(分析纯)、聚二甲基硅氧烷(PDMS)及固化剂(分析纯)等。

四、实验步骤

1.PPy/BC 气凝胶的制备

首先将厚度为 5mm 的 BC 水凝胶进行冷冻干燥,然后浸泡在 0.4mol/L FeCl$_3$ 水溶液中。得到 Fe^{3+}+BC 水凝胶密封在玻璃容器中,其中吡咯单体溶液放置在 Fe^{3+}+BC 水凝胶的下方,且两者无直接接触。随后放置于4℃的冰箱冷藏层静置一定时间,以便使从吡咯溶液中挥发的吡咯气体进入Fe^{3+}+BC内部,实现均匀聚合。在此期间为使Fe^{3+}+BC水凝胶两侧均匀沉积PPy,一定时间后将其翻转并重新铺放在新鲜的吡咯单体溶液之上仍不直接接触。得到的PPy/BC水凝胶经多次去离子水洗净后,采用叔丁醇溶液置换其中水分子,随后经冷冻干燥得到PPy/BC气凝胶。为通过调控获得不同聚吡咯负载量,以探究PPy含量对吸波性能的影响,可调整PPy聚合时间(12、72和120h)制备得到不同的PPy/BC。

2.PPy/BC弹性体的制备

首先,PDMS前体与固化剂以10∶1的质量比充分混合均匀。之后,将PPy/BC气凝胶浸没在PDMS混合溶液中,转移至真空干燥箱中以促进PDMS混合溶液完全渗入PPy/BC中。为了加速PDMS的凝固,真空干燥箱应升温至60℃过夜。冷却到室温后,获得了PPy/BC弹性体。如图3所示。

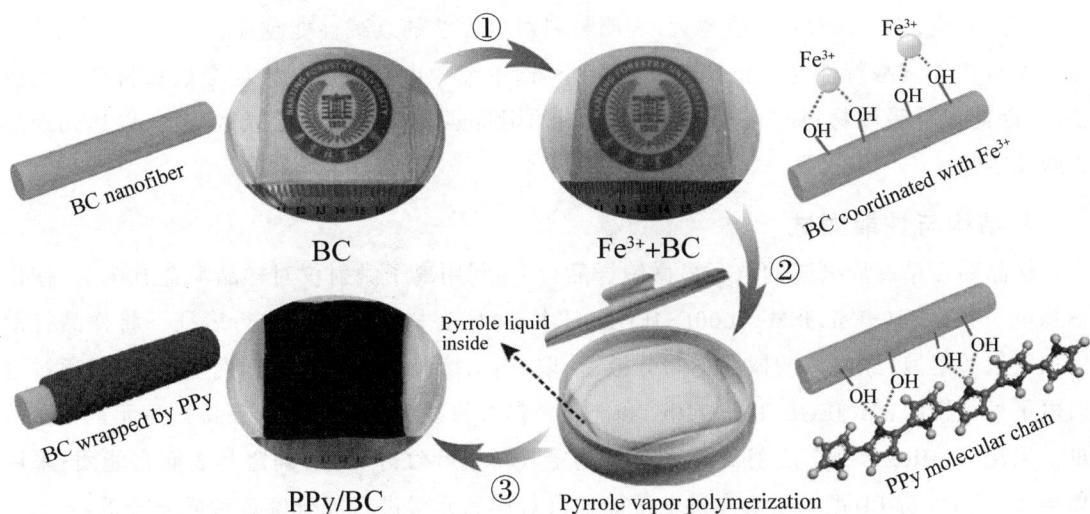

① Impregnation by FeCl₃ aqueous solution　② Vapor polymerization in a closed vesse　③ After repeated purification

图3　PPy/BC的制备工艺流程示意图及各阶段样品电子图片

3.微波吸收性能测试

所有样品切割成外径为7mm、内径为3mm、厚度约为2mm的圆柱形试样用于微波吸收性能的测试。使用矢量网络分析仪(VNA,Agilent PAN 5244N,德国)测试了样品在2~18GHz范围内的相对介电常数($\varepsilon_r=\varepsilon'-j\varepsilon''$)和相对磁导率($\mu_r=\mu'-j\mu''$)。

反射损耗(RL)可以根据传输线理论计算如下:

$$RL = 20\log\left|\frac{Z_{in} - Z_0}{Z_{in} + Z_0}\right|$$

当电磁波通过阻抗为Z_0的自由空间入射到阻抗为Z_{in}的介质材料表面时,部分电磁波被反射,另一部分则进入材料内部。阻抗匹配能力是决定电磁波能否进入材料的关键,由于厚

度有限,吸波材料的输入阻抗 Z_{in} 与无限介质条件下的阻抗 Z_i 存在区别:

$$Z_{in} = Z_0 \sqrt{\frac{\mu_r}{\varepsilon_r} \tanh\left(j\frac{2\pi fd}{c}\sqrt{\mu_r \varepsilon_r}\right)}$$

式中: Z_{in} 是输入阻抗; Z_0 是指自由空间的阻抗; μ_r 和 ε_r 分别是相对磁导率和介电常数; c 是光速, d 是样品的厚度。

大多数情况下自由空间即为空气,其磁导率 μ_0 和介电常数 ε_0 都接近于1,故有 $Z_0=(\mu_0/\varepsilon_0)^{1/2}$ 等于1,那么完全满足阻抗匹配,必有 $Z_{in}=(\mu_r\mu_0/\varepsilon_r\varepsilon_0)^{1/2}$ 等于1。然而现实中只要有异质界面,就会存在电磁波反射,吸波材料基本上很难实现阻抗完全匹配,只能通过调控其电磁参数及厚度使 Z_{in} 在尽可能宽的频带里接近于1。

材料的损耗衰减性能可用衰减常数 (α) 来表征, α 可以根据以下公式计算:

$$\alpha = \frac{\sqrt{2}\pi f}{c} \times \sqrt{(\varepsilon\mu - \varepsilon'\mu') + \sqrt{(\varepsilon''\mu'' - \varepsilon'\mu')^2 + (\varepsilon''\mu'' + \varepsilon'\mu')^2}}$$

一般来说,衰减系数 α 的值越大,表明材料对电磁波的衰减性能越强。

通常损耗衰减特性与阻抗匹配特性相矛盾,单纯考虑损耗衰减性能会破坏材料的阻抗匹配,因此设计吸波材料时,应合理考虑材料的阻抗匹配特性和损耗衰减特性,以达到理想的吸波效果。

4.结构与性能测试

样品贴在粘有导电胶的电子显微镜样品台上,利用离子溅射仪对样品喷金100s后,使用扫描电子显微镜(SEM,JSM-7600F,JEOL,日本)对所有样品的形态进行表征。将样品打散后加入乙醇溶液,经超声波振荡均匀分散后,取10μL该分散液滴加到铜网上,干燥后通过透射电子显微镜(TEM,JEOL Jem 2100)和能量色散X射线光谱仪(EDX)获得样品元素分布信息。采用FT-IR650型全反射红外光谱仪测定其傅里叶红外光谱,确定其表面官能团;采用岛津AXIS UltraDLD型X射线光谱电子能谱仪对样品元素进行成分鉴定和成分分析。

五、实验结果与处理

1.不同吡咯单体聚合时间对PPy/BC负载量及吸波性能的影响

序号	吡咯聚合时间	PPy的负载量	吸波性能
1			
2			
3			
4			
5			
6			

2.不同膜厚度下PPy/BC对吸波性能的影响

序号	膜厚度	吸波性能
1		
2		
3		
4		
5		
6		

六、思考题

1.氯化铁在吡咯聚合过程起到什么作用?

2.PPy/BC气凝胶的制备中,如何确保PPy均匀沉积在BC内部?

3.孔结构是否会对吸波性能产生影响?

七、参考文献

[1]徐旭冉.细菌纤维素基功能复合材料的结构设计及其性能研究[D].南京:南京理工大学,2022.

[2]尹娜,施岩,邹易杰,等.化学氧化法制备聚吡咯及其掺杂改性研究[J].现代化工,2024,44(4):97-101.

[3]夏龙,钟博.吸波材料原理与设计[M].哈尔滨:哈尔滨工业大学出版社,2023:207.

[4]袁宇洋.电磁波吸波材料吸波原理、制备技术及发展方向[J].功能材料与器件学报,2024,30(2):53-65.

八、拓展阅读

通过 Tavorite-Olivine 相变过程制备锂离子电池正极材料 LiFePO₄

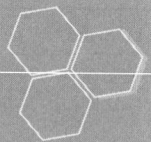

一、实验目的

1. 了解并掌握水热法制备 $LiFePO_4OH$ 前驱体的方法。
2. 了解并掌握材料纳米化手段。

二、实验原理

近年来,橄榄石结构的磷酸铁锂($LiFePO_4$,LFP)凭借着优良的安全性、循环稳定性以及清洁、廉价的原材料,在锂离子电池材料中的使用已超过层状氧化物三元材料[1]。LFP电池也在电动汽车、无人机等领域得到广泛应用。目前LFP电池的能量密度已经达到180~200Wh/kg左右,高端产品甚至超过了240Wh/kg。移动设备、电动汽车和电网储能系统等领域的快速发展,对LFP的性能也随之提出了更高要求。

大规模生产LFP多采用固相烧结法,需要较高的烧结温度来实现Li在晶格内的嵌入和迁移(700~750℃),为保障固相反应的彻底性和均匀性通常也需要更长的烧结时间来实现,不可避免地促进了晶界间的原子迁移,从而引发颗粒间界面发生融合,导致一次颗粒增大[2]。一次颗粒增大会延长Li^+扩散路径,对于沿着一维扩散路径进行Li^+传输的LFP而言,这不利于其电化学性能的发挥。此外,传统固相法中由接触反应得到的LFP材料可能含有微量杂质(如非导电的$Fe_2P_2O_7$),从而影响LFP材料的相纯度/表面状态和晶体结构,限制LFP材料电化学性能的发挥。

理论上,液相中的离子扩散性、锂化动力学和均匀性优于固相,因此液相嵌锂过程具有更高的传质效率和反应均匀性,特别是水热法被认为是一种制取具有优良电化学性能LFP正极材料的制备方法之一。然而,传统水热法制取LFP的过程中,由于Fe元素会比Li更先进入晶格而使得材料晶格中具有一定的Fe-Li反位缺陷(~7%),影响其最终性能的发挥,通常需要通过提升热处理温度(700℃)和延长热处理时间使晶格中原子排列更有序,并降低水热产物中较高的Fe-Li反位缺陷浓度。此外,传统水热过程在加料时,Li:Fe:P的摩尔比通常为2.7~3:1:1,造成一部分Li在水溶液中流失,即便回收再利用也使工序更加复杂。

这里介绍一种通过水热法制备 LFP 正极材料的新型前驱体——LiFePO$_4$OH(LFPOH)，研究表明 LFPOH 无须经过较长时间和较高温度的热处理过程，即可获得具有较低 Fe-Li 反位缺陷的 LFP 正极材料。此外，在加料时，Li:Fe:P 的摩尔比保持 1:1:1 即可获得纯相 LFPOH 前驱体。具体合成过程如图 1 所示：首先通过三价铁源 FePO$_4$·2H$_2$O(FP) 的湿法锂化过程，制备 Tavorite-结构 LFPOH 颗粒，然后将其与葡萄糖混合，通过球磨和碳热还原过程最终得到无定形碳包覆且多孔结构的 LiFePO$_4$ 纳米颗粒。

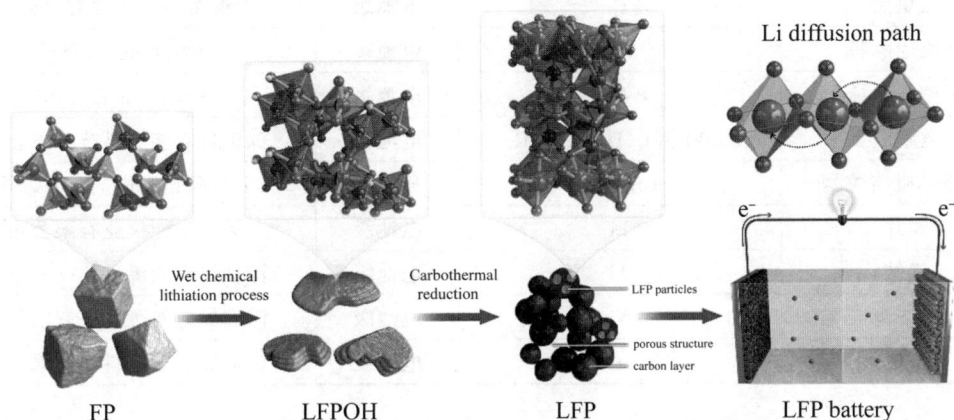

图 1　FP-LFPOH-LFP 相变过程以及对应结构示意图

三、仪器与试剂

1. 仪器

仪器名称	型号	生产厂家
水热反应釜	LB500-SF	上海莱北科学仪器有限公司
电子天平	AUW120	日本岛津仪器有限公司
鼓风干燥箱	BPG-9030AH	上海和呈仪器制造有限公司
循环水式多用真空泵	SHB-Ⅲ	郑州长城科工茂有限公司
管式炉	OTF-1200X	合肥科晶材料技术有限公司
电化学工作站	VersaSTAT-4	美国普林斯顿仪器公司
行星式球磨机	XQM-2L	长沙天创粉末技术有限公司
电池测试系统	LAND CT2001A	武汉蓝电电子有限公司
手套箱	LS800	成都德力斯实业有限公司
自动涂布机	GTB350D-410A01	深圳善营自动化设备有限公司
纽扣电池封装机	MSK-110	合肥科晶科技有限公司
磁力搅拌器	DF-101S	巩义予华仪器设备有限公司

2.试剂

试剂名称	化学式	纯度	生产厂家
一水氢氧化锂	$LiOH \cdot H_2O$	电池级	赣锋锂业集团股份有限公司
二水磷酸铁	$FePO_4 \cdot 2H_2O$	分析纯	四川省盈达锂电新材料
一水葡萄糖	$C_6H_{12}O_6 \cdot H_2O$	分析纯	国药集团化学试剂有限公司
无水乙醇	C_2H_5OH	分析纯	国药集团化学试剂有限公司
乙炔黑	C	电池级	上海汇平新能源有限公司
聚乙烯隔膜	PE	电池级	美国 Celgard 公司
聚偏氟乙烯	PVDF	电池级	Elf Atochem 公司
电解液	$LiPF_6/EC:DMC:EMC$	电池级	深圳贝克能源科技有限公司
N-甲基吡咯烷酮	C_5H_9NO	分析纯	上海阿拉丁试剂有限公司
锂片	Li	电池级	天津中能锂业有限公司
铝箔	Al	电池级	深圳贝克能源科技有限公司
泡沫镍	Ni	电池级	深圳贝克能源科技有限公司
正负极壳	/	电池级	深圳贝克能源科技有限公司

四、实验步骤

1.LiFePO₄OH 的湿化学制备

将 0.5mol 预活化的 $FePO_4 \cdot 2H_2O$、0.5mol 的 $LiOH \cdot H_2O$ 与 300mL 去离子水一起加入一个 500mL 不锈钢高压釜中进行水热反应,在 230℃下反应 10h(400r/min)。之后,当反应器冷却至 70~80℃时,收集沉淀物并在 60℃的烘箱中干燥 12h。所得粉末即为 LiFePO₄OH 前驱体。

2.LiFePO₄OH 的碳热还原

将制备的 LiFePO₄OH 前驱体和葡萄糖(20%)以乙醇为分散剂进行球磨混合与细化(600.0r/min,6.0h),干燥并研磨后得到混合粉末,然后在管式炉中烧结 5h(N_2 气氛保护),烧结温度分别为 600℃。

3.结构与性能表征

采用 X 射线衍射(XRD)对所得样品进行物相分析;采用电感耦合等离子发射光谱仪(ICP)对所得样品进行 Li、Fe、P 元素比例分析;采用扫描电子显微镜(SEM)和透射电子显微镜(TEM)对所得样品的形貌和粒径进行观察分析;制备纽扣电池,对所得正极材料进行电化学测试。电池组装与电化学测试的详细过程如下文。

4.电池装配流程

(1)正极材料制备

将合成的 LiFePO₄ 粉末与导电剂(如导电炭黑、乙炔黑)和黏结剂(如聚偏氟乙烯,PVDF)

按一定质量比例混合。通常, $LiFePO_4$ 占 70%~80%, 导电剂占 10%~15%, 黏结剂占 5%~10%。将这些材料与一定量的溶剂(NMP, N-甲基吡咯烷酮)混合, 形成均匀的浆料。

（2）电极涂覆

将调制好的浆料均匀地涂覆在铝箔集流体上, 涂层的厚度应适中, 通常为 50~100μm。涂覆完成后, 将电极片放入真空干燥箱中, 在 60~80℃下干燥, 确保溶剂完全挥发, 得到干燥的正极片。

（3）电极裁切

将干燥后的正极片裁切成适合纽扣电池尺寸的小片, 通常直径为 12~14mm, 以适应常规 CR2032 纽扣电池壳。

（4）电池装配

在手套箱(惰性气氛, 如 Ar 气氛, 水含量低于 $1×10^{-6}$, 氧含量低于 $1×10^{-6}$)中组装纽扣电池。电池的基本结构如下：

－正极片：裁切好的 $LiFePO_4$ 正极材料。

－隔膜：通常选用微孔聚丙烯或聚乙烯隔膜(如 Celgard 2400), 隔膜用于隔离正极与负极, 防止电池短路。

－电解液：采用商用的锂电池电解液, 通常为含有 1mol/L $LiPF_6$ 的碳酸酯类溶剂(如 EC/DMC, 碳酸乙烯酯/碳酸二甲酯), 确保其具有良好的离子导电性。

－负极：使用金属锂片作为负极材料, 裁剪成与正极片相同大小。

电池的具体装配步骤为：

在电池壳的底部放入金属锂片作为负极；放置隔膜以隔离正负极；在隔膜上加入适量的电解液, 确保隔膜和电极片充分浸润；将正极片放置在隔膜上；加入弹簧片和垫片, 最后将纽扣电池的盖子压紧。

5. 电化学测试

电池装配完成后, 可以对其进行各种电化学性能测试, 以评估材料的电池性能。这些测试通常包括恒流充放电测试、循环寿命测试、倍率性能测试以及电化学阻抗谱(EIS)等。

（1）恒流充放电测试

测试设备：

使用电池测试系统(如 LAND 或 Neware 测试设备)进行恒流充放电测试。

测试参数：

－充放电电压范围：$LiFePO_4$ 电极材料的理论工作电压区间为 2.5V 到 4.2V, 一般测试时电压窗口设置在 2.5V 至 3.8V 之间。

－电流密度：初始测试时通常使用 0.1C 或 0.2C 的电流密度, 1C 表示 1h 完全充满或放完电, 0.1C 表示需要 10h 完成一次充电或放电过程。具体电流由电池的实际容量决定, 例如, 如果电池容量为 150mA·h, 0.1C 对应的电流为 15mA。

-测试温度:室温(25℃)下进行。

测试目的:

通过恒流充放电测试,获得$LiFePO_4$电池的初始比容量($mA \cdot h/g$),从而评估其充放电性能。

(2)倍率性能测试

测试流程:

倍率性能测试是通过在不同充放电速率(如0.1C、0.5C、1C、2C、5C)下对电池进行充放电循环,评估其在高倍率下的性能保持能力。

测试参数:

-充放电电流:从低倍率(0.1C)逐渐增加到高倍率(5C),每个倍率下循环3~5次,以观察电池在不同倍率下的比容量变化。

-测试电压范围:仍设定在2.5V至3.8V之间。

测试目的:

该测试能够评估电池材料的动力性能,特别是在高倍率下的容量保持率,以及电池材料的快速充放电能力。

(3)循环寿命测试

测试流程:

在固定的充放电倍率下(通常为1C或0.5C),对电池进行数百次的充放电循环,以评估其长期循环稳定性。

测试参数:

-循环次数:常规测试设置为300~1000次循环,记录每次循环的比容量变化。

-循环倍率:通常使用1C或0.5C的电流进行长期测试。

-测试温度:在室温和高温条件(如60℃)下分别进行,以考察电池材料在不同温度下的稳定性。

测试目的:

该测试主要用于评估$LiFePO_4$正极材料的循环寿命及容量衰减情况。理想的材料在经过数百次循环后,其容量保持率应高于80%。

(4)电化学阻抗谱(EIS)测试

测试设备:

采用电化学工作站(如CHI660或Bio-Logic设备)进行阻抗测试。

测试参数:

-频率范围:测试频率范围通常为10^6Hz到10^{-2}Hz。

-扰动电压:设置为5~10mV的小幅正弦波。

-测试条件:在充电态和放电态分别测试电池的阻抗,以评估电极材料的界面阻抗和电解液的离子电导率。

测试目的：

通过 EIS 测试可以分析电池的内阻、界面阻抗以及电荷转移阻抗等信息，从而判断材料的电化学反应速率和导电性。

6. 结果分析

–比容量分析：通过恒流充放电曲线，计算电池的放电比容量（mA·h/g）。

–倍率性能分析：观察不同倍率下的比容量保持率，以评估材料的快速充放电能力。

–循环寿命分析：根据循环次数与比容量的变化，确定电池的容量保持率，评估材料的长期稳定性。

–阻抗谱分析：通过 Nyquist 图中的半圆直径和斜线角度，分析界面电阻和扩散阻力，判断电池的导电性和界面稳定性。

五、思考题

1. LiFePO$_4$OH 的碳热还原过程为何在惰性气氛下进行？
2. 试讨论样品的烧结温度与粒径、电池性质之间的关系。

六、参考文献

[1] Chung S Y, Bloking J T, Chiang Y M. Electronically conductive phospho-olivines as lithium storage electrodes [J]. Nature Materials, 2002, 1(2):123-128.

[2] Liu Y, Wang J, Liu J, et al. Origin of phase inhomogeneity in lithium iron phosphate during carbon coating [J]. Nano Energy, 2018, 45:52-60.

七、拓展阅读

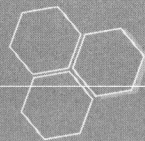

锂离子电池正极材料 $LiFe_{1-x}Mn_xPO_4$ 固溶体的湿化学制备

一、实验目的

1. 了解固溶体的概念并掌握共沉淀法合成固溶体的基本方法。
2. 掌握不同 Fe、Mn 组分比例材料所得正极材料呈现出的性能特征。

二、实验原理

具有良好热稳定性、循环稳定性和安全性能的橄榄石型 $LiMPO_4$（M=Mn、Fe、Co 和 Ni）化合物已经被广泛研究并作为传统层状氧化物 $LiMO_2$ 的替代正极材料。尽管 $LiFePO_4$（LFP）正极材料已经被成功商业化应用于电动汽车，但其能量密度受到其相对较低的电压平台（~3.5V vs. Li/Li^+）的限制。为了进一步提高其能量密度，同晶体结构的 $LiMnPO_4$（LMP）由于其较高的操作电压（4.1V vs. Li/Li^+）被认为是一种可行的解决方案。然而，LMP 因其固有的电子导电性（$<10^{-10}$S/cm）和离子扩散性（$<10^{-16}$cm²/s）较 LFP 更差[1]，以及 Mn(III) 引起的 Jahn-Teller 畸变和锂化/脱锂相之间的界面应变[2]，会导致较低的放电比容量和倍率性能。结合 LFP 和 LMP 两者优势形成的 $LiFe_{1-x}Mn_xPO_4$（LFMP）固溶体系统成为一种更具潜力的正极材料[3]。由于 Fe 和 Mn 在这个体系中所扮演的角色不同，因此不同的 Fe、Mn 比例所表现出的电化学性能也有着一定的差异。Mn 元素在其中扮演的主要角色是提升电压平台及能量密度；Fe 元素在其中扮演的重要角色是缓解由于 Mn 的引入所带来的一系列负面影响（如 Mn^{3+} 引起的 Jahn-Teller 畸变），改善材料内部的电子传导，提升嵌锂/脱锂反应速率，进而改善材料电化学性能。

由于湿法锂化不仅具有优异的反应均匀性，同时具有良好的传质效率，这里介绍一种可溶性 Fe^{2+}、Mn^{2+}、Li^+ 与 PO_4^{3-} 盐通过共沉淀过程得到铁锰固溶体与含锂前驱体，再通过湿化学过程合成 $LiFe_{1-x}Mn_xPO_4$ 的制备路径，并着重研究不同 Fe、Mn 组分比例材料所呈现出的性能特征。

三、仪器与试剂

1.仪器

仪器名称	型号	生产厂家
水热反应釜	LB500-SF	上海莱北科学仪器有限公司
电子天平	AUW120	日本岛津仪器有限公司
鼓风干燥箱	BPG-9030AH	上海和呈仪器制造有限公司
循环水式多用真空泵	SHB-Ⅲ	郑州长城科工茂有限公司
管式炉	OTF-1200X	合肥科晶材料技术有限公司
电化学工作站	VersaSTAT-4	美国普林斯顿仪器公司
行星式球磨机	XQM-2L	长沙天创粉末技术有限公司
电池测试系统	LAND CT2001A	武汉蓝电电子有限公司
手套箱	LS800	成都德力斯实业有限公司
自动涂布机	GTB350D-410A01	深圳善营自动化设备有限公司
纽扣电池封装机	MSK-110	合肥科晶科技有限公司
磁力搅拌器	DF-101S	巩义予华仪器设备有限公司

2.试剂

试剂名称	化学式	纯度	生产厂家
一水氢氧化锂	LiOH·H$_2$O	电池级	赣锋锂业集团股份有限公司
一水葡萄糖	C$_6$H$_{12}$O$_6$·H$_2$O	分析纯	国药集团化学试剂有限公司
无水乙醇	C$_2$H$_5$OH	分析纯	国药集团化学试剂有限公司
硫酸亚铁	FeSO$_4$·7H$_2$O	分析纯	国药集团化学试剂有限公司
硫酸亚锰	MnSO$_4$·H$_2$O	分析纯	国药集团化学试剂有限公司
磷酸	H$_3$PO$_4$	分析纯	国药集团化学试剂有限公司
磷酸铁锂	LiFePO$_4$	分析纯	台湾立凯电能科技有限公司
乙炔黑	C	电池级	上海汇平新能源有限公司
聚乙烯隔膜	PE	电池级	美国Celgard公司
聚偏氟乙烯	PVDF	电池级	Elf Atochem公司
电解液	LiPF$_6$/EC:DMC:EMC	电池级	深圳贝克能源科技有限公司
N-甲基吡咯烷酮	C$_5$H$_9$NO	分析纯	上海阿拉丁试剂有限公司
锂片	Li	电池级	天津中能锂业有限公司
铝箔	Al	电池级	深圳贝克能源科技有限公司
泡沫镍	Ni	电池级	深圳贝克能源科技有限公司
正负极壳	/	电池级	深圳贝克能源科技有限公司

四、实验步骤

1.共沉淀过程:先将不同比例的 $FeSO_4 \cdot 7H_2O$、$MnSO_4 \cdot H_2O$、$LiOH \cdot H_2O$ 及 H_3PO_4(见下表)加入烧杯中,加入一定量去离子水,搅拌均匀。

水热样品	$FeSO_4(mol)$	$MnSO_4(mol)$	$H_3PO_4(mol)$	$LiOH(mol)$	x
$LiFe_{0.8}Mn_{0.2}PO_4$	0.08	0.02	0.1	0.27	$x=0.2$
$LiFe_{0.6}Mn_{04}PO_4$	0.06	0.04	0.1	0.27	$x=0.4$
$LiFe_{0.5}Mn_{0.5}PO_4$	0.05	0.05	0.1	0.27	$x=0.5$
$LiFe_{0.4}Mn_{0.6}PO_4$	0.04	0.06	0.1	0.27	$x=0.6$
$LiFe_{0.2}Mn_{0.8}PO_4$	0.02	0.08	0.1	0.27	$x=0.8$

2.水热过程:将上述悬浊液加入 500mL 反应釜中。水热温度200℃,保温10h,降温后过滤,水洗3遍,80℃烘干12h。

3.烧结过程:分别将水热得到的前驱体与20%葡萄糖球磨混合(600.0r/min,6h);在 N_2 气氛保护下600℃烧结5h。自然降温后收集样品。

五、结构与性能表征

采用X射线衍射(XRD)对所得样品进行物相分析;采用电感耦合等离子发射光谱仪(ICP)对所得样品进行 Li、Fe、Mn、P元素比例分析;采用扫描电子显微镜(SEM)和透射电子显微镜(TEM)对所得样品的形貌和粒径进行观察分析;制备纽扣电池,对所得正极材料进行电化学测试。电池组装与电化学测试的详细过程如下。

1.电池装配流程

(1)正极材料制备

将合成的LFMP粉末与导电剂(如导电炭黑、乙炔黑)和黏结剂(如聚偏氟乙烯,PVDF)按一定质量比例混合。通常,LFMP占70%~80%,导电剂占10%~15%,黏结剂占5%~10%。将这些材料与一定量的溶剂(如NMP,N-甲基吡咯烷酮)混合,形成均匀的浆料。

(2)电极涂覆

将调制好的浆料均匀地涂覆在铝箔集流体上,涂层的厚度应适中,通常为50~100μm。涂覆完成后,将电极片放入真空干燥箱中,在60~80℃下干燥,确保溶剂完全挥发,得到干燥的正极片。

(3)电极裁切

将干燥后的正极片裁切成适合纽扣电池尺寸的小片,通常直径为12~14mm,以适应常规CR2032纽扣电池壳。

（4）电池装配

在手套箱（惰性气氛，如 Ar 气氛，水含量低于 $1×10^{-6}$，氧含量低于 $1×10^{-6}$）中组装纽扣电池。电池的基本结构如下：

－正极片：裁切好的 LFMP 正极材料。

－隔膜：通常选用微孔聚丙烯或聚乙烯隔膜（如 Celgard 2400），隔膜用于隔离正极与负极，防止电池短路。

－电解液：采用商用的锂电池电解液，通常为含有 1mol/L $LiPF_6$ 的碳酸酯类溶剂（如 EC/DMC，碳酸乙烯酯/碳酸二甲酯），确保其具有良好的离子导电性。

－负极：使用金属锂片作为负极材料，裁剪成与正极片相同大小。

电池的具体装配步骤为：

在电池壳的底部放入金属锂片作为负极；放置隔膜以隔离正负极；在隔膜上加入适量的电解液，确保隔膜和电极片充分浸润；将正极片放置在隔膜上；加入弹簧片和垫片，最后将纽扣电池的盖子压紧。

2.电化学测试

电池装配完成后，可以对其进行各种电化学性能测试，以评估材料的电池性能。这些测试通常包括恒流充放电测试、循环寿命测试、倍率性能测试以及电化学阻抗谱（EIS）等。

（1）恒流充放电测试

测试设备：

使用电池测试系统（如 LAND 或 Neware 测试设备）进行恒流充放电测试。

测试参数：

－充放电电压范围：一般测试时电压窗口设置在 2.5V 至 3.5V 之间。

－电流密度：初始测试时通常使用 0.1C 或 0.2C 的电流密度，1C 表示 1h 完全充满或放完电，0.1C 表示需要 10h 完成一次充电或放电过程。具体电流由电池的实际容量决定，例如，如果电池容量为 150mA·h，0.1C 对应的电流为 15mA。

－测试温度：室温（25℃）下进行。

测试目的：

通过恒流充放电测试，获得 LFMP 电池的初始比容量（mA·h/g），从而评估其充放电性能。

（2）倍率性能测试

测试流程：

倍率性能测试是通过在不同充放电速率（如 0.1C、0.5C、1C、2C、5C）下对电池进行充放电循环，评估其在高倍率下的性能保持能力。

测试参数：

－充放电电流：从低倍率（0.1C）逐渐增加到高倍率（5C），每个倍率下循环 3~5 次，以观察电池在不同倍率下的比容量变化。

－测试电压范围：仍设定在 2.5V 至 3.8V 之间。

测试目的：

该测试能够评估电池材料的动力性能，特别是在高倍率下的容量保持率，以及电池材料的快速充放电能力。

（3）循环寿命测试

测试流程：

在固定的充放电倍率下（通常为1C或0.5C），对电池进行数百次的充放电循环，以评估其长期循环稳定性。

测试参数：

－循环次数：常规测试设置为300~1000次循环，记录每次循环的比容量变化。

－循环倍率：通常使用1C或0.5C的电流进行长期测试。

－测试温度：在室温和高温条件（如60℃）下分别进行，以考察电池材料在不同温度下的稳定性。

测试目的：

该测试主要用于评估LFMP正极材料的循环寿命及容量衰减情况。理想的材料在经过数百次循环后，其容量保持率应高于80%。

（4）电化学阻抗谱（EIS）测试

测试设备：

采用电化学工作站（如CHI660或Bio-Logic设备）进行阻抗测试。

测试参数：

－频率范围：测试频率范围通常为10^6Hz到10^{-2}Hz。

－扰动电压：设置为5~10mV的小幅正弦波。

－测试条件：在充电态和放电态分别测试电池的阻抗，以评估电极材料的界面阻抗和电解液的离子电导率。

测试目的：

通过EIS测试可以分析电池的内阻、界面阻抗以及电荷转移阻抗等信息，从而判断材料的电化学反应速率和导电性。

（5）结果分析

－比容量分析：通过恒流充放电曲线，计算电池的放电比容量（mA·h/g）。

－倍率性能分析：观察不同倍率下的比容量保持率，以评估材料的快速充放电能力。

－循环寿命分析：根据循环次数与比容量的变化，确定电池的容量保持率，评估材料的长期稳定性。

－阻抗谱分析：通过Nyquist图中的半圆直径和斜线角度，分析界面电阻和扩散阻力，判断电池的导电性和界面稳定性。

六、思考题

1.FeSO$_4$·7H$_2$O、MnSO$_4$·H$_2$O、LiOH·H$_2$O 及 H$_3$PO$_4$这几个原料在加料时应当按照怎样的顺序加入？不同的顺序会对最终的材料产生怎样的影响？

2.试讨论不同 Fe、Mn 比例对电池性能会产生怎样的影响。

七、参考文献

［1］Yamada A，Hosoya M，Chung SC，et al.Olivine-type cathodes：Achievements and problems［J］.Journal of Power Sources，2003，119：232-238.

［2］Choi D，Xiao J，Choi YJ，et al.Thermal stability and phase transformation of electrochemically charged/discharged LiMnPO$_4$ cathode for Li-ion batteries［J］.Energy Environ Sci，2011，4(11)：4560-4566.

［3］Aravindan V，Gnanaraj J，Lee YS，et al.LiMnPO$_4$-A next generation cathode material for lithium-ion batteries［J］.Journal of Materials Chemistry A，2013，1(11)：3518-3539.

八、拓展阅读

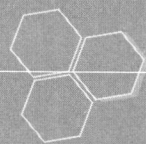

一、实验目的

1. 了解并掌握碳材料原位改性磷酸盐正极材料的基本方法。
2. 了解碳材料对磷酸盐正极材料的电化学性能所起到的积极作用。

二、实验原理

　　为了增强 $LiFePO_4$（LFP）正极材料的能量密度，在晶格内引入了与 Fe 元素可以无限互溶且具有更高电压平台的 Mn 元素来提升体系的能量密度。然而，由于 Mn 的引入，所形成的 $LiFe_{1-x}Mn_xPO_4$（LFMP）固溶体在电子传导与离子扩散等性能方面较 LFP 均有所下降，进而导致其放电容量、倍率性能均有所下滑，Jahn-Teller 效应以及 Mn^{2+} 溶解等问题也恶化了富 Mn（>60%）LFMP 材料电极体系的循环性能等。对于改性 LFMP 材料行之有效的方法之一便是碳材料改性，不仅可以提升电子导电性能，还可以抑制 LMFP 颗粒的团聚、缓解 Mn 溶解、提升整体复合材料循环性能等电化学性能。

　　通过传统有机碳材料以热解方式沉积的无定形碳层，虽然能够完整包裹在材料颗粒表面，但其导电性有限且在电极中难以获得连续的导电碳网络。通常，具有高石墨化程度的无机碳材料的电子导电性被认为比无定形碳更优，并且能够在正极材料颗粒间形成连续导电碳网络[1,2]，因此研究者们引入了各种优质的无机碳材料来进一步改性磷酸盐材料，例如碳纳米纤维、碳纳米管（CNT）和石墨烯等[3]，这对于进一步改善电极材料的导电性至关重要。CNT 由于具有理想的电化学性能、机械和表面性质，而且其生产成本较低、易于大规模生产，在实际应用中显示出较大的潜力。有机碳源在控制碳层结构（厚度、均匀性、全覆盖度）方面具有优势，但碳质量（导电性、石墨化程度）难以控制；无机碳则与之相反，它在实现均匀包覆和全覆盖方面难以控制，但其导电性和石墨化程度较高。因此，通过在橄榄石磷酸盐复合材料中联合应用石墨化碳和无定形碳层，可以在颗粒间轻松形成连续的导电网络。有机碳和无机碳的结合有效地增强了材料整体电子传导性能，这对于提升磷酸盐电极的电化学性能具有一定的益处。

另一方面,为了最大限度地提高材料的电子导电性,如何实现无机碳与活性材料的有效接触和复合直接决定着整体电极材料的电化学性能。高温固态法不仅不能让无机碳和活性物质实现有效接触,还会不可避免地导致原始晶体进一步生长。通过低温湿化学过程在无机碳材料上生长 LFMP 前驱体,并在碳热还原过程中沉积无定形碳层,是一种实现复合的有效策略。这种方式最大的优势是实现了活性物质与碳材料的有效接触,抑制了活性物质晶粒的生长,解决了碳材料和活性物质的团聚问题。

这里介绍一种采用湿化学法在无机碳材料(CNT)表面生长 LiFe$_{0.5}$Mn$_{0.5}$PO$_4$ 正极材料的可行方法。该复合材料实现了无机碳材料和活性物质的有效接触,无机碳材料和有机碳源热解的无定形碳层共同组成的碳网络有效增强了 LFMP 材料的导电性能,进而增强了材料的离子扩散性能以及倍率性能、循环性能等电化学性能。

三、仪器与试剂

1.仪器

仪器名称	型号	生产厂家
水热反应釜	LB500-SF	上海莱北科学仪器有限公司
电子天平	AUW120	日本岛津仪器有限公司
鼓风干燥箱	BPG-9030AH	上海和呈仪器制造有限公司
循环水式多用真空泵	SHB-Ⅲ	郑州长城科工茂有限公司
管式炉	OTF-1200X	合肥科晶材料技术有限公司
电化学工作站	VersaSTAT-4	美国普林斯顿仪器公司
行星式球磨机	XQM-2L	长沙天创粉末技术有限公司
电池测试系统	LAND CT2001A	武汉蓝电电子有限公司
手套箱	LS800	成都德力斯实业有限公司
自动涂布机	GTB350D-410A01	深圳善营自动化设备有限公司
纽扣电池封装机	MSK-110	合肥科晶科技有限公司
磁力搅拌器	DF-101S	巩义予华仪器设备有限公司

2.试剂

试剂名称	化学式	纯度	生产厂家
一水氢氧化锂	LiOH·H$_2$O	电池级	赣锋锂业集团股份有限公司
一水葡萄糖	C$_6$H$_{12}$O$_6$·H$_2$O	分析纯	国药集团化学试剂有限公司
无水乙醇	C$_2$H$_5$OH	分析纯	国药集团化学试剂有限公司
硫酸亚铁	FeSO$_4$·7H$_2$O	分析纯	国药集团化学试剂有限公司
硫酸亚锰	MnSO$_4$·H$_2$O	分析纯	国药集团化学试剂有限公司
磷酸	H$_3$PO$_4$	分析纯	国药集团化学试剂有限公司
碳纳米管	C	电池级	东莞科路得创新科技有限公司
乙炔黑	C	电池级	上海汇平新能源有限公司

续表

试剂名称	化学式	纯度	生产厂家
聚乙烯隔膜	PE	电池级	美国 Celgard 公司
聚偏氟乙烯	PVDF	电池级	Elf Atochem 公司
电解液	$LiPF_6/EC:DMC:EMC$	电池级	深圳贝克能源科技有限公司
N-甲基吡咯烷酮	C_5H_9NO	分析纯	上海阿拉丁试剂有限公司
锂片	Li	电池级	天津中能锂业有限公司
铝箔	Al	电池级	深圳贝克能源科技有限公司
泡沫镍	Ni	电池级	深圳贝克能源科技有限公司
正负极壳	/	电池级	深圳贝克能源科技有限公司

四、实验步骤

图 1 展示了无机碳材料 CNT 与 $LiMn_{0.5}Fe_{0.5}PO_4$ 活性物质进行复合的合成示意图,用于制备 CNT/LFMP 复合材料。具体过程如下:

（1）共沉淀过程（co-precipitation process）:将 x g($x=0.25$、0.5 和 1)碳纳米管（CNT）加入一定量去离子水中进行预先分散,随后加入 0.05mol $FeSO_4 \cdot 7H_2O$、0.05mol $MnSO_4 \cdot H_2O$、0.27mol $LiOH \cdot H_2O$ 以及 0.1mol 的 H_3PO_4,搅拌均匀。

（2）水热过程（hydrothermal process）:将上述悬浊液加入 500mL 反应釜中。水热温度 200℃,保温 10h,60℃出料,过滤,水洗 3 遍,80℃烘干 12h。在这个过程中,沉淀产物在 CNT 表面实现湿法锂化反应。

（3）烧结过程（sintering process）:将水热得到的前驱体 H-CNT/LFMP 与 20% 葡萄糖球磨混合（600.0r/min,6h）,随后将混合物在 600℃惰性气氛下烧结 5h。5℃/min 升温,自然降温至 150℃收集样品。通过球磨混合有机碳源,在热处理后可在 CNT/LFMP 颗粒表面沉积一层无定形碳层,并增强 LFMP 的结晶性,这个过程实现了 LFMP 与 CNT 的有效接触,并有效地防止了 LFMP 纳米颗粒从 CNT 表面聚集和脱落,对于构建具有良好导电网络的 LMFP 电极具有积极意义。

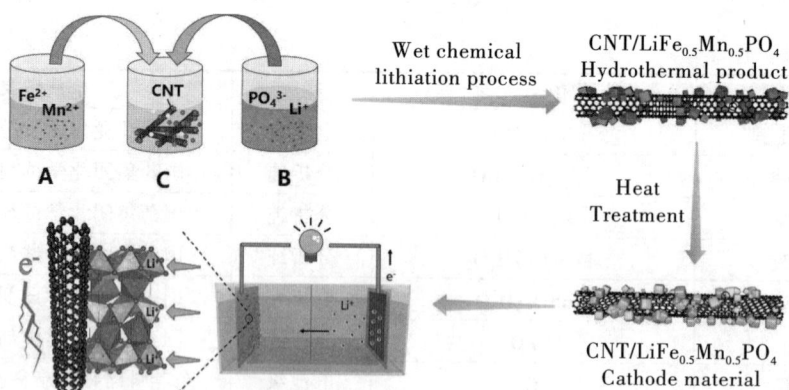

图 1　CNT/LFMP 合成示意图

五、结构与性能表征

采用X射线衍射(XRD)对所得样品进行物相分析;采用电感耦合等离子发射光谱仪(ICP)对所得样品进行Li、Fe、Mn、P元素比例分析;采用扫描电子显微镜(SEM)和透射电子显微镜(TEM)对所得样品的形貌和粒径进行观察分析;采用碳硫仪对复合材料中的碳含量进行检测;采用Raman分析对复合材料中碳的石墨化程度进行分析;制备纽扣电池(以锂片为负极),对所得正极材料进行电化学测试。电池组装与电化学测试的详细过程如下。

1.电池装配流程

(1)正极材料制备

将合成的LFMP粉末与导电剂(如导电炭黑、乙炔黑)和黏结剂(如聚偏氟乙烯,PVDF)按一定质量比例混合。通常,LFMP占70%~80%,导电剂占10%~15%,黏结剂占5%~10%。将这些材料与一定量的溶剂(如NMP,N-甲基吡咯烷酮)混合,形成均匀的浆料。

(2)电极涂覆

将调制好的浆料均匀地涂覆在铝箔集流体上,涂层的厚度应适中,通常为50~100μm。涂覆完成后,将电极片放入真空干燥箱中,在60~80℃下干燥,确保溶剂完全挥发,得到干燥的正极片。

(3)电极裁切

将干燥后的正极片裁切成适合纽扣电池尺寸的小片,通常直径为12~14mm,以适应常规CR2032纽扣电池壳。

(4)电池装配

在手套箱(惰性气氛,如Ar气氛,水含量低于1×10^{-6},氧含量低于1×10^{-6})中组装纽扣电池。电池的基本结构如下:

-正极片:裁切好的LFMP正极材料。

-隔膜:通常选用微孔聚丙烯或聚乙烯隔膜(如Celgard 2400),隔膜用于隔离正极与负极,防止电池短路。

-电解液:采用商用的锂电池电解液,通常为含有1M LiPF$_6$的碳酸酯类溶剂(如EC/DMC,碳酸乙烯酯/碳酸二甲酯),确保其具有良好的离子导电性。

-负极:使用金属锂片作为负极材料,裁剪成与正极片相同大小。

电池的具体装配步骤为:

在电池壳的底部放入金属锂片作为负极;放置隔膜以隔离正负极;在隔膜上加入适量的电解液,确保隔膜和电极片充分浸润;将正极片放置在隔膜上;加入弹簧片和垫片,最后将纽扣电池的盖子压紧。

2.电化学测试

电池装配完成后,可以对其进行各种电化学性能测试,以评估材料的电池性能。这些测试通常包括恒流充放电测试、循环寿命测试、倍率性能测试以及电化学阻抗谱(EIS)等。

(1)恒流充放电测试

测试设备:

使用电池测试系统(如 LAND 或 Neware 测试设备)进行恒流充放电测试。

测试参数:

–充放电电压范围:一般测试时电压窗口设置在 2.5V 至 3.5V 之间。

–电流密度:初始测试时通常使用 0.1C 或 0.2C 的电流密度,1C 表示 1h 完全充满或放完电,0.1C 表示需要 10h 完成一次充电或放电过程。具体电流由电池的实际容量决定,例如,如果电池容量为 150mA·h,0.1C 对应的电流为 15mA。

–测试温度:室温(25℃)下进行。

测试目的:

通过恒流充放电测试,获得 LFMP 电池的初始比容量(mA·h/g),从而评估其充放电性能。

(2)倍率性能测试

测试流程:

倍率性能测试是通过在不同充放电速率(如 0.1C、0.5C、1C、2C、5C)下对电池进行充放电循环,评估其在高倍率下的性能保持能力。

测试参数:

–充放电电流:从低倍率(0.1C)逐渐增加到高倍率(5C),每个倍率下循环 3~5 次,以观察电池在不同倍率下的比容量变化。

–测试电压范围:仍设定在 2.5V 至 3.8V 之间。

测试目的:

该测试能够评估电池材料的动力性能,特别是在高倍率下的容量保持率,以及电池材料的快速充放电能力。

(3)循环寿命测试

测试流程:

在固定的充放电倍率下(通常为 1C 或 0.5C),对电池进行数百次的充放电循环,以评估其长期循环稳定性。

测试参数:

–循环次数:常规测试设置为 300~1000 次循环,记录每次循环的比容量变化。

–循环倍率:通常使用 1C 或 0.5C 的电流进行长期测试。

–测试温度:在室温和高温条件(如 60℃)下分别进行,以考察电池材料在不同温度下的稳定性。

测试目的:

该测试主要用于评估 LFMP 正极材料的循环寿命及容量衰减情况。理想的材料在经过数百次循环后,其容量保持率应高于 80%。

（4）电化学阻抗谱（EIS）测试

测试设备：

采用电化学工作站（如CHI660或Bio-Logic设备）进行阻抗测试。

测试参数：

-频率范围：测试频率范围通常为10^{6}Hz到10^{-2}Hz。

-扰动电压：设置为5~10mV的小幅正弦波。

-测试条件：在充电态和放电态分别测试电池的阻抗，以评估电极材料的界面阻抗和电解液的离子电导率。

测试目的：

通过EIS测试可以分析电池的内阻、界面阻抗以及电荷转移阻抗等信息，从而判断材料的电化学反应速率和导电性。

3. 结果分析

-比容量分析：通过恒流充放电曲线，计算电池的放电比容量（mA·h/g）。

-倍率性能分析：观察不同倍率下的比容量保持率，以评估材料的快速充放电能力。

-循环寿命分析：根据循环次数与比容量的变化，确定电池的容量保持率，评估材料的长期稳定性。

-阻抗谱分析：通过Nyquist图中的半圆直径和斜线角度，分析界面电阻和扩散阻力，判断电池的导电性和界面稳定性。

六、思考题

1.碳材料对磷酸盐正极材料起到了怎样的积极作用？

2.试讨论不同碳含量比例对电池性能会产生怎样的影响。

七、参考文献

［1］Lei X, Zhang H, Chen Y, et al. A three-dimensional LiFePO$_4$/carbon nanotubes/graphene composite as a cathode material for lithium-ion batteries with superior high-rate performance ［J］.Journal of Alloys and Compounds, 2015, 626: 280-286.

［2］Kinloch IA, Suhr J, Lou J, et al.Composites with carbon nanotubes and graphene: An outlook ［J］.Science, 2018, 362(6414): 547-553.

［3］Wang B, Liu A, Abdulla W Al, et al.Desired crystal oriented LiFePO$_4$ nanoplatelets in situ anchored on a graphene cross-linked conductive network for fast lithium storage ［J］. Nanoscale, 2015, 7(19): 8819-8828.

八、拓展阅读

实验 58 NiCo₂S₄@CNTs 负极材料的制备及电池性能测试

一、实验目的

1. 了解钠离子电池负极材料。
2. 学会钠离子半电池的组装和电化学性能测试。

二、实验原理

近年来,随着新能源汽车产业和大规模电化学储能系统的高速发展,全球对锂资源的需求量持续增加,已开始显现供给短缺压力。相比于锂资源(0.00655%),地球上的钠资源储量丰富(2.75%)、分布广泛、不受地理区域的限制,且提取技术简单。钠离子电池具有成本低、安全性较高等优点,在动力电池和储能领域具有广阔的应用前景,高性能电极材料的研发是推动钠离子电池产业化的关键。在充放电过程中,负极材料仍存在钠离子半径大造成的钠离子扩散动力学差、电极材料的结构易破裂,导致其循环性能差的问题。探究一种兼具高比容量和长循环性能的负极材料,是推动钠离子电池发展的关键。在目前研究较多的三类负极材料中,碳基材料中的石墨负极储钠性能不佳,且硬碳存在产碳率低、储钠反应过程不明确及首次库伦效率低等问题;合金类负极材料由于严重的体积膨胀效应,大多存在循环性能差的问题;金属硫化物负极材料具有较高的理论比容量及容易制备等优点,在负极材料的研究中有很大的研究价值。其中,镍钴双金属硫化物($NiCo_2S_4$)电极材料具有较高的理论比容量(703.0mA·h/g)、丰富的氧化还原活性位点以及两种金属之间产生协同作用等优势,是一种具有较大发展潜力的钠离子电池负极材料。基于$NiCo_2S_4$负极材料在嵌/脱钠过程中存在的结构和体积变化大、反应产物易团聚,导致其循环性能及倍率性能较差的问题,构建碳复合材料可有效抑制充放电过程中反应中间产物的团聚、体积膨胀,更有利于增强电极材料的结构稳定性和导电性,进而改善其循环性能和倍率性能。在碳材料中,碳纳米管(CNTs)具有导电性好、比表面积大、机械强度好等优点而备受关注。在结构设计中,CNTs 的修饰能形成三维导电网络结构,有效缓冲电化学循环过程中 $NiCo_2S_4$ 材料的结构变化,从而保持材料的结构稳定性。因此,设计将纳米片状结构的 $NiCo_2S_4$ 原位生长在具有交联结构的 CNTs 上,借助于 CNTs 的网状结构和优异的导电性来改善 $NiCo_2S_4$ 材料的循环性能和倍率性能。

本实验采用两步溶剂热法将纳米片状结构的 $NiCo_2S_4$ 原位生长在 CNTs 的表面,构建具有三维网状结构的 $NiCo_2S_4@CNTs$ 材料,并测试其储钠性能。

三、仪器和试剂

1.仪器

100mL烧杯	2只
电子分析天平	1台
水热反应釜	1只
磁力搅拌器	1台
控温烘箱	1台
鼓风干燥箱	1台
超级净化手套箱	1台
Land电池测试仪	1台
手动封口机	1台
真空干燥箱	1台

2.试剂

乙酸镍	A.R.
乙酸钴	A.R.
尿素	A.R.
硫脲	A.R.
多壁碳纳米管	A.R.
蒸馏水	自制
N-甲基吡咯烷酮	A.R.
聚偏氟乙烯(PVDF)	A.R.
Super P	电池级
金属钠	电池级
铜箔	电池级

四、实验步骤

1.样品的制备

按化学计量比将 8mmol $Co(CH_3COO)_2 \cdot 4H_2O$ 和 4mmol $Ni(CH_3COO)_2 \cdot 4H_2O$ 加入 60mL 的 H_2O 中,溶解完全后,加入 12mmol 的 $CO(NH_2)_2$,待溶液溶解完全后,将上述溶液转移到

100mL的反应釜中,反应温度为120℃,反应时间为6h。反应完成后,用 H_2O 离心洗涤反应釜中的沉淀物3次,再在60℃下烘干,得到 $NiCo_2S_4$ 的前驱体。在硫化处理NiCo前驱体的过程中加入酸化处理的CNTs,称取0.1g的前驱体和0.4g硫脲加入 60mL 的 H_2O 中并搅拌2h,转移到100mL的反应釜中,在180℃下反应12h。当反应温度降低至室温时,将反应釜中的沉淀物用 H_2O 离心洗涤3次,并将所制备的样品在60℃下干燥,得到最终材料。CNTs经过酸化处理后其表面富有羟基(–OH)、羧基(–COOH)等官能团,有利于金属化合物的原位生长。

2.样品的表征

采用 Bruker D8 型号的 X 射线衍射仪分析所制备样品的晶体结构,通过 Hitachi S-4800 型的扫描电子显微镜分析所制备样品的微观形貌。

3.溶剂热法制备 VO_2@CC 的电池组装和测试

电化学性能的测试主要是通过组装2025型纽扣电池来进行表征,首先,工作电极的制备按照8∶1∶1的比例将活性材料、Super-P、聚偏氟乙烯(PVDF)分散在N-甲基吡咯烷酮中,随后均匀涂覆在铜箔上,在鼓风干燥箱中80℃下烘干6h后,将其放置在110℃的真空干燥箱中继续干燥12h。为了防止电极材料的脱落,通过辊压机对电极材料进行辊压,辊压机的设置参数按照涂覆材料厚度(极片厚度–铜箔厚度)的80%来设置。最后通过裁片机将其裁成直径为14mm的电极片。电池的组装在氧含量和水含量均低于 $0.1×10^{-6}$ 的手套箱中进行,按照负极壳→钠片→隔膜→电解液→电极片→钢片→弹簧片→正极壳的顺序进行 CR2025 型纽扣半电池的组装。采用 Land 电池测试系统测试实验电池的充放电性能,电压范围在 0.01~3.0V,实验中分别选用50mA/g、100mA/g、200mA/g恒流放电模式。

五、实验结果与处理

1.通过 X 射线衍射仪和 SEM 表征分析所制备样品的晶体结构和微观形貌。

2.以电压为纵坐标、比容量为横坐标,绘制电池充放电曲线图,分析该材料在充放电过程中的电化学性能。

六、思考题

1.讨论反应条件对所制备材料微观形貌的影响。

2.根据充放电曲线图分析所制备材料在储钠过程中的反应方程式。

七、参考文献

[1]Perveen T,Siddiq M,Shahzad N,et al.Prospects in anode materials for sodium ion batteries–A review [J].Renewable & Sustainable Energy Reviews,2020,119:109549.

［2］Yu X,Low X.Mixed metal sulfides for electrochemical energy storage and conversion ［J］. Advanced Energy Materials,2018,8(3):1701592.

［3］Oh S,Lee S,Oh M.Zeolitic imidazolate framework-based composite incorporated with well-dispersed CoNi nanoparticles for efficient catalytic reduction reaction ［J］.ACS Applied Materials & Interfaces,2020,12(16):18625-18633.

［4］Peng T,Yi H,Sun P,et al.In situ growth of binder-free CNTs@Ni-Co-S nanosheets core/shell hybrids on Ni mesh for high energy density asymmetric supercapacitors ［J］.Journal of Materials Chemistry A,2016,4(22):8888-8897.

八、拓展阅读

锂离子电池负极材料 Na₂Li₂Ti₆O₁₄ 的制备和结构表征

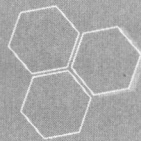

一、实验目的

1. 通过实验掌握制备 $Na_2Li_2Ti_6O_{14}$ 负极材料所使用的固相制备方法。

2. 通过测定 $Na_2Li_2Ti_6O_{14}$ 材料的 XRD 粉末衍射数据,掌握 $Na_2Li_2Ti_6O_{14}$ 负极材料的结构特征。

二、实验原理

由于具有高能量密度、长循环稳定性及绿色环保等优点,锂离子电池成为当今社会的主流电源,被广泛应用于移动电子设备、不间断电源。一种具有高能量密度及能快速大功率充放电的锂离子电池成为人们研究的重点。锂离子电池总比容量取决于组成电池的各元件的共同作用,其性能的提高依赖于电极材料的发展。作为参与反应的主要部分,负极材料的研究是决定锂离子电池比容量、循环寿命及充放电性能的关键参数之一。作为最早商业化的负极材料,石墨的嵌锂电压近似于金属锂,存在一定的安全问题。开发出一种高稳定性和安全性的锂离子动力电池的关键在于研究材料的结构性质。钛基负极材料是目前研究较多的安全型负极材料,该材料可逆性良好,工作电压较高,且具有成本低廉的优势,其中 $Na_2Li_2Ti_6O_{14}$ 材料受到了极为广泛的关注。$Na_2Li_2Ti_6O_{14}$ 材料属于正交晶系(Fmmm),其晶体结构如图 1 所示,由钛氧八面体共棱和共顶点组成基本骨架,锂氧四面体交错排列在钛氧八面体形成的隧道结构中,在进行充放电时 Li^+ 在这些隧道中嵌入和脱出,$Na_2Li_2Ti_6O_{14}$ 材料的晶格常数 a、b 和 c 分别为 16.478、5.736 和 11.222Å。该材料的电压平台为 1.25V(vs.Li/Li⁺),高于碳材料,一方面可避免金属锂在低电位下的沉积,从而避免锂枝晶现象,另一方面,与其他正极材料匹配能构筑高电压和高能量密度的锂离子电池。基于 Ti^{3+}/Ti^{4+} 的氧化还原反应,该材料的理论比容量(281.6mA·h/g)高于钛酸锂,晶体结构有利于锂离子的嵌入和脱出,且电压平台低于钛酸锂($Li_4Ti_5O_{12}$),与正极材料组成全电池使用时,能为整个电池提供更高的能量密度,且在锂离子嵌/脱锂过程中,$Na_2Li_2Ti_6O_{14}$ 材料仅仅起到支撑骨架结构的作用,可保持较高的循环稳定性。因此,该材料被认为是一种能够替代 $Li_4Ti_5O_{12}$ 的新型锂离子电池负极材料。

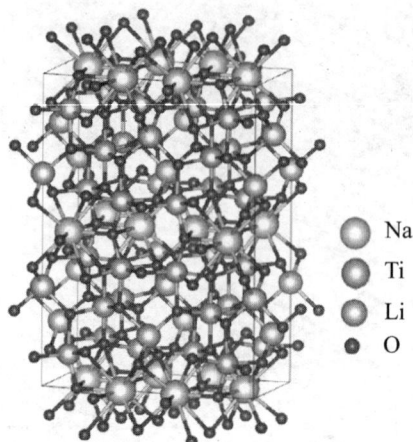

图1 $Na_2Li_2Ti_6O_{14}$负极材料的晶胞结构示意图

本实验中拟采用乙酸锂、乙酸钠和二氧化钛等作为原材料,通过常用的高温固相反应制备$Na_2Li_2Ti_6O_{14}$粉体,并通过XRD粉末衍射测定材料的物相,经Jade软件计算确定所得样品的晶体结构和晶胞参数,并与理论值相比较。

三、仪器和试剂

1. 仪器

玛瑙球磨缸	1套
玛瑙研钵	1套
高速球磨机	1台
马弗炉	1台
氧化铝坩埚	1支

2. 试剂

乙酸锂	A.R.
乙酸钠	A.R.
二氧化钛	A.R.
无水乙醇	A.R.

四、实验步骤

1. 前驱体的制备

首先以1:1:3的摩尔比分别称量乙酸锂、乙酸钠和TiO_2,将所有原料加入玛瑙球磨缸中,再向缸中加入10mL的无水乙醇溶液。随后将球磨缸置入球磨机中以180r/min的转速球磨

6h。球磨后,取出白色浆状物后,放入鼓风干燥箱中 60℃下干燥 6h,得到白色粉末前驱体。

2.样品的高温制备

在空气气氛下,将白色粉末放入坩埚中,将其置入马弗炉内在 750℃温度下进行 8h 的热处理,待马弗炉自然降温后获得样品。

3.样品的粉末衍射数据测定和处理

观察样品的颜色,并通过 X 射线衍射仪收集所得样品的粉末衍射数据。

五、实验结果与处理

将所测得的粉末衍射数据导入 Jade 软件,与标准图谱进行比对,确定是否制备了预期样品,是否存在杂质。

六、思考题

1.所使用的原料种类是否会影响 $Na_2Li_2Ti_6O_{14}$ 材料的制备?

2.反应温度和反应试剂是否会影响所制备样品的结晶度和纯度?

七、参考文献

[1] J Shu,K Wu,P Wang,et al. Lithiation and delithiation behavior of sodium lithium titanate anode[J].Electrochim.Acta.,2015,173:595-606.

[2] P Wang,P Li,T F Yi,et al.Improved lithium storage performance of lithium sodium titanate anode by titanium site substitution with aluminum[J].J.Power.Sources,2015,293:33-41.

八、拓展阅读

实验60   MOF 模板法制备纳米笼结构的 $NiCo_2S_4$ 材料

一、实验目的

1. 了解 MOF 模板法的基本概念及特点。

2. 掌握高温高压下溶剂热制备中空纳米笼结构 $NiCo_2S_4$ 材料的特殊方法和操作的注意事项。

二、实验原理

金属有机骨架(MOFs)是由金属离子(如 Zn^{2+}、Co^{2+}、Cu^{2+}、Ni^{2+} 等)或金属簇和有机配体(如羧酸类、咪唑类、卟啉类等)通过配位键构成的晶体框架。通过调整金属离子、配体的类型或控制其生长速度、取向等条件,可以合成形态各异、结构不同的 MOFs。MOFs 通常具有孔道结构高度有序、孔隙率高、比表面积大、孔径可调、活性位点丰富、形态可控和成分复杂等优点,因此被广泛应用于众多领域,如可充电电池、超级电容器、催化、气体吸附、生物医药等领域。沸石咪唑酯结构(zeolitic imidazolate frameworks,ZIFs)是经典的 MOFs 之一,它可以由 2-甲基咪唑和含二价过渡金属离子(如 Co^{2+}、Zn^{2+})的盐在室温条件下快速制备而成。在储能领域中,MOFs 具有丰富的元素组成和可调孔隙结构,其中 MOFs 独特的孔隙结构有助于增加电解液渗透和离子扩散及保证高容量及其丰富的电化学活性位点;金属中心的存在可以促进赝电容能量存储,大的比表面积可以有效改善电解质与材料的相互作用。但是由于 MOFs 本身具有较差的化学稳定性和低的电导率,因此在储能领域,在设计定制好 MOFs 成分和结构后,通常以 MOFs 为前驱体,对其进行预处理并成功制备 MOFs 衍生物,主要包括多孔碳、金属氧化物、金属硫化物等。这些衍生物除了继承 MOFs 独特的结构属性,如高孔隙率和大的比表面积,还可获得分级结构的孔隙、高电导率及稳定的结构等优点,从而提高储能材料的电化学性能。

金属硫化物种类丰富、具有相对较高的容量和电导率,在锂离子电池、钠离子电池等能量储存与转换领域具有重要的应用价值。其中,镍钴双金属硫化物($NiCo_2S_4$)材料具有比单金属硫化物更丰富的氧化还原活性位点、两种金属之间能产生协同作用,使得双金属硫化物具有更优异的电化学性能。

本实验中拟采用MOF模板法制备具有中空纳米笼结构的$NiCo_2S_4$材料。

三、仪器和试剂

1. 仪器

50mL烧杯	3只
100mL烧杯	1只
电子分析天平	1台
水热反应釜	1只
磁力搅拌器	1台
控温烘箱	1台
鼓风干燥箱	1台

2. 试剂

硝酸镍	A.R.
硝酸钴	A.R.
硫代乙酰胺	A.R.
二甲基咪唑	A.R.
甲醇	A.R.
乙二醇	A.R.
蒸馏水	自制
无水乙醇	A.R.

四、实验步骤

1. 样品的制备

首先将1.2g 2-甲基咪唑(2MI)溶解在15mL甲醇中,将2.0mmol $Co(NO_3)_2 \cdot 6H_2O$和1.0mmol $Ni(NO_3)_2 \cdot 6H_2O$加到35mL甲醇中并搅拌30min。待溶解完全后,将两种甲醇溶液混合在一起形成紫色混合溶液,在磁力搅拌器上继续搅拌2h。将4.0mmol硫代乙酰胺(TAA)溶解在H_2O和乙二醇(EG)的混合溶液中作为硫源,在剧烈搅拌下将硫源缓慢滴入紫色混合溶液中。继续搅拌6h后,将其转移至容量为100mL的反应釜中进行反应,反应温度为180℃,反应时间为12h。待反应结束后,用H_2O和无水乙醇洗涤并过滤反应沉淀物,在温度为60℃的鼓风干燥箱中干燥6h,得到最终样品。

2. 样品的表征

采用Bruker D8型号的X射线衍射仪分析所制备样品的晶体结构,通过Hitachi S-4800

型的扫描电子显微镜分析所制备样品的微观形貌。

五、实验结果与处理

1.将所测得的粉末衍射数据导入Jade软件,与标准图谱进行比对,确定是否制备了预期样品,是否存在杂质。

2.在SEM表征中,观察得到的样品是否为中空纳米笼结构。

六、思考题

1.试写出溶剂热过程制备所得样品的反应方程式?

2.乙二醇和蒸馏水的比例是否会影响所制备样品的形貌?

七、参考文献

[1] Li Q, Zhang W, Peng J, et al. Metal-organic framework derived ultrafine Sb@porous carbon octahedron via in situ substitution for high-performance sodium ion batteries [J]. ACS Nano, 2021, 15(9):15104-15113.

[2] Oh S, Lee S, Oh M. Zeolitic imidazolate framework-based composite incorporated with well-dispersed CoNi nanoparticles for efficient catalytic reduction reaction [J]. ACS Applied Materials & Interfaces, 2020, 12(16):18625-18633.

[3] Miao Y, Zhao X, Wang X, et al. Flower-like $NiCo_2S_4$ nanosheets with high electrochemical performance for sodium-ion batteries [J]. Nano Research, 2021, 13(11):3041-3047.

八、拓展阅读

实验 61　不同锰量掺杂 $LiFePO_4$ 的改性研究

一、实验目的

1. 掌握溶剂热法制备 $LiFePO_4$。
2. 掌握不同 Mn 量掺杂对 $LiFePO_4$ 的结构、组成以及电化学性能影响的分析方法。

二、实验原理

本实验选择溶剂热法制备 $LiFePO_4$。相比于高温固相法、水热法、溶胶-凝胶法的方法，溶剂热法的制备工艺较为成熟，操作过程简单，使用有机溶剂作为反应条件，可以更好地利用溶剂的本身特性，制备的样品具有结晶度高、粒径更小、颗粒分布均匀等优点。通过调节 Mn 的掺杂量来改性 $LiFePO_4$，利用 X 射线衍射仪分析材料的组成，同时利用扫描电镜以及透射电镜分析材料的形貌和尺寸，最后利用电化学工作站、电池测试系统对不同 Mn 掺杂量的 $LiFePO_4$ 组装电池进行电化学性能的研究。

三、仪器与试剂

1. 仪器

仪器名称	型号	生产厂家
电热鼓风干燥箱	DHG-9070A	邢台润联科技开发有限公司
真空恒温干燥箱	DZF-6126	上海一恒科学仪器有限公司
管式炉	OTF-1200X	天津中环电炉有限公司
电子分析天平	FA2104B	上海精密仪器仪表有限公司
磁力搅拌器	LDZM-60KCS	上海申安仪器有限公司
平板涂覆机	MSK-AFA-SC200	深圳科晶智达科技有限公司
X射线衍射仪	SmartLab	上海力晶科学仪器有限公司
透射电子显微镜	JEM-200CX	日本JBOL公司
扫描电子显微镜	S-3400N	日立公司
水热反应釜	DHG-9070A	邢台润联科技开发有限公司
手动切片机	MSK-T10	深圳科晶智达科技有限公司

续表

仪器名称	型号	生产厂家
封口机	MSK-110	深圳科晶智达科技有限公司
新威电池测试系统	CE/CT-6000	深圳市新威尔电子有限公司
电化学工作站	CHI750D/760D	上海辰华有限公司
离心机	DILITCEN 22	苏州贝锐仪器科技有限公司

2.试剂

分析纯七水合硫酸亚铁（$FeSO_4 \cdot 7H_2O$）、氢氧化锂（$LiOH \cdot H_2O$）、硫酸锰（$MnSO_4 \cdot H_2O$）、磷酸（H_3PO_4）、抗坏血酸、乙二醇、无水乙醇、葡萄糖、六氟磷酸锂、碳酸乙烯酯、碳酸二甲酯、碳酸甲乙酯、聚偏氟乙烯、电池隔膜、锂片、扣式电池壳、铝箔等。

四、实验步骤

1.不同Mn掺杂量的$LiFePO_4$材料的制备

（1）在聚四氟乙烯内衬中加入0.04mol的$FeSO_4 \cdot 7H_2O$、$MnSO_4 \cdot H_2O$（其中，Fe和Mn的摩尔比例为97:3、95:5、93:7和90:10）制备了不同掺杂量的掺杂组，空白组命名为M0，而掺杂组按照掺杂比例的提高，其余按顺序命名为M1、M2、M3和M4，同时加入0.2g的抗坏血酸来充当抗氧化剂，防止Fe^{2+}的氧化。再向反应釜中加入28mL乙二醇，经过磁力搅拌使粉末充分溶解。之后，向反应釜中加入磷酸和乙二醇的混合溶液（0.461g H_3PO_4+7mL乙二醇），搅拌20min后，继续加入氢氧化锂溶液（0.504g $LiOH \cdot H_2O$+5mL H_2O），搅拌2h后转移至不锈钢反应釜，在精密鼓风干燥箱中进行反应（180℃，12h）。

（2）将反应后得产物倒入离心罐，用去离子水和无水乙醇交替离心三次，离心转速为4000r/min，将离心沉淀物与0.08g葡萄糖在培养皿中搅拌均匀，再在真空干燥箱中80℃的条件下干燥10h。

（3）待混合物完全干燥后，用药匙刮下固体样品于研钵中研磨，然后将研磨后的粉末放入石英坩埚中，置于管式炉里并在氮气氛围里烧结，设置升温程序起始温度为30℃，升温速率为5℃/min，先升至350℃保温3h，后继续以同样的升温速率升温至650℃，保温8h。烧结完成后，待管式炉降至室温后，取出石英坩埚，将样品再一次进行充分研磨，得到$LiFe_{1-x}Mn_xPO_4$/C正极材料。

2.不同的$LiFePO_4$材料组装锂离子电池

（1）用电子天平分别称取5份聚偏氟乙烯（FVDF，0.05g）、导电炭黑（Super-P，0.05g）和$LiFe_{1-x}Mn_xPO_4$/C正极材料（0.40g）1:1:8备用。

（2）用移液枪取1.8mL N-甲基吡咯烷酮（NMP）溶液分别加入5个已放入磁力搅拌器的烧杯中，将上述称量好的5份0.05g PVDF黏结剂分别加入NMP溶液中，搅拌30min至完全溶解。然后分别加入 0.05gSuper-P 到上述溶液中搅拌 1h,接着分别加入不同 Mn 掺杂量的 $LiFe_{1-x}Mn_xPO_4/C$ 正极材料搅拌 1.5h,制备电极涂覆浆料。

(3)利用涂覆仪将五种浆料以厚度为 100μm 涂覆在铝箔上,并将浆料涂覆后的极片材料电极放入真空烘箱 60℃干燥过夜,烘干后放入切片机裁片成直径 12mm 的正极圆形薄片。将正极片放入充满氩气的手套箱进行组装。以 1mol/L 的 $LiPF_6$ 为电解液溶质,以体积比碳酸乙烯酯(EC):碳酸甲乙酯(EMC)=3:7 的混合溶液为溶剂配制成所需电解液。按照正极壳、正极片、电解液、隔膜、电解液、锂片、垫片和负极壳的顺序进行分装。将电池带出手套箱以备后续测试。

3.实验表征方法

(1)通过 X 射线衍射仪测定不同 Mn 掺杂量的 $LiFe_{1-x}Mn_xPO_4/C$ 正极材料的结构组成,并用 pdf 标准卡片进行对比确定成分。

(2)利用扫描电镜、透射电镜观察不同材料的形貌和尺寸分布。

(3)循环伏安法以及电化学阻抗测试。

对五种不同的正极材料组装的电池接入电化学工作站上,其中工作站的红线、白线接电池的负极,绿线、黑线接电池的正极。对电池接入工作站的循环伏安法测试程序,测试设置的初始电位为 3.20V,最高电位为 4.50V,灵敏度为 $1×10^{-6}$,扫速为 0.10mV,测试温度为 25℃,得到不同电池的循环伏安曲线,观察是否有多个氧化还原峰。不同 Mn 掺杂量的 $LiFe_{1-x}Mn_xPO_4/C$ 正极材料的 EIS 谱图测试,测试设置频率范围为 $10^{-2}~10^5Hz$,振幅为 5.0mA。

(4)充放电性能测试。

①首次充放电特性及倍率性能分析

首次充放电测试是为了计算电池的首次库仑效率(initial coulombic efficiency,ICE),即首次放电容量与首次充电容量的比值。这一数值大小可以说明电极材料的副反应程度。一般来说该值越高,副反应越少,材料的充放电可逆性越好。

$$ICE = \frac{C_{discharge}}{C_{charge}} × 100\%$$

倍率测试指锂电池的放电速率,通常用 C 表示。C 值越大,表示锂电池的放电速率越快。例如,一个 1C 的锂电池,即可以在 1h 内将全部电量放出;而一个 2C 的锂电池,即可以在半个小时内将全部电量放出。因此,倍率可以用来衡量锂电池的放电性能。体现材料的快速充放电能力,特别是大倍率下,材料的放电容量越高,倍率性能越好,材料的快速充放电能力良好。使用新威电池测试系统对 5 种样品的首次充放电性能和 0.2C、1.0C 和 2.0C 循环下倍率性能进行测试。

②循环性能分析

电池的循环性能在特定充放电制度下,电池的容量下降到某一值时所经历的充放电次数。这一数值能够衡量电池的寿命评价。使用新威电池测试系统对 5 种样品在 0.5C、200 圈充放电循环性能进行测试。

五、实验结果与处理

1.利用Jade 6.0软件对X射线衍射仪得到的样品谱图进行分析,并用标准卡片进行比对。

2.利用电镜测试结果对比不同Mn掺杂量的$LiFe_{1-x}Mn_xPO_4/C$正极材料的电镜照片,得出不同Mn掺杂量对材料的形貌和尺寸的影响的结论。

3.循环伏安法曲线记录和EIS阻抗谱图记录,比较5种样品的氧化还原电位以及阻抗半径圆大小。

4.计算四种材料的首次库仑效率,比较电池的倍率性能和循环性能。

六、思考题

1.除了Mn元素的掺杂,其他元素还可以实现掺杂吗?

2.为什么Mn元素可以改变$LiFe_{1-x}Mn_xPO_4/C$正极材料的结构和性能?

七、参考文献

[1]钟起玲,张兵,丁月敏,等.微波法在碳纳米管上负载铂纳米粒子[J].物理化学学报,2007,23(3):429-432.

[2]杨绍斌,于川,邱素芬.正极材料磷酸铁锂的复合掺碳改性研究[J].电源技术,2009,33(8):658-661.

[3]文衍宣,郑绵平,童张法.掺杂元素对锂离子电池正极材料LiFePO4的影响[J].无机盐工业,2005,37(4):12-14.

[4]易惠华,戴永年,代建清,等.锂离子电池正极材料的现状与发展[J].云南化工,2005,32(1):39-42.

[5]常晓燕,王志兴,李新海,等.锂离子电池正极材料LiMnPO4的合成与性能[J].物理化学学报,2004,20(10):1249-1252.

[6]曹笃盟,李志友,周科朝.锂离子电池正极材料热稳定性研究进展[J].材料导报,2003,17(9):51-53.

[7]陈亦可.锂离子蓄电池正极材料LiFePO4的研究进展[J].电源技术,2003,27(5):487-490.

八、拓展阅读

实验 62 微波还原乙二醇法制备 Pt/C 催化剂及其结构表征

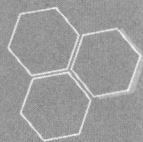

一、实验目的

1. 了解微波还原乙二醇法制备 Pt/C 催化剂的原理。

2. 掌握微波还原乙二醇法制备 Pt/C 催化剂的方法。

3. 掌握 Pt/C 催化剂的结构表征手段。

二、实验原理

微波协助乙二醇工艺结合了多元醇工艺和微波辐射的优点,是一种快速有效的制备 Pt/C 催化剂的方法。在采用乙二醇还原制备金属粒子的过程中,乙二醇被加热分解产生还原金属盐的物质,且乙二醇在反应过程中可以生成对金属粒子有稳定作用的物质;微波辐射加热能够使物质更快速、均匀地受热,从而形成更多的晶核以及具有更快的氧化还原速率,所以能够产生颗粒细小、窄粒径分布的 Pt 纳米粒子。本实验选择微波协助乙二醇还原的方法制备 Pt/C 催化剂,通过调整微波功率以及微波时间等变化来制备出不同粒径尺寸的贵金属 Pt 纳米颗粒,并对其进行结构表征分析。

三、仪器与试剂

1. 仪器

仪器名称	型号	生产厂家
超声仪	LanJ-J02	广东蓝鲸智能超声波有限公司
真空恒温干燥箱	DZF-6126	上海一恒科学仪器有限公司
电子分析天平	FA2104B	上海精密仪器仪表有限公司
微波反应器	MCR-3	河南天辰仪器设备有限公司
实验室电子 pH 计	PHS-3C 型	上海仪田精密仪器有限公司
X 射线衍射仪	SmartLab	上海力晶科学仪器有限公司
紫外分光光度计	U-3900/3900H	仪德科仪产品中心
透射电子显微镜	JEM-200CX	日本 JBOL 公司

2.试剂

Vulcan XC-72碳黑、乙二醇、异丙醇、氢氧化钠、$H_2PtCl_6 \cdot 6H_2O$、无水乙醇、盐酸、超纯水、pH缓冲液。

四、实验步骤

1.盐溶液超声处理

（1）$H_2PtCl_6 \cdot 6H_2O$的乙二醇溶液制备

准确称量分析纯的氯铂酸晶体的质量，加入一定量的超纯水全部溶解，配置浓度为 0.0386mol/L 的新制 $H_2PtCl_6 \cdot 6H_2O$ 溶液，密封低温保存。用移液管取 10mL 的 0.0386mol/L $H_2PtCl_6 \cdot 6H_2O$ 溶液与10mL乙二醇溶液超声混合形成均匀溶液。

（2）盐溶液处理

准确称量 0.04g VulcanX-72碳黑，加入 25mL 乙二醇、异丙醇（体积比为 1:1）的混合溶液中，超声20min搅拌后形成均匀的悬浮液，然后用移液枪取5mL的 $H_2PtCl_6 \cdot 6H_2O$ 的乙二醇溶液缓慢地边滴加边搅拌到上述溶液中。

2.NaOH调节溶液pH

（1）pH计的校准（见图1）

图1

①按下电源开关，电源接通后，预热30min后进行标定。

②在测量电极插座处拔去短路插座，插上工作电极，把选择开关按钮调到pH档位。

③调节温度补偿按钮，使旋钮白线对准溶液温度值。

④把斜率调节按钮顺时针旋到底（即调到100%位置）。

⑤把清洗过的电极插入pH=6.86的缓冲溶液中；调节定位调节旋钮，使仪器显示读数与该缓冲溶液当时温度下降时的pH值相一致（如用混合磷酸定位温度为100℃时，pH=6.92）。

⑥用蒸馏水清洗过的电极，再插入pH=4.00（或pH=9.18）的标准溶液中，调节斜率旋钮使仪器显示读数与该缓冲溶液中当时温度下的pH值一致，重复⑤-⑥直至不用再调节定位或斜率两调节旋钮为止，完成标定。

（2）用0.1mol/L NaOH调节上述溶液pH至10，然后放入微波反应器中，平行做9组样品。

3.微波反应制备Pt/C催化剂

分别对以上样品进行实验条件为微波功率为100W、200W和400W，微波时间为1min、10min以及20min的微波反应处理。微波完成后待样品降到室温，对样品用0.1mol/L HCl处理调节pH至4，搅拌过夜后，先用去离子水洗去多余的金属离子溶液，然后用乙醇抽滤，如此反复三次。将洗涤后样品放入80℃真空烘箱过夜干燥，再用玛瑙研钵磨成粉末。

4.Pt/C催化剂表征方法

（1）通过紫外分光光度计测定Pt金属盐在加热反应前后的变化：包含H_2PtCl_6的乙二醇溶液和0.1mol/L NaOH溶液在加热还原前、在加热还原后过滤液的紫外谱图，观察是否在260nm出现峰，对应于H_2PtCl_6是否发生还原反应。

（2）通过X射线衍射仪测定不同催化剂中Pt的晶型及存在状态（碳黑作为基底材料）。

（3）利用透射电镜观察Pt/C催化剂不同样品的形貌和尺寸分布。

五、实验结果与处理

序号	微波功率	微波时间	实验现象	紫外分光光度计（260nm）	催化剂尺寸和形貌
1					
2					
3					
4					
5					
6					
7					
8					
9					

六、思考题

1.除了乙二醇作溶剂之外还有其他试剂可以作代替吗？

2.还能改变哪些实验条件可以影响所制备的催化剂尺寸和形貌？

七、参考文献

[1]钟起玲,张兵,丁月敏,等.微波法在碳纳米管上负载铂纳米粒子[J].物理化学学报, 2007,23(3):429-432.

［2］Song S，Wang Y，Shen PK.Pulse-microwave assisted polyol synthesis of highly dispersed high loading Pt/C electrocatalyst for oxygen reduction reaction［J］.Journal of Power Sources，2007，170(1)：46-49.

［3］Chen W，Zhao J，Lee JY，et al.Microwave heated polyol synthesis of carbon nanotubes supported Pt nanoparticles for methanol electrooxidation［J］.Materials Chemistry & Physics，2005，91(1)：124-129.

［4］张军.Pt/C纳米催化剂的制备研究［J］.广州化工，2017，45(17)：44-46.

八、拓展阅读

不同合成温度的 $LiMn_2O_4$ 正极材料的电化学性能研究

一、实验目的

1.掌握不同温度下 $LiMn_2O_4$ 正极材料的合成方法。

2.掌握 $LiMn_2O_4$ 正极材料的电化学性能表征方法。

二、实验原理

锰酸锂凭借原料成本低、安全性能好的优点被广泛应用于锂离子电池的正极材料,是最具前景的电池正极材料之一。但是锰酸锂自身稳定性较差影响了电池的循环寿命,本实验以醋酸锂和乙酸锰为原料,通过在不同的合成温度下(600~900℃)制备出不同的 $LiMn_2O_4$ 正极材料,并利用物理设备如X射线衍射仪探究锰酸锂正极材料的纯度,借助电化学工作站和新威电池测试仪进一步研究不同温度下材料的电化学性能差异,得到电化学性能优异的锰酸锂正极材料,从而制备容量高、循环性能较好的锰酸锂电池。

三、仪器与试剂

1.仪器

仪器名称	型号	生产厂家
电热鼓风干燥箱	DHG-9070A	邢台润联科技开发有限公司
真空恒温干燥箱	DZF-6126	上海一恒科学仪器有限公司
管式炉	OTF-1200X	天津中环电炉有限公司
电子分析天平	FA2104B	上海精密仪器仪表有限公司
磁力搅拌器	LDZM-60KCS	上海申安仪器有限公司
平板涂覆机	MSK-AFA-SC200	深圳科晶智达科技有限公司
手动切片机	MSK-T10	深圳科晶智达科技有限公司
封口机	MSK-110	深圳科晶智达科技有限公司

续表

仪器名称	型号	生产厂家
新威电池测试系统	CE/CT-6000	深圳市新威尔电子有限公司
电化学工作站	CHI750D/760D	上海辰华有限公司
扫描电子显微镜	S-3400N	日立公司
X射线衍射仪	SmartLab	上海力晶科学仪器有限公司

2.试剂

分析纯无水醋酸锂、四水乙酸锰、无水乙醇、N-甲基吡咯烷酮、乙炔黑、六氟磷酸锂、碳酸乙烯酯、碳酸二甲酯、碳酸甲乙酯、聚偏氟乙烯、电池隔膜、锂片、扣式电池壳、铝箔。

四、实验步骤

1.不同合成温度下$LiMn_2O_4$正极材料的制备

(1)准确称量0.3g乙酸锂固体至烧杯,加入100mL无水乙醇后充分搅拌至固体完全溶解,再准确称量0.5g乙酸锰固体加入以上溶液中搅拌至混合均匀,平行准备4组样品。将混合好的溶液放入80℃电热鼓风干燥箱中,进行过夜烘干处理。

(2)待混合物完全干燥后,用药匙刮下固体样品于研钵中研磨,然后将研磨后的粉末放入石英坩埚中,置于管式炉里并在空气氛围里烧结,设置升温程序起始温度为30℃,以10℃/min的升温速率升至450℃并保温6h,然后将4组样品以10℃/min的升温速率分别升温至不同的合成温度(600℃、700℃、800℃和900℃)并保温6h,待制备的材料冷却至室温,取出石英舟,将材料转移至研钵中细细研磨,最终得到不同制备温度的$LiMn_2O_4$正极材料。

2.不同的锰酸锂正极材料组装锂离子电池

(1)用电子天平分别称取4份聚偏氟乙烯(FVDF,0.05g)、导电炭黑(Super-P,0.05g)和锰酸锂($LiMn_2O_4$,0.40g)1:1:8备用。

(2)用移液枪取1.8mL N-甲基吡咯烷酮(NMP)溶液分别加入4个已放入磁力搅拌器的烧杯中,将上述称量好的4份0.05g PVDF黏结剂分别加入NMP溶液中,搅拌30min至完全溶解。然后分别加入0.05g Super-P到上述溶液中搅拌1h,接着分别加入合成温度为600℃、700℃、800℃、900℃的$LiMn_2O_4$正极材料搅拌1.5h,制备电极涂覆浆料。

(3)利用涂覆仪将四种浆料以厚度为100μm涂覆在铝箔上,并将浆料涂覆后的极片材料电极放入真空烘箱60℃干燥过夜,烘干后放入切片机裁片成直径12mm的正极圆形薄片。将正极片放入充满氩气的手套箱进行组装。以1mol/L的$LiPF_6$为电解液溶质,以体积比碳酸乙烯酯(EC):碳酸甲乙酯(EMC)=3:7的混合溶液为溶剂配置成所需电解液。按照正极壳、正极片、电解液、隔膜、电解液、锂片、垫片和负极壳的顺序进行分装。将电池带出手套箱以备后续测试。

3.实验表征方法

（1）循环伏安法以及电化学阻抗测试

对四种不同的正极材料组装的电池接入电化学工作站上，其中工作站的红线、白线接电池的负极，绿线、黑线接电池的正极。对电池接入工作站的循环伏安法测试程序，测试设置的初始电位为3.20V，最高电位为4.50V，灵敏度为1×10^{-6}，扫速为0.10mV，测试温度为25℃，得到不同电池的循环伏安曲线，观察是否有多个氧化还原峰。不同合成温度下锰酸锂样品的EIS谱图测试，测试设置频率范围为10^{-2}~10^{5}Hz，振幅为5.0mA。

（2）充放电性能测试

①首次充放电特性及倍率性能分析

首次充放电测试是为了计算电池的首次库仑效率（initial coulombic efficiency，ICE），即首次放电容量与首次充电容量的比值。这一数值大小可以说明电极材料的副反应程度。一般来说该值越高，副反应越少，材料的充放电可逆性越好。

$$ICE = \frac{C_{\mathrm{discharge}}}{C_{\mathrm{charge}}} \times 100\%$$

倍率测试指锂电池的放电速率，通常用C表示。C值越大，表示锂电池的放电速率越快。例如，一个1C的锂电池，即可以在1h内将全部电量放出；而一个2C的锂电池，即可以在半个小时内将全部电量放出。因此，倍率可以用来衡量锂电池的放电性能。体现材料的快速充放电能力，特别是大倍率下，材料的放电容量越高，倍率性能越好，材料的快速充放电能力良好。使用新威电池测试系统对4种样品的首次充放电性能和0.2C、1.0C和2.0C循环下倍率性能进行测试。

②循环性能分析

电池的循环性能：在特定充放电制度下，电池的容量下降到某一值时所经历的充放电次数。这一数值能够衡量电池的寿命。使用新威电池测试系统对4种样品在0.5C、200圈充放电循环性能进行测试。

五、实验结果与处理

1.循环伏安法曲线记录和EIS阻抗谱图记录，比较4种样品的氧化还原电位以及阻抗半径圆大小。

2.计算四种材料的首次库仑效率，比较电池的倍率性能和循环性能。

六、思考题

1.除了合成温度对LiMn$_2$O$_4$正极材料的电化学性能有影响，还有哪些实验条件可以改变？

2.除了以上电化学测试,还有哪些测试可以评估材料的性能?

3.浆料的厚度对电池的性能是否有影响?

七、参考文献

[1]伊廷锋,岳彩波,何孝军,等.LiNi$_{0.5}$Mn$_{1.5}$O$_4$材料合成及性能的研究综述[J].电池工业,2008,13(4):262-266.

[2]王天雕,康雪雅,郭红兵,等.锂离子蓄电池材料LiMn$_2$O$_4$的循环性能和结构关系[J].电源技术,2005,29(6):343-345.

[3]钟参云,曲涛,田彦文.锂离子电池正极材料LiFePO$_4$的研究进展[J].稀有金属与硬质合金,2005,33(2):38-42.

[4]江剑兵.高温长寿命锰酸锂正极材料的合成及其改性研究[D].长沙:中南大学,2014.

[5]冯季军.尖晶石锰酸锂正极材料的离子掺杂改性研究[D].天津:天津大学,2004.

[6]谭习有.高温固相法合成尖晶石锰酸锂及其改性研究[D].广州:华南理工大学,2014.

[7]李建刚.锂离子电池用LiM$_x$Mn$_{2-x}$O$_4$正极材料的应用基础研究[D].天津:天津大学,2001.

[8]吴宇平.锂离子电池:应用与实践[M].北京:化学工业出版社,2012.

八、拓展阅读

实验 64　龙柏衍生碳点的合成及对 Fe^{3+} 的检测

一、实验目的

1. 掌握水热法合成碳点的方法和原理,了解碳点合成的一般方法。

2. 对所制备的碳点进行分析表征,实现对 Fe^{3+} 的检测。

3. 掌握绿色化学的原理及发展。

二、实验原理

碳点(carbon dots,CDs),又叫碳量子点,是一种正在迅速发展的碳纳米材料,表面富含官能团,易溶于水、稳定性高,具有良好的生物相容性。自 CDs 首次进入大众视野以来,多种合成方法被报道,比如:电弧放电法、电化学法、激光消蚀法、超声合成法、模板法、热解法和水热合成法。不同的合成方法各有优缺点,水热法具有操作简单、CDs 产物粒径均匀、成本低且无污染等优点,是目前应用最广泛的制备方法。例如,Pei 等利用不同的氨基酸作为原料制备出了性质不同、粒径不同的 CDs,由于结构各异,在不同的领域发挥了不同的作用。目前,CDs 在医学成像、化学和生物分析、光催化、太阳能电池等领域都有较好的应用前景。

Fe^{3+} 是人体必需的微量元素之一,人体内如果缺乏铁则会引起各种各样的疾病,如贫血、肠损伤、癌症等。但是值得注意的是,人体中铁离子的含量是有限度的,并非越多越好。除此之外,铁在自然界中也广泛存在,河水中存在适量的铁会调节藻类群落组成,甚至会改善藻类品质,但是铁一旦过量,则会造成水体污染。可以看出,检测铁的含量对于人体健康和保护生态环境都是十分必要的。常用的 Fe^{3+} 检测方法包括原子吸收光谱法、分光光度法和滴定法。但这些方法存在步骤烦琐、仪器昂贵、测定结果易受干扰、有污染等缺点。

龙柏(拉丁学名:Sabina chinensis(L.)Ant.cv.Kaizuca),又名刺柏、红心柏、珍珠柏等,是圆柏(桧树)的栽培变种,龙柏长到一定高度,枝条螺旋盘曲向上生长,好像盘龙姿态,故名"龙柏"。常用于园林绿化,如街道绿化、小区绿化、公路绿化等。龙柏来源丰富,主要产于长江、淮河流域,经过多年的引种,在我国山东、河南、河北等地也有龙柏的栽培。目前许多生物质基的碳点已被报道,龙柏是一种常见的生物质,且分布广泛,原料易得且成本低廉。而龙柏富含萜烯类、烷烃类、酯类、黄酮、苯丙素苷、大豆脑苷和甾醇类等,是制备 CDs 的极好原料。以其为前驱体,一步水热法制备CDs,不需要其他化学试剂,方法简单、绿色环保,将其应用于Fe^{3+}和AA的连续检测操作简单,灵敏度高且无污染。

CDs具有较高的生物相容性、较长的荧光寿命、相对宽的吸收光谱、比较窄的荧光光谱等,在荧光分析中展现出了较多优势。本实验将以龙柏枝叶为碳源,通过一步水热法制备CDs,通过荧光光谱法实现其对Fe^{3+}的定量测定,并将该方法应用于实际样品的检测中。

三、仪器和试剂

1.仪器

透射电镜(Talos F200X G2,美国 Thermo Fisher Scientific公司)	1台
傅里叶变换红外光谱仪(MAGNA 550,美国 Nicolet公司)	1台
X射线光电子能谱(XPS,ESCALAB Xi+,美国 Thermo Fisher Scientific公司)	1台
紫外可见分光光度计(UV-2550,日本 Shimadzu公司)	1台
荧光分光光度计(LS-55,美国 PerkinElmer公司)	1台

2.试剂

氯化锌	A.R.	氯化钡	A.R.
葡萄糖(Glu)	A.R.	谷胱甘肽(GSH)	A.R.
半胱氨酸(Cys)	A.R.	AA	A.R.
氯化镉	A.R.	氯化铜	A.R.
氯化钾	A.R.	氯化钠	A.R.
六水氯化钴	A.R.	无水氯化锂	A.R.
尿酸(UA)	A.R.	多巴胺(DA)	A.R.
龙柏	取自学校校园		

四、实验步骤

1.碳点制备

称取20g龙柏枝叶,洗净后加入400mL超纯水碾碎,转移到聚四氟乙烯衬里的反应釜中并在200℃下加热反应5h。反应釜自然冷却至室温,15000r/min离心10min除去大颗粒,上清液用0.22μm过滤膜过滤后于4℃保存备用。取CDs溶液冷冻干燥后称量再溶于一定体积的水中得到其准确浓度。

2.碳点的表征

CDs的形貌和尺寸大小由高分辨率透射电镜(Talos F200X G2,美国 Thermo Fisher Scientific公司)表征;表面官能团由傅里叶变换红外光谱仪(MAGNA 550,美国 Nicolet公司)

测定;表面元素和存在状态由 X 射线光电子能谱(XPS,ESCALAB Xi+,美国 Thermo Fisher Scientific 公司)表征;紫外可见吸收光谱由紫外可见分光光度计(UV-2550,日本 Shimadzu 公司)获得。所有荧光光谱都由荧光分光光度计(LS-55,美国 PerkinElmer 公司)测得。

3. 检测 Fe^{3+}

将 $30\mu L$ CDs(5mg/mL)置于 $2970\mu L$ 醋酸-醋酸钠缓冲溶液(0.05mol/L,pH=5.0)中,然后加入不同浓度的 Fe^{3+},在室温下测定荧光强度。

五、实验结果和处理

1. 所得碳点的质量:

2. 碳点尺寸大小、形态及分布状态(透射电镜表征结果):

3. 表面元素和存在状态(XPS 表征结果):

4. 表面官能团(傅里叶变换红外光谱表征结果):

5. 不同激发波长下的 CDs 发射光谱图;碳点的荧光强度随时间的变化图;离子强度对于以龙柏枝叶为碳源一步水热法制备出的 CDs 荧光强度的影响;pH 对于 CDs 荧光强度的影响;CDs 浓度对荧光强度比值(Fe^{3+} 存在时的荧光强度与未加 Fe^{3+} 时的荧光强度的比值)的影响。

6. 将碳点溶液放入比色皿中,观察紫外灯和日光灯下的颜色。

7. 在最佳 pH 和 CDs 浓度下,金属离子猝灭选择性分析(不同金属离子对 CDs 荧光强度比值影响图)。

8. 线性相关性分析及检出限测定(计算线性范围和检查限)。

9. 实际样品检测。所有样品经静置和过滤后除去悬浮颗粒,取 $1500\mu L$ 实际样品,$1470\mu L$ pH5.0 缓冲溶液与 0.05mg/mL CDs 混合,测其荧光强度并且与单独 pH5.0 缓冲溶液相比较,说明实际样品对测定有无干扰。分别加入 $40\mu mol/L$、$80\mu mol/L$、$200\mu mol/L$ 标准 Fe^{3+},计算回收率。

实际样品中 Fe^{3+} 的测定

样品	Add/μmol/L	Found/μmol/L	Recovery/%	RSD(n=3)/%
自来水	40			
	80			
	200			
湖水	40			
	80			
	200			

六、思考题

1.目前制备碳点的方法有哪些？各自的优点和缺点有哪些？

2.pH和碳点浓度如何影响碳点的荧光强度？

3.在本实验中实验条件的优化包括哪些？

七、参考文献

[1] Xu X, Ray R, Gu Y, et al. Electrophoretic analysis and purification of fluorescent single-walled carbon nanotube fragments[J]. Journal of the American Chemical Society, 2004, 126(40):12736-12737.

[2] Lu J, Yang J X, Wang J, et al. One-pot synthesis of fluorescent carbon nanoribbons, nanoparticles, and graphene by the exfoliation of graphite in ionic liquids[J]. ACS Nano, 2009, 3(8):2367.

[3] Li X, Wang H, Shimizu Y, et al. Preparation of carbon quantum dots with tunable photoluminescence by rapid laser passivation in ordinary organic solvents[J]. Chemical Communications, 2011, 47(3):932-934.

[4] 卢志远, 蔡旭, 刘加祥, 等. 龙柏的化学成分研究[J]. 云南农业大学学报(自然科学), 2017, 32(2):371-375.

[5] Pei S, Zhang J, Gao M, et al. A facile hydrothermal approach towards photoluminescent carbon dots from amino acids[J]. Journal of Colloid and Interface Science, 2015, 439:129-133.

[6] 程雨丹, 杨诗译, 程德燚, 等. 龙柏衍生碳点的合成及其对 Fe^{3+}、抗坏血酸的连续检测[J]. 湖州师范学院学报, 2022, 44(2):32-39.

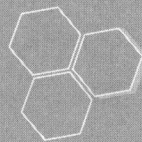

一、实验目的

1.掌握水系锌离子电池的结构。

2.熟悉使用蒸发镀膜仪。

3.掌握锌离子电池性能测试方法。

二、实验原理

近年来,化石能源的不断消耗及其衍生的环境污染问题日益受到人们的重视。为了缓解上述问题,替代煤炭、石油、天然气等传统能源的可再生清洁能源(如太阳能和风能等)的开发和有效利用已经成为重要的研究课题,新能源产业的发展势头也日益强劲。近几十年锂离子电池得到了迅猛发展,然而价格高昂、贫瘠的锂资源,有毒电解液及电池安全性问题引起了越来越多的关注,严重阻碍了锂离子电池进一步大规模的应用。目前,人们开始对钠离子和钾离子电池的研究做出了巨大努力,但是安全性始终限制了这些储能电池的发展。

基于以上的安全性考虑,使用水性电解质的可充电电池具有无与伦比的优势,因为它们的成本低,易于组装,安全性高以及离子电导率高(~0.1S/cm),优于在有机电解质中(10^{-3}~10^{-2}S/cm)。水性锌离子电池被认为有望替代非水性的锂或钠离子电池,主要在于其安全性及价格优势,水性锌离子电池的正极材料V_2O_5(价格约5.5美元每千克)和锰矿石(价格约0.005美元每千克)的原材料比锂离子电池的锂原材料便宜($Li(NiMnCo)O_2$价格为34美元每千克,$LiCoO_2$价格为55美元每千克)。与有机电解质相比,$ZnSO_4/H_2O$电解质的价格可以忽略不计(价格约7~20美元每千克)。锌离子电池的成本低于65美元/千瓦时,比目前的LIB便宜得多(300美元/千瓦时)。此外,在电化学反应过程中允许多个电子转移的多价水性锌离子电池提供了实现高能量和高功率密度的机会。其中锌金属负极具有较低的电位(-0.76V相比于标准氢电位)及高的理论容量(820mA·h/g)。然而锌枝晶是限制金属锌负极应用的一个关键问题。

水性锌离子电池的研究可以追溯到1986年,当时Yamamoto等人首次用硫酸锌电解质代替了碱性电解质,并着手研究可充电$Zn|ZnSO_4|MnO_2$电池的电化学行为。近年来,水性锌

离子电池具有对环境无害、安全、组装方便(在空气中)、低成本和高容量的诱人属性,再次引起了人们的极大兴趣,包括对锌负极、电解质和正极材料的探索。然而,在电极甚至整个电池系统的开发中还存在许多难以估计的挑战,所有这些都需要考虑。有关水性锌离子电池的已发表文章更倾向于构筑电极材料、电解质和能量存储机制的最新进展,而不是面对这些问题并给出水性锌离子电池的潜在解决方案(负极溶解,静电相互作用的不良影响,副产物,锌枝晶,腐蚀和钝化)。本实验主要解决锌枝晶及负极锌的利用率问题,为锌负极的实施提供一个合理的解决方法。

三、仪器和试剂

1.仪器

蒸发镀膜仪 GSL-1700X-SPC、手动切片机、电池封装机、电池测试系统。

2.试剂

锌箔(99.99%)、Cu(99.99%)、乙醇(分析纯)、3mol/L $ZnSO_4$+0.1mol/L $MnSO_4$电解液。

四、实验步骤

1.使用乙醇将金属锌箔表面擦拭干净。

2.使用蒸发镀膜仪 GSL-1700X-SPC,将金属铜在1220℃、10^{-4}Pa下喷在金属锌表面。

3.使用手动切片机将锌箔切成直径为10mm的圆片电极。

4.组装2032型纽扣电池,上一步中制备的电极作为正极和负极,玻璃纤维薄膜为隔膜,3mol/L $ZnSO_4$+0.1mol/L $MnSO_4$为电解液。

5.利用电池测试系统测试电池的充放电过程中的电压变化情况,选择电流0.785mA的恒流充放电模式测试电池的电压随时间变化情况。

五、实验结果和处理

以电压为纵坐标、测试时间为横坐标,绘制时间-电压图,判断经过处理后的锌金属电极的循环稳定性。

六、思考题

1.经过铜处理过后的金属锌为什么会具有较好的循环稳定性?

2.铜层抑制锌枝晶形成的机制是怎样的?

草酸根合铁(Ⅲ)酸钾的制备及表征

一、实验目的

1.掌握草酸根合铁(Ⅲ)酸钾的性质,了解水溶液中制备无机物的一般方法。

2.理解制备过程中化学平衡原理的应用,练习并掌握溶解、沉淀、过滤、结晶、洗涤等基本操作。

二、实验原理

草酸根合铁(Ⅲ)酸钾 $K_3[Fe(C_2O_4)_3]\cdot3H_2O$ 是一种绿色的单斜晶体,溶于水(0℃时4.7g/100g水,100℃时117.7g/100g水),难溶于乙醇、丙酮等有机溶剂。110℃失去结晶水,230℃分解。其是一种光敏物质,受光照射分解变成黄色。同时 $K_3[Fe(C_2O_4)_3]\cdot3H_2O$ 是制备负载型活性铁催化剂的主要原料,也是一些有机反应良好的催化剂,在工业上具有一定应用价值。目前有两种常用的合成 $K_3[Fe(C_2O_4)_3]\cdot3H_2O$ 的方法,一是以硫酸亚铁铵为原料制备草酸亚铁,经氧化与配合反应制备草酸根合铁(Ⅲ)酸钾;二是由三氯化铁和草酸钾反应制得。本实验采用方法二,因为其原料简单,操作方便。

草酸根合铁(Ⅲ)酸钾是由三氯化铁和草酸钾反应制得:

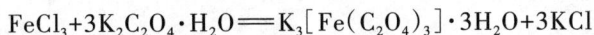

$$FeCl_3+3K_2C_2O_4\cdot H_2O = K_3[Fe(C_2O_4)_3]\cdot3H_2O+3KCl$$

要确定所制得配合物的组成,必须综合运用各种表征方法。化学分析可以确定各组分的百分含量,从而确定分子式。配合物中的金属离子一般可以通过容量测定、比色分析或原子吸收光谱确定其含量。钾离子的含量还可以采用离子选择性电极进行测定。

草酸根合铁(Ⅲ)酸钾中各种基团和化学键的特征吸收频率可以通过红外光谱进行定性分析。用热重分析可以研究其热分解反应。

三、仪器和试剂

1.仪器

分析天平4台;烘箱1台;循环水真空泵1台。

2.试剂

$K_2C_2O_4 \cdot H_2O$，A.R.；$FeCl_3 \cdot 6H_2O$，C.P.。

四、实验步骤

1.称取 12.0g $K_2C_2O_4 \cdot H_2O$ 于100mL小烧杯中，加入20mL去离子水，并加热使其完全溶解。

2.用量筒量取 8.0mL 0.4g/mL的$FeCl_3$溶液。

3.待草酸钾溶液接近沸腾时，边搅拌，边缓慢加入$FeCl_3$溶液，保持接近沸腾温度，直至溶液变为绿色透明溶液。

4.将此溶液在冰水中冷却，使绿色晶体析出，待晶体析出完全后进行减压抽滤，得到粗产品。

5.将粗产品溶于20mL热水中，趁热过滤，将滤液在冰水中冷却、结晶、过滤，并用少量去离子水洗涤晶体。

6.用滤纸将晶体表面的水分吸干，称量，计算产率。

7.热重分析。在瓷坩埚中称取一定量研磨后的配合物样品，用热分析仪进行热分解实验，升温到550℃为止，记录随温度的变化样品重量的变化数据。

8.配合物的红外光谱测定：

用KBr法测定重结晶后的配合物和550℃热分解产物的红外光谱，可确定配合物中的化学键和基团，并将被测样品的红外光谱与标准红外光谱图进行对照，可确定是否含有$C_2O_4^{2-}$及结晶水。

五、实验结果和处理

1.现象描述。

2.计算产率：

（经计算可知，理论产量为：＿＿＿＿＿＿g，经称量可知，实际产量为：＿＿＿＿＿＿g，产率为：＿＿＿＿%）。

3.样品自身和样品550℃热分解产物的红外光谱。

由样品测得的红外光谱，说明样品所含有的基团，并与标准红外光谱图对照可以初步确定是何种配合物。

4.配合物的热重分析：

由热重曲线计算样品的失重率，与各种可能的热分解反应的理论失重率相比较，并参考红外光谱图来确定该配合物的组成。（注：550℃时的分解产物是Fe_2O_3和K_2CO_3。）

注明：化学试剂瓶上$K_2C_2O_4 \cdot H_2O$的相对分子量为184.23；

化学试剂瓶上$FeCl_3 \cdot 6H_2O$的相对分子量为270.29。

六、思考题

1.产率的大小与哪些因素有关？

2.确定草酸根含量的方法有哪些？具体如何操作？

七、参考文献

[1]浙江大学化学系组编.综合化学实验[M].北京:科学出版社,2005:12.

[2]王伯康.综合化学实验[M].南京:南京大学出版社,2000:152.

[3]钟山.中级无机化学实验[M].北京:高等教育出版社,2003:140.

[4]曲荣君.材料化学实验[M].北京:化学工业出版社,2015:12.

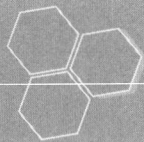

纳米 F-SiO₂/PDMS 疏水改性 PA 及其模拟应用

一、实验目的

1. 了解并掌握两步浸渍法改性高聚物的过程。

2. 了解表观润湿角。

3. 掌握纳米 $F-SiO_2$ 的制备、喷涂改性等实验。

二、实验原理

1. 聚二甲基硅氧烷（PDMS）改性 PA 表面

聚硅氧烷是一类有着特殊结构的半有机、半无机高分子化合物，主链由硅/氧原子交替排列构成，硅原子上连接有机基团。PDMS 以 Si-O 键为主链呈螺旋形排列，并在硅原子上连接有两个甲基的高分子聚合物，因其独特的分子结构而表现优异的热稳定性，强疏水性，良好的生物相容性、表面张力低，主链柔顺。本实验将 PDMS 对普通 PA 网面进行改性，可增加尼龙网的柔韧性，PDMS 的聚合物同时作为黏合剂，将纳米 SiO_2 固定在受控的表面微观结构中。

2. 二氧化硅的改性

对于未改性的二氧化硅，其表面有大量的硅羟基，亲水性强，因此二氧化硅的改性极为重要。二氧化硅的改性方法有物理改性和化学改性。物理改性指通过物理作用力将改性剂包覆在二氧化硅表面，操作简便但改性效果差；化学改性指通过二氧化硅表面的硅羟基与硅烷偶联剂等改性剂反应生成化学键，使二氧化硅表面接枝有机基团，以达到提高二氧化硅颗粒与油相溶的目的。

本设计实验选用全氟癸基三乙氧基硅烷（PFDTES），先将其在乙醇溶液中水解生成大量长链硅醇，之后 $F-SiO_2$ 纳米颗粒表面的羟基进一步与上述硅醇上的羟基缩聚，达到二氧化硅改性的目的。利用氟、硅元素的低表面能特性，将这些低表面能元素以化学键的形式接到 PA 大分子主链上，使得整个 PA 大分子主链的表面能降低，从而得到拥有拒水性的 PA 织物。拒水性能与聚酯的表层结构有关，疏水 $F-SiO_2$ 的引入在 PA 网的表面构筑微观纳米粗糙结构，将 PA 的拒水性能进一步提高。

3.两步浸渍法

利用低能量、高黏度的有机硅树脂 PDMS 直接修饰 PA 网表面,使 PA 具有较好的柔韧性以及增加与 PA 基材的黏结强度。此外,PDMS 的引入将作为黏合剂固定 SiO_2 纳米颗粒,以控制 PA 表面微观形貌。在此基础上,利用改性后的 F-SiO_2 纳米颗粒进行二次改性,得到微观形貌,然后再进行固化,最终得到超疏水的 F-SiO_2/PDMS@PA 网格(见图 1)。

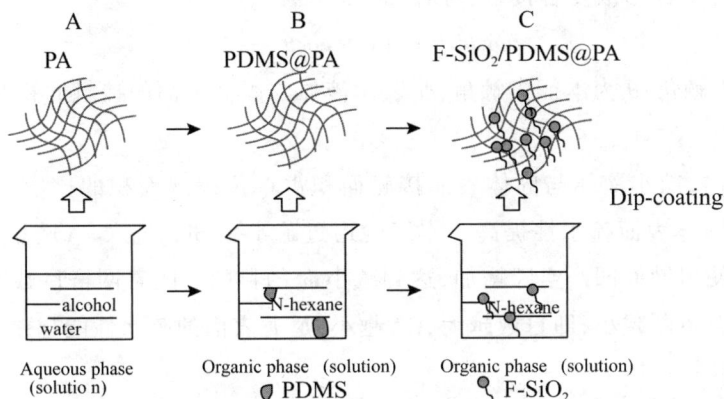

图 1 两步浸渍法制备疏水 F-SiO_2/PDMS@PA 的基本步骤

4.油水分离率计算

将超疏水尼龙网放入简易分离装置中,然后将 16:1 油水混合物($V_{water}=1mL$, $V_{oil}=16mL$)倒入漏斗中,通过测量收集前后油的体积变化来计算分离效率:

$$E(\%) = \frac{V_c}{V_0} \times 100\% \tag{1}$$

式中:V_0 是分离前的油体积,V_c 是分离后的油体积。

5.润湿角(CA)定义

表征液体在固体表面润湿性能的一个重要指标。如图 2 所示,θ 表示润湿角,即固液气三相交界处作液气界面的切线与液固交界线间的夹角。

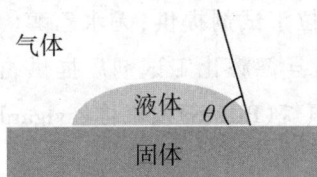

图 2 润湿角

6.Cassie-Baxter 模型

液体内部的分子之间由于相互作用,分子受到的力为平衡力。但在液体表面的分子所受空气分子的作用小于所受液体内部分子的作用,此时液体表面分子受到的方向向液体内部的力叫作表面张力。液体内部分子克服其旁边液体分子的作用力迁移到液体表面所做的功叫作表面能。

经长期研究发现,液滴润湿固体表面时应考虑到液体自身的表面张力作用,实际上由于液体表面张力的作用其不会完全地填充满固体表面微观粗糙结构的空隙中,而是气泡会被困在粗糙结构的山谷中,极大地缩小了固体表面与水滴的接触面积。即Cassie-Baxter润湿模型,液滴在固体表面形成复合接触,符合Cassie方程:

$$cos\theta_c = \phi_s(1 + cos\theta_e) - 1 \tag{2}$$

式中:θ_c为理论接触角;θ_e为本征接触角;ϕ_s表示液体与固体表面的接触面积和单位表观面积的比值,且其数值小于1。

从式(2)得出,减小液体与固体表面接触面积占单位表观面积的比值使表观润湿角变大,宏观上表现固体表面疏水性提高。本实验通过疏水F-SiO$_2$进入PA网格间隙,增加表面微观粗糙结构,使得网面凹凸空隙增加,达到减小ϕ_s的目的。随着网格目数的增加,PA的表观CA总体趋势会不断减小,即目数越大,CA越小,尼龙表面的疏水性能越差。

三、仪器与试剂

1.仪器

设备名称	型号或规格	生产厂家或品牌
恒温磁力搅拌器	HJ-3	国华
电热恒温鼓风干燥箱	DGG-9070B	上海森信实验仪器有限公司
电子天平		上海卓精电子科技有限公司
高速台式离心机	TGL-16C	上海安亭科学仪器厂
超声波清洗机	G-020S	歌能牌

2.试剂

多种目数的尼龙网(100、120、150、160、180、200、250、300、350、400、450、500)(市购,polyamide mesh,简称PA);纳米二氧化硅(30nm,99.5%);1H,1H,2H,2H全氟环氧基三乙氧基硅烷(PFDTES,96%)由上海阿拉丁试剂提供;无水乙醇(AR,99.7%)购自浙江中星化工试剂有限公司;氨水(AR,25%)德清县德辉化工试剂厂提供;正己烷(n-hexane,AR,97%)由上海阿拉丁试剂提供;聚二甲基硅氧烷(PDMS)预聚体(sylgard 184硅橡胶固化剂套件)购自美国道康宁公司。

四、实验步骤

1.疏水性F-SiO$_2$纳米粒子制备

将一定量SiO$_2$纳米粒子加入含有氨水和去离子水的混合溶液中,超声后逐滴加入氟硅烷 PFDTES 乙醇混合溶液中,搅拌,离心,洗涤,干燥,得到疏水性 F-SiO₂纳米粒子。

2.PDMS@PA 的制备

将各种目数的尼龙网分别用去离子水和无水乙醇洗涤、干燥,按 10∶1 的质量比称取 0.3g PDMS 和 0.03g 固化剂,分别加入 15mL 的正己烷(n-hexane)有机溶剂中,各自磁搅拌 10min,再将两种溶液超声混合;将尼龙放入混合 PDMS 溶液中超声处理 30min,在烘箱中预固化 30min,得到 PDMS@PA。

3.疏水 F-SiO₂/PDMS@PA 的制备

室温下将 0.1g F-SiO₂纳米粒子溶解于 15mL n-hexane 溶液中,超声分散 30min,将预固化尼龙置于 F-SiO₂溶液中 20min,静置 5min;在 70℃的烘箱中干燥 5min,取出尼龙;重复操作,将预固化尼龙置于 F-SiO₂溶液中 20min,静置 5min;在 80℃的烘箱中干燥 1h,取出得到疏水 F-SiO₂/PDMS@PA。

4.油水分离试验

搭置简易油水分离装置(见图 3),称量 1mL CuSO₄溶液和 16mL 正己烷,磁搅 20min 至乳浊液状态,将混合溶液通过 F-SiO₂/PDMS@PA 过滤,记录过滤后得到的油体积,观察是否有蓝色液体水滤过,并计算油水分离率。

图 3　简易油水分离装置

5.尼龙雨伞实验

将 PDMS 与 F-SiO₂混合液喷涂于尼龙雨伞表面,干燥处理 10min,采用淋浴(强水压)的方式,模拟降雨环境。

6.结构与性能表征

采用日立公司生产的 S-3400N 型扫描电子显微镜观测样品形貌和使用美国 IXRF 公司的能量色散 X 射线光谱(EDS)收集表面元素信息;采用德国 Kruss 公司的 DSA 100 测试样品表观润湿角;采用岛津的紫外可见分光光度计 UV-2000 测试样品的紫外可见光吸收谱。

五、实验结果与处理

1.疏水性能

序号	目数	润湿角
1		
2		
3		
4		
5		
6		

2.油水分离效率

序号	目数	油水分离率
1		
2		
3		
4		
5		
6		

六、思考题

1.实验过程疏水性$F-SiO_2$纳米粒子制备中,如何验证疏水样品制备成功?

2.实验过程疏水$F-SiO_2/PDMS@PA$的制备中,如何验证疏水$F-SiO_2/PDMS@PA$制备成功?

3.油的种类是否对油水分离试验数据产生影响?

七、参考文献

[1]Chen H,Shen Y,He Z,et al.Facilely fabricating superhydrophobic coated-mesh materials for effective oil-water separation:Effect of mesh size towards various organic liquids[J]. Journal of Materials Science & Technology,2020,51:151-160.

[2]Shen Y,Li K,Chen H,et al.Superhydrophobic $F-SiO_2$@PDMS composite coatings prepared by a two-step spraying method for the interface erosion mechanism and anticorrosive applications[J].Chemical Engineering Journal,2020,413:127455.

八、拓展阅读

实验 68　纸张除霉防霉化学处理中的试剂选择

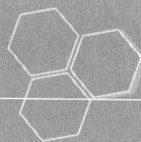

一、实验目的

1. 了解纸张除霉防霉的区别。
2. 掌握定量表征抗菌性能的方法。
3. 掌握纳米 TiO_2 的制备。

二、实验原理

本实验选择次氯酸钠作为除霉有效成分,利用次氯酸钠水解成次氯酸后继续分解形成的新生态氧使霉菌和病毒变性继而杀死细菌。通过调整其浓度达到去除霉斑污渍同时不影响纸质原有字迹的效果;选择低浓度的 $Ca(OH)_2$ 实现纤维素的残缺增补甚至包裹保护的作用,和纸质中的有机酸或者大气中的酸性气体反应提高了碱度,延长了纸质的寿命;选择纳米二氧化钛作为防霉剂有效成分,起到抗菌抑菌作用,同时起到增白剂的作用;溶剂选择以乙醇为主的水溶剂,不仅易挥发易干燥,能够雾化喷射,保护修复后纸张的平整度,同时乙醇起到短时抗菌抑菌的作用;助剂有水溶性香精,可增加人感舒适度。

三、仪器与试剂

1. 仪器

仪器名称	型号	生产厂家
精密色差仪(白度仪)	HP-200	邢台润联科技开发有限公司
电热恒温鼓风干燥箱	DGG-9070B	上海森信实验仪器有限公司
离心机	TD4C	常州金坛良友仪器有限公司
超净台	SJ-CJ-2FD	苏州苏洁仪器有限公司
高压灭菌锅	LDZM-60KCS	上海申安仪器有限公司
恒温培养箱	BJPX-300	山东博科科学仪器有限公司
恒温振荡器	HZQ-Q	常州市中贝仪器有限公司
透射电镜	JEM-200CX	日本 JBOL 公司
扫描电子显微镜	S-3400N	日立公司

2.试剂

分析纯高锰酸钾、双氧水、乙二醇、钛酸四丁酯、无水乙醇、氟康唑、牛肉浸膏、蛋白胨、氯化钠、琼脂等。

四、实验步骤

1.氧化剂选择

调整次氯酸钠、双氧水、高锰酸钾浓度分别为 0.05~5mol/L 共 15 组浓度进行测定。选择一张空白的发黄的纸张,以半径为 1cm 画圆选择纸张的 15 个区域并依次标上浓度,然后依次将配置好的溶液喷涂至相应浓度处,自然晾干,晾干以后观察记录选择最合适的试剂。

2.氧化剂浓度选择

(1)次氯酸钠溶液(有效氯成分为 5%)中添加乙醇水互溶溶剂($V_{乙醇}:V_水$=6:4),调整次氯酸钠浓度分别为 0.7、0.6、0.5、0.4、0.3、0.2、0.1、0.05mol/L 八组浓度,再加上原来的浓度一共九组进行测定。选择一张空白的发黄的纸张,以半径为 1cm 画圆,选择纸张的九个区域并依次标上浓度,喷涂之前应用白度仪测量记录每个区域的初始白度,然后依次将配置好的溶液喷涂至相应浓度处,自然晾干,晾干以后再用白度仪测量记录数据,选择最合适的浓度。纸张除霉前后的白度增加比 ΔL_{ai} 计算公式:

$$\Delta L_{ai}=(L_{ai}-L_{0i})/L_{0i} \tag{1}$$

式中:L_{0i} 为初始白度;L_{ai} 为第 a 次白度。

(2)其他条件和操作方法同(1),调整次氯酸钠浓度分别为 0.01、0.02、0.03、0.04、0.05 mol/L 五组浓度进行测定。

(3)其他条件和操作方法同(1),调整次氯酸钠浓度在 0.01mol/L 到 0.02mol/L 之间,按照等差数列间隔 0.001mol/L 进行测定。

(4)其他条件和操作方法同(1),调整次氯酸钠浓度为 0.013mol/L,选择一张空白的发黄的纸张,以半径为 1cm 画圆,选择纸张的有字迹的区域进行测定。

3.纳米二氧化钛制备

取 2mL 水和 32mL 乙二醇配成 A 溶液,另取 2mL 钛酸四丁酯和 32mL 乙二醇配成 B 溶液,将 A、B 溶液混合搅拌均匀后倒入反应釜中,放入烘箱中,温度设定为 180℃反应 12h。然后冷却至室温,将反应产物固液分离,分离的固体重新分散在无水乙醇中,再进行固液分离,如此反复洗涤三次。将洗涤后样品放入 80℃烘箱烘干,再用玛瑙研钵磨成粉末。

4.二氧化钛胶体抗菌性能的测定和浓度的选择

(1)实验工器具准备及灭菌

在锥形瓶中配置营养琼脂培养基,用电热炉加热煮沸至澄清状态,盖好塞子,同 PBS 缓冲液、无菌水、配套枪头、涂布棒、离心管、5mm 圆形试纸一同放入高压灭菌锅中灭菌,121℃

杀菌25min。将培养皿用牛皮纸包好和试管一起放入鼓风干燥箱中灭菌,170℃杀菌2h。实验中超净工作台及操作室使用前需用紫外灯杀菌30min以上。

（2）倒培养皿

将培养基及培养皿放置到60℃后开始倒培养皿,培养基使用前摇匀,每个培养皿倒15~20mL,倒好后水平静置至完全凝固。

（3）菌悬液的制备

从冰箱取出需要测试的菌种活化0.5h后,加入5mL的PBS缓冲液,在手掌上轻轻振打80次,使菌株完全冲下,倒入试管中轻轻摇匀。吸取1mL的菌液加到4mL的PBS缓冲液中,再吸取1mL稀释的菌悬液依次进行5倍梯度稀释,选择10^8CFU/mL左右的菌悬液(对比0.5麦氏比浊管)。

（4）试验菌的接种

用移液枪吸取浓度为10^8CFU/mL试验菌悬液0.1mL,将其接种到已经倒好的营养琼脂培养皿内,用涂布棒涂布均匀(注意涂布棒每次使用后在酒精灯下灭菌,涂布时动作轻不要刮破培养基),盖好培养皿。

（5）二氧化钛胶体和阳性对照氟康唑溶液的配置

二氧化钛胶体溶液浓度的配置:用分析天平准确称量1g二氧化钛样品于灭菌后的15mL离心管内,加入10mL无菌纯水,摇匀使溶解。溶解后吸取上清液对倍稀释样品,稀释3次,并取最后的浓度为接下来10倍稀释的初始浓度,该浓度为$1×10^{-3}$g/L,然后以$1×10^{-3}$、$1×10^{-4}$、$1×10^{-5}$、$1×10^{-6}$g/L为一组,$1×10^{-7}$、$1×10^{-8}$、$1×10^{-9}$、$1×10^{-11}$g/L为一组,$1×10^{-12}$、$1×10^{-13}$、$1×10^{-14}$、$1×10^{-15}$g/L为一组进行测试。

氟康唑溶液的配置:抗菌药物溶液浓度一般选用1280μg/mL,而氟康唑为抗生素粉剂,其药效为750μg/mg,所以需根据这个来配置。用分析天平称取182.6mg氟康唑,量取107mL无菌水配成1280μg/mL的溶液即可。

（6）滴加二氧化钛胶体

在灭过菌的培养皿中放置5个灭过菌的5mm圆形试纸,各试纸中心之间相距25mm以上,用移液枪吸取阳性对照氟康唑溶液20μL至试纸上,剩下的四张试纸则将依次10倍稀释的二氧化钛溶液各吸取20μL至试纸上,用未接种菌的培养皿做阴性对照。等待试纸干燥后将试纸放入培养基中,同样的各试纸中心之间相距25mm以上,距离培养皿边缘10mm以上,盖好培养皿。

（7）培养培养皿并观察抑菌效果

于37℃恒温培养箱中正置培养,培养16~18h观察结果。用游标卡尺测量抑菌圈的直径并记录。

5.实验表征方法

（1）通过扫描电子显微镜(SEM)检测碱性助剂消石灰($Ca(OH)_2$)在除霉后纸张纤维的形态与分布。

（2）利用透射电镜观察样品纳米二氧化钛的形貌和尺寸分布。

五、实验结果与处理

1.氧化剂的选择

双氧水溶液作为除霉剂处理发霉纸张的效果是＿＿＿＿＿＿＿＿＿＿＿＿＿＿＿。

高锰酸钾溶液作为除霉剂处理发霉纸张的效果是＿＿＿＿＿＿＿＿＿＿＿＿＿＿＿。

次氯酸钠溶液作为除霉剂处理发霉纸张的效果是＿＿＿＿＿＿＿＿＿＿＿＿＿＿＿。

2.氧化剂浓度的选择

序号	次氯酸钠浓度	白度增加比
①		
②		
③		
④		
⑤		
⑥		
⑦		
⑧		
⑨		

3.抑菌测试

序号	TiO_2浓度	抑菌圈直径/mm
①		
②		
③		
④		
⑤		
⑥		
⑦		
⑧		
⑨		
⑩		

六、思考题

1. 氧化剂种类的选择有什么评价的依据？
2. 碱性添加剂 Ca(OH)$_2$ 实现纤维素保护的依据？
3. 水热法制备的纳米级二氧化钛作防霉剂的原理是什么？

七、参考文献

[1] 张泽广,陈刚. 文物修复用脱色剂对手工纸耐久性的影响[J]. 文物保护与考古科学, 2023,35(6):96-103.

[2] Lan W, De Bueren J B, and Luterbacher J S. Highly selective oxidation and depolymerization of alpha, gamma-diol-protected lignin[J]. Angewandte Chemie International Edition, 2019, 58:2649-2654.

八、拓展阅读

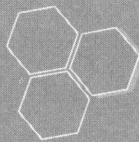

実验 **69**　**纳米 F-TiO₂/PDMS@PET 光催化剂及其性能表征**

一、实验目的

1. 了解光催化目前存在的三大技术难点。
2. 掌握复合材料合成的方法。
3. 掌握光催化实验方法。

二、实验原理

TiO_2 光催化机理：二氧化钛是半导体，根据能带理论，半导体的价带和导带之间并不连续，存在一个较小的间隙，这个间隙称为禁带。因为禁带较窄，价带的电子在室温下也可以被激发跃迁到导带，从而在外电场显示出一定的导电性。在二氧化钛进行光催化反应时，当 TiO_2 吸收了大于 TiO_2 禁带宽度的能量后，价带的低能电子就会获得光子的能量从而跃迁至导带（见图1）。

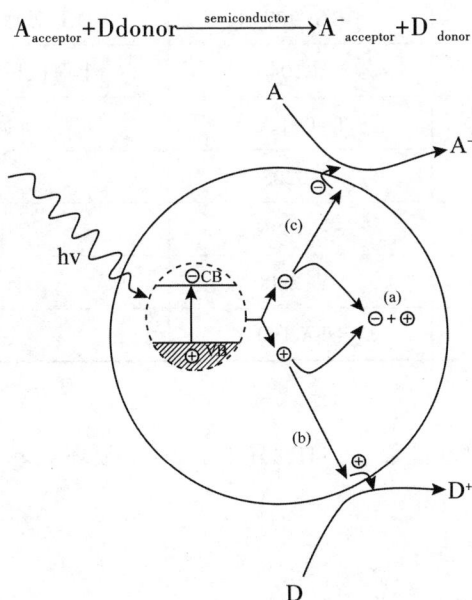

$$A_{acceptor}+Ddonor \xrightarrow{\ semiconductor\ } A^{-}_{acceptor}+D^{-}_{donor}$$

图1　TiO_2 光催化机理

电子被光激发形成光生电子,价带也相应产生一个光生空穴,即形成电子-空穴对。而这产生的电子和空穴可能会有图1中的几种反应可能:反应(b)(c)受光激发产生的电子和空穴分离后迁移到半导体表面分别与相应反应物反应,而(a)激发后的电子(或空穴)在分离后迁移过程中,与空穴(或电子)复合。(b)(c)反应有利于光催化反应,(a)反应会限制光催化反应。反应(a)与(b)(c)是竞争关系,只有当半导体表面上的反应速率大于电子与空穴的复合反应速率时,半导体光催化反应才能顺利进行,而这也是影响半导体催化效率的重要因素之一。

纳米二氧化钛由于其优异的无毒、高催化降解能力以及良好的稳定性,被认为是光催化领域的新型材料。然而,二氧化钛在降解有机废水处理的应用中仍然存在挑战,首先二氧化钛为粉体状、颗粒易聚集、回收难,其次是对可见光光谱利用率不高,最后是普通光催化反应需要液体环境导致光在到达催化剂反应路径上衰减。本次实验拟以氟化二氧化钛纳米粒子及 1H,1H,2H,2H 全氟环氧基三乙基硅烷等为原料,在涤纶织物(PET 网目)上建构了 F-TiO$_2$/PDMS@PET,利用 PET 织网作为载体解决回收问题,同时利用其体系的疏水效应漂浮于液体表面解决光源稳定问题。

三、仪器与试剂

1.仪器

设备名称	型号或规格	生产厂家或品牌
恒温磁力搅拌器	HJ-3	国华
电热恒温鼓风干燥箱	DGG-9070B	上海森信实验仪器有限公司
电子天平	FA2104N	上海民桥精密科学仪器有限公司
高速台式离心机	TGL-16C	上海安亭科学仪器厂
超声波清洗机	G-020S	歌能牌
扫描电子显微镜	S-3400N	日本日立公司
紫外分光光度计	UV-2000	日本岛津有限公司
接触角测量仪	DSA 100	德国 Kruss 公司

2.试剂

纳米二氧化钛、聚二甲硅氧烷、1H,1H,2H,2H 全氟环氧基三乙氧基硅烷、正己烷、氨水、多种目数的涤纶织物。

四、实验步骤

1. F-TiO₂粒子改性制备

在 8mL 的无水乙醇中加入 0.6mL 的 1H,1H,2H,2H 全氟环氧基三乙氧基硅烷(pfdtes)后,磁力搅拌器搅拌 1h。之后将 3g 的纳米 TiO₂ 加到 20mL 的氨水和去离子水比例为 1:4 的混合溶液中,超声 10min。在上述两溶液中,向乙醇混合液中滴加二氧化钛悬浮液,并持续搅拌一段时间。所得悬浮液进行离心,洗涤,干燥处理后,得到改性 F-TiO₂ 粒子。

2. PDMS@PET复合制备

称取 0.3g 的聚二甲基硅氧烷(PDMS)加到在 15mL 正己烷溶剂中,经过搅拌,超声后得到溶液 a。另外称取 0.03g 的固化剂加到 15mL 正己烷中,经过同样的上述步骤,得到溶液 b。将洗涤干燥后的涤纶网加到 a、b 两混合溶液中超声 30min。超声结束,取出涤纶网在烘箱中干燥。

3. F-TiO₂/PDMS@PET复合制备

将 0.1g 的纳米 F-TiO₂ 加到 15mL 正己烷中超声处理 30min。之后,将上一步干燥后的涤纶网浸入 F-TiO₂ 悬浮液中,搅拌 10min,超声 20min 处理后干燥。干燥完毕,重复搅拌。超声操作后,静置一段时间后取出涤纶网干燥,得到最终产物。

4. 降解对象甲基橙溶液的标准曲线

计算降解率还需要制作甲基橙吸收率的标准曲线。甲基橙溶液的浓度和 UV-Vis 谱中特征峰的吸光度成正比。分别测试浓度为 10mg/L、5mg/L、2.5mg/L、1mg/L、0.5mg/L 的甲基橙溶液,可以得到 UV-Vis 谱。取甲基橙在 462nm 处吸收峰对应的吸光度为纵坐标,浓度为横坐标作图,就可以得到甲基橙溶液浓度与吸光度的关系,拟合得到直线方程。

Y 为紫外可见光谱 462nm 对应的吸收值,X 为甲基橙溶液的浓度,单位为 mg/L。因此利用所得关系式可以计算出光催化实验后剩余甲基橙溶液浓度,实验前甲基橙初始浓度为 2.5mg/L。

5. 光催化降解实验

将 F-TiO₂/PDMS@PET网裁剪成尺寸大小为 2.1cm×4.2cm 的网片,将 10mL 2.5mg/L 的甲基橙溶液和 F-TiO₂/PDMS@PET网放置于烧杯溶液表面,光源采用紫外光。以 20min 为一个时间梯度,每个梯度做了 3 个样品。光催化后反应溶液用紫外可见分光光度计测量得到 UV-Vis 谱。每个时间梯度的 3 个样品结果取平均值,再计算出各组甲基橙溶液浓度和降解率。

五、实验结果与处理

1.吸光度和溶液浓度的标准曲线

序号	甲基橙溶液浓度	吸光度
①		
②		
③		
④		
⑤		
⑥		
⑦		
⑧		
⑨		

吸光度和溶液浓度对应的方程是＿＿＿＿＿＿＿＿＿＿＿＿＿＿＿＿

2.光催化降解实验

催化时间/min	462nm吸收峰值/nm	甲基橙浓度/(g/cm^{-3})	降解率/%

六、思考题

1.F-TiO_2/PDMS@PET网漂浮在水面上的机理是什么？

2.为什么通过颜色就能判断甲基橙溶液降解的情况？

3.制备过程中正己烷的作用是什么？

七、参考文献

［1］Chen H, Shen Y, He Z, et al. Facilely fabricating superhydrophobic coated-mesh materials for effective oil-water separation：Effect of mesh size towards various organic liquids［J］.Journal of Materials Science & Technology，2020，51：151-160.

［2］Su X,Qin G,Deng P,et al.Self-cleaning PDMS films with durable superhydrophobicity and photocatalytic capability based on TiO$_2$-modified nanopillar array［J］.Progress in Organic Coatings,2024,195:108684.

八、拓展阅读

第三部分

校企合作实验

一、实验目的

1. 了解BET比表面积测试的基本原理。
2. 掌握粉体比表面积的测试方法。

二、实验原理

比表面积是指单位质量物料所具有的总面积,是评价催化剂、吸附剂及其他多孔物质的重要指标之一。在锂离子电池领域中,正负极材料的比表面积会显著影响其匀浆过程中的加工性能。

BET测试理论是根据希朗诺尔、埃米特和泰勒三人提出的多分子层吸附模型,并推导出单层吸附量V_m与多层吸附量V间的关系方程。

$$\frac{P}{V(P_0 - P)} = \frac{1}{V_m \times C} + \frac{C-1}{V_m \times C} \times \frac{P}{P_0}$$

式中:P为氮气分压;

P_0为吸附温度下,氮气的饱和蒸汽压;

V为样品表面氮气的实际吸附量;

V_m为氮气单层饱和吸附量;

C为与样品吸附能力相关的常数。

操作过程是通过实测3~5组被测样品在不同氮气分压下多层吸附量,以P/P_0为X轴,$P/V(P_0-P)$为Y轴,由BET方程作图进行线性拟合,得到直线的斜率和截距,从而求得V_m值计算出被测样品比表面积。

$$V_m = \frac{1}{斜率 + 截距}$$
$$S_g = 4.325 V_m \, \mathrm{m^2 g^{-1}}$$

本实验拟采用JW-BK400比表面积分析仪分别测试商业化的石墨负极材料和$LiMn_2O_4$正极材料的比表面积。

三、仪器和试剂

1.仪器

JW-BK400比表面积分析仪、样品管、漏斗、电子天平、液氮杯。

2.试剂

商品化石墨负极粉体待测样、商品化$LiMn_2O_4$正极粉体待测样、液氮。

四、实验步骤

1.取一根样品管,记录编号;称量空管质量$M_{空管}$并记录;通过漏斗将样品(1~5g)装入样品管中。

2.将称量好的样品安装到预处理装置,对样品进行加热处理,此过程在真空状态下进行;待真空达到70kPa,套上加热包,打开加热开关,设置温度200℃加热1h;加热完毕后,取下加热包,待样品冷却至室温,关闭真空,开启"充气",压力降至1kPa时,关闭"充气",取下样品管。

3.样品预处理完成后,称量空管和样品的总重量$M_{总}$,用差值法计算样品的质量$M_{样}$:$M_{样}=M_{总}-M_{空管}$。

4.将液氮倒入液氮杯,并以量尺来确定液氮面高度;液氮准备完毕应盖上盖子,防止挥发或污染;设置实验参数(见图1),将液氮杯放置仪器托盘上,等待上升。在此过程中,应小心谨慎,避免液氮溅出、冻伤。

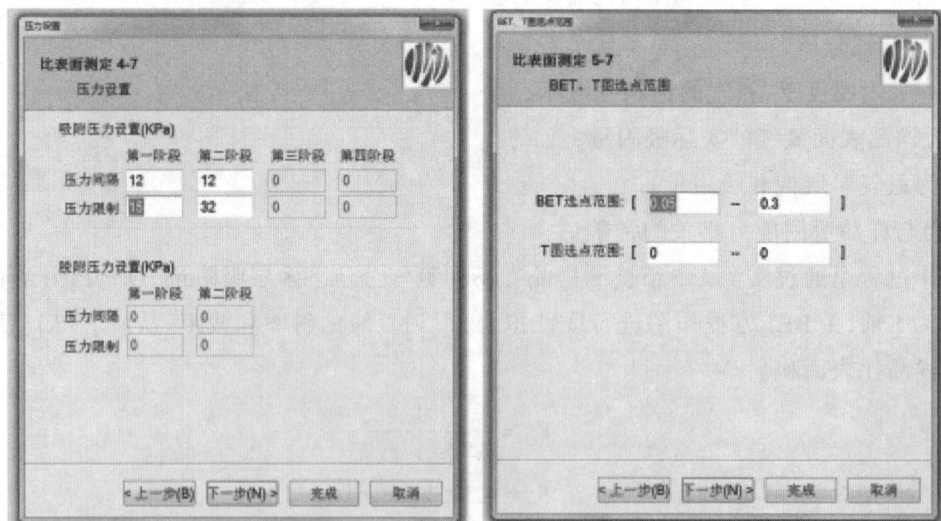

图1

5.测量大气压:将仪器任意一通道样品管卸下,勾选相应通道窗口的样品室,其他不勾选,点击重置,工具栏下方显示压力即为大气压。记录好压力后,再次勾选样品室,点击重置。

6.软件控制测试:

(1)预处理后的样品管安装完至仪器相应通道,点击"纯化气路",实现N_2\He同时换气3次,用于排除气路、仪器中其他气体,为实验做好准备,待纯化气路3/6以上即可"停止纯化",选择"预抽",当压力降到1kPa以下时点击开始实验。

(2)在实验类型选择窗口选择比表面测定,输入相关样品信息,进行实验参数设置(Vd);完成后进入P0设置,一般选择固定值,即实测大气压值。

(3)然后点击"下一步",进行压力设置。

(4)压力设置完成后点击"下一步",进入BET选点范围设置,完成后点击"下一步",进入热延时设置,热延时间一般为5min,点击"下一步",进入实验报告选择,根据需求选择相应的报告类型,勾选"保存参数",点击"完成"。

(5)将准备好的液氮放置仪器托盘上,操作软件界面点击"确定",液氮杯上升,实验开始;约1h后,工作站显示"测试结束",点击"确定",待压力降至1kPa以下后方可点击"下降"液氮杯,待样品管冷却到室温且压力降为0时可点击"充氮气",待压力充至80kPa时,取下样品管,实验结束。

五、实验结果和处理

按照实验步骤保存数据,打印结果。分别测试石墨负极粉体和商品化$LiMn_2O_4$正极粉体的比表面积。

六、思考题

BET公式有什么适用范围？为什么？

七、参考文献

[1]Pourhakkak P,Taghizadeh A,Taghizadeh M,et al.Chapter 1 – Fundamentals of adsorption technology[J].Interface Science and Technology,2021,33:1-70.

[2]Brunauer S,Skalny J,Bodor EE.Adsorption on nonporous solids[J].Journal of Colloid and Interface Science,1969,30(4):546-552.

一、实验目的

1. 掌握羧甲基纤维素钠的结构特点。
2. 掌握返滴定法的思想：将不易滴定的元素，转化为易滴定元素，进行定量分析。
3. 熟悉相关仪器设备的使用方法。

二、实验原理

羧甲基纤维素钠(CMC-Na)，是一种有机物，化学式为$[C_6H_7O_2(OH)_2OCH_2COONa]_n$，它是纤维素的羧甲基化衍生物，是最主要的离子型纤维素胶。羧甲基纤维素钠通常是由天然的纤维素和苛性碱及一氯醋酸反应后而制得的一种阴离子型高分子化合物，分子量由几千到百万。CMC-Na为白色纤维状或颗粒状粉末，无臭、无味、有吸湿性，易于分散在水中形成透明的胶体溶液。如图1所示。

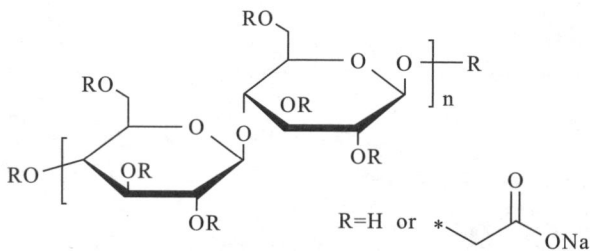

图1

CMC-Na的取代度DS是指一个葡萄糖酐单元所加入的氯乙酸钠摩尔数的平均值，因此也称为醚化度。从结构出发，测定取代度，即确定Na离子在聚合物中的含量。采用高温碳化的方式把CMC-Na中的钠全部转化为氧化钠，进而通过定量的硫酸进行溶解，进一步转化为钠离子。由于Na离子的滴定存在较大的困难，因此利用返滴定法，将Na离子滴定转化为酸碱滴定，操作更加简单方便。以甲基红做指示剂，用氢氧化钠标准溶液进行滴定。根据滴定剂用量，计算得到总铁含量。滴定反应的方程式如下：

$$Na_2O + H_2SO_4 = Na_2SO_4 + H_2O$$

$$H_2SO_4 + 2NaOH = Na_2SO_4 + 2H_2O$$

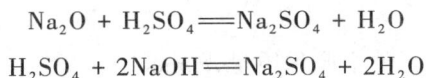

三、仪器与试剂

1. 仪器

G3 玻璃砂芯坩埚、瓷坩埚、干燥器、烧杯、量筒、滴定管、天平、烤箱、电炉、马弗炉等。

2. 试剂

分析纯无水乙醇、乙醇水溶液（90%）、硫酸标准滴定溶液（c=0.05mol/L）、氢氧化钠标准滴定溶液（c=0.1mol/L）、甲基红指示剂（1g/L）、铬酸钾溶液（10%）、硝酸银溶液（c=0.1mol/L）等。

四、实验步骤

1. 试样处理

（1）准确称取 1.5g（精确至 0.001mg）CMC-Na 试样，置于 G3 玻璃砂芯坩埚中，用预先加热至 50~70℃的乙醇溶液洗涤多次（每次加满玻璃砂坩埚），直到加 1 滴铬酸钾溶液和 1 滴硝酸银溶液的滤液呈砖红色，为洗涤完成，一般洗涤 5 次。

（2）将玻璃砂芯坩埚（带试样）置于 120℃±2℃的烤箱中，干燥 2h（1h 左右时，将砂芯坩埚内试样轻轻敲松）。将玻璃砂芯坩埚（带试样）从烤箱中取出，放入干燥器内冷却至室温。

（3）称取约 1g 干燥后的试样，精确至 0.0002g，置于瓷坩埚中，在电炉上炭化至不冒烟，放入 300℃高温炉，升温至 700℃±25℃，保温 15min，关闭电源，冷却至 200℃以下，移入 250mL 烧杯内，加入 100mL 水和 50mL±0.05mL 硫酸标准滴定溶液。

2. 滴定操作

将烧杯置于电炉上加热，缓缓沸腾 10min，加 2~3 滴甲基红指示剂，冷却，用氢氧化钠标准滴定溶液滴定至红色退去，且 30s 内不恢复。

3. 取代度 $x_{D,S}$ 的计算

样品的取代度由下列公式计算得到：

$$x_{D.S} = \frac{0.162(V_1c_1 - V_2c_2)}{m - 0.08(V_1c_1 - V_2c_2)}$$

式中：V_1——硫酸标准滴定溶液的体积，mL；

c_1——硫酸标准滴定溶液的实际浓度，mol/L；

V_2——氢氧化钠标准滴定溶液的体积，mL；

c_2——氢氧化钠标准滴定溶液的实际浓度，mol/L；

m——试样的质量,g;

0.162——一个葡萄糖单元的毫摩尔质量,g/mmol;

0.08——羧甲基钠基团的毫摩尔质量,g/mmol。

五、实验结果与处理

CMC-Na取代度测定实验数据记录与处理

编号	试样质量	硫酸标准滴定溶液的体积	硫酸标准滴定溶液的实际浓度	氢氧化钠标准滴定溶液体积	氢氧化钠标准滴定溶液的实际浓度	取代度
	g	mL	mol/L	mL	mol/L	
1						
2						
3						

六、思考题

1.试样用预热的乙醇溶液冲洗的目的是什么？若不进行冲洗,则测得的结果与实际相比,会怎么变化？

2.若试样经热乙醇处理后未进行充分干燥,最后测得的结果如何变化？

3.请根据滴定原理,进行取代度计算公式的推导。

实验 72　磷酸铁锂中总铁量的测定

一、实验目的

1. 掌握氧化还原滴定法的基本原理及常规操作方法。
2. 掌握利用氧化还原方法滴定变价金属的操作方法。
3. 熟悉相关仪器设备的使用方法。

二、实验原理

磷酸铁锂是一种锂离子电池电极材料,化学式为 $LiFePO_4$(简称 LFP),主要用于各类型锂离子电池制造。磷酸铁锂的主要元素组成为 Li、Fe、P、O 等,其中铁元素以 FeO 的形式存在,并与 PO_4 一起构成橄榄石型的空间结构(见图 1)。

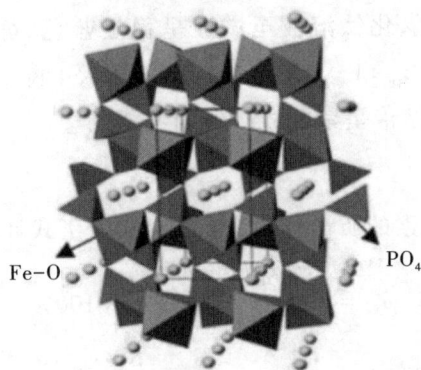

图 1

本实验采用氧化还原滴定法测定磷酸铁锂中总铁含量。利用盐酸将磷酸铁锂试样溶解,过滤除去不溶物。为排除磷酸铁锂试样中原本存在的+3 价铁离子的干扰,利用三氯化钛将溶液中的铁元素全部还原为+2 价的亚铁离子。反应方程式如下:

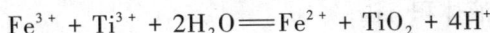

$$Fe^{3+} + Ti^{3+} + 2H_2O = Fe^{2+} + TiO_2 + 4H^+$$

以二苯胺磺酸钠做指示剂,用标准重铬酸钾溶液进行滴定。根据滴定剂用量,计算得到总铁含量。反应方程式如下:

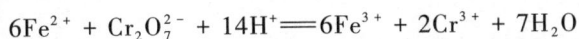

$$6Fe^{2+} + Cr_2O_7^{2-} + 14H^+ = 6Fe^{3+} + 2Cr^{3+} + 7H_2O$$

三、仪器与试剂

1.仪器

烧杯、滴定管、锥形瓶、移液管、表面皿、容量瓶、量筒等。

2.试剂

分析纯盐酸、硫酸-磷酸混合溶液、三氯化钛溶液、重铬酸钾标准溶液、钨酸钠、二苯胺磺酸钠等。

四、实验步骤

I.试样处理

准确称取 4.000g(精确至 1mg)磷酸铁锂试样,放入 250mL 烧杯中,加入 40mL 50%(V/V)盐酸溶液,在烧杯口扣上表面皿(要求盖满烧杯口)。利用电炉加热烧杯至微沸,保持微沸状态 5min 后冷却至室温。冷却过程中,用少量去离子水冲洗表面皿,冲洗液流入烧杯中。将烧杯中的溶液用滤纸过滤,滤渣用去离子水冲洗 5 次。将所有滤液转移入 250mL 容量瓶中,用去离子水定容。

2.滴定操作

用移液管移取 25mL 试液至 250mL 锥形瓶中,加入 1mL 钨酸钠指示剂溶液(250g/L)。摇晃下滴加 66.7%(V/V)的三氯化钛溶液至试液呈稳定蓝色,静置至蓝色消失。立即加入 20mL 硫酸-磷酸混合溶液($V_{硫酸}$:$V_{磷酸}$:$V_{水}$=3:3:14),加入 4 滴二苯胺磺酸钠指示剂(5g/L)。用重铬酸钾标准溶液滴定至溶液呈紫色,且 30s 内不褪色。

3.Fe 含量的计算

样品中的铁含量以 Fe 元素的质量分数表示。结果按下式计算:

$$\omega_{Fe} = \frac{55.85c\left(V - V_0\right)V_1}{1000mV_2} \times 100\%$$

式中:ω_{Fe}——铁元素的质量分数;

c——重铬酸钾标准溶液的实际浓度,mol/L;

V——滴定试液消耗标准重铬酸钾溶液的体积,mL;

V_0——滴定空白溶液消耗标准重铬酸钾溶液的体积,mL;

V_1——试液总体积,mL;

V_2——测定时分取试液体积,mL;

m——磷酸铁锂试样总质量,g。

五、实验结果与处理

磷酸铁锂中总铁含量测定实验数据记录与处理

编号	样品总质量	试液总体积	分取的试液体积	消耗重铬酸钾标准溶液体积	重铬酸钾标准溶液浓度	总铁含量
	g	mL	mL	mL	mol/L	%
空白	/	/				/
1						
2						
3						

六、思考题

1.若不加三氯化钛,直接滴定试液,测得的铁含量与总铁含量相比,是偏大还是偏小? 为什么?

2.滴定过程中,加入硫酸–磷酸混合溶液的目的是什么?

3.计算公式中,系数55.85代表的含义是什么?

4.若滴加三氯化钛后,未静置到蓝色消失,直接进行滴定,则得到的结果与实际结果相比会如何变化? 为什么?

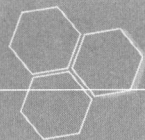

D8 ADVANCE X射线衍射仪

X射线衍射(XRD)仪适用于粉末、块状、条带样品的测试,可进行多晶样品的常规物相分析和半定量分析、晶胞参数的测定和修正、未知多晶样品的X射线衍射指标化、晶粒尺寸和结晶度测定等,是物质结构分析的重要手段之一。

D8 ADVANCE X射线衍射仪是行业主流产品之一,主要用于材料结构相关的多方面分析:涵盖多晶材料(金属、陶瓷、矿物及人工制备结晶材料)、多晶薄膜、单晶薄膜及各种无机、有机复合材料及非晶态物质。XRD能够精确测定物质的微观晶体结构、织构及应力,精确地进行物相检索与分析,定性、定量分析,应用谢乐方程分析晶粒大小和晶体生长层数(n值)等。

一、仪器工作原理

X射线衍射仪工作原理(见图1)简单说来是:利用高能电子束轰击金属靶材,产生特征X射线,并用该射线照射样品。由于样品中的原子间距与X射线波长相当,原子对X射线具有散射作用,产生散射波,相互干涉后,形成衍射波。衍射波相互叠加,经检测器收集,得到衍射图案,分析图案信息,可以得到样品的晶胞参数,从而确定晶体结构。

X射线衍射仪最主要的原理是布拉格方程:$2d\sin\theta=n\lambda$。式中,d为晶面间距;θ为入射X射线与相应晶面之间的夹角;λ为X射线的波长;n为衍射级数。布拉格公式是X射线在晶体产生衍射时的必要条件而非充分条件,即只有当照射到相邻两晶面的光程差是X射线波长的n倍时才产生衍射。

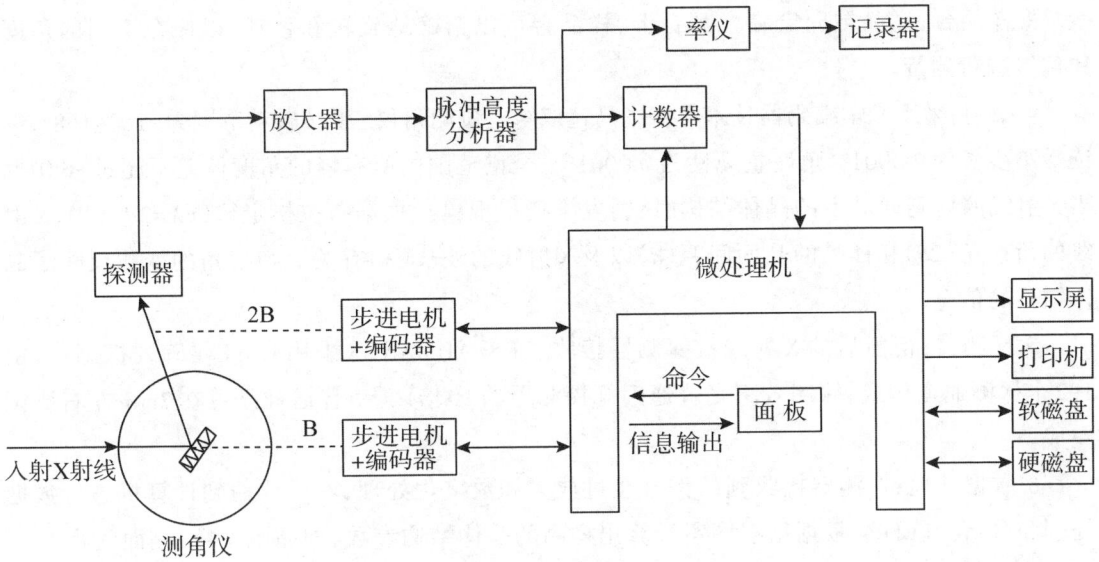

图1　X射线衍射仪工作原理方框图

二、仪器的基本结构

　　X射线衍射仪主要由X射线发生器、衍射测角仪、辐射探测器、光路系统、测量电路、样品台、冷却循环水系统以及控制操作和运行软件的电子计算机系统等组成。如图2所示。

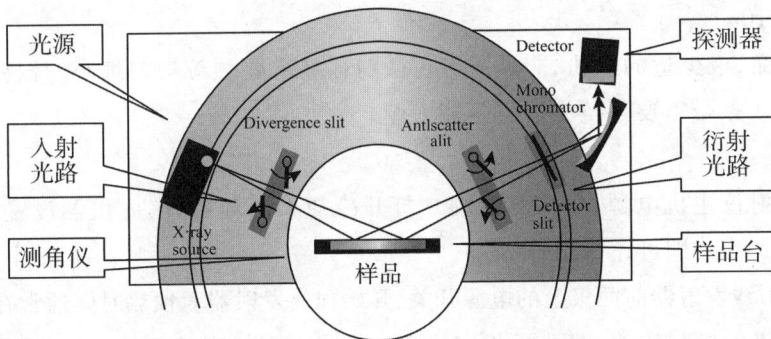

图2　D8 ADVANCE X射线衍射仪结构图

其中：

　　1.X射线源：包括X射线发生器和X射线光管。仪器使用一个X射线管作为X射线源，产生波长一定的X射线。X射线管通常由一个阴极和一个阳极组成，当高压施加在两极之间时，阴极发射的电子撞击阳极，产生X射线。最大输出功率为3kW，额定电压为60kV，额定电流为60mA。X射线光管使用Cu靶，采用陶瓷X光管，焦斑大小为0.4mm×12mm。

　　2.准直和聚焦：产生的X射线通过准直器和聚焦装置，形成一束平行且聚焦的X射线束，照射到样品上。

3.样品台:样品被固定在样品台上,样品台可以精确地旋转和移动,以便在不同的角度和位置进行测量。

4.衍射:采用光学编码器技术与步进马达双重定位测角仪,其2θ转动范围为$-10°\sim168°$,可读最小步长为$0.0001°$,角度重现性为$0.0001°$。全谱范围内所有峰的角度偏差不超过$\pm0.01°$。当X射线照射到样品上的晶体结构时,会发生衍射现象。根据布拉格定律($n\lambda=2d\sin\theta$),X射线的衍射角(2θ)和样品的晶面间距(d)以及X射线的波长(λ)有关。衍射角的变化反映了晶体结构的信息。

5.探测器:衍射后的X射线被探测器接收。D8 ADVANCE采用IynxEye阵列探测器,由192个探测通道构成,探测效率是普通闪烁探测器的10倍以上,普通样品可在7min左右测试完成。

6.数据处理:探测器接收到的信号经过放大和数字化处理,然后传输到计算机进行数据处理和分析。软件会根据衍射图案计算出样品的晶体结构参数,如晶胞参数、晶面间距等。

7.结果显示:最终,软件会生成衍射图谱和相关的晶体结构信息,供研究人员分析和研究。

三、操作和使用方法

样品要求:

1.粉末样品要求:干燥、在空气中稳定、粒度均匀且小于$20\mu m$。

2.块状样品的要求:测试面清洁平整、可装入直径为23mm的中空样品架,垂直于测试面的厚度不超过10mm。

3.特殊样品:极少量的微粉、非晶条带。微粉样品需要颗粒均匀细小,且物质性质稳定,对Si无腐蚀性。条带需要平整光滑且不能太厚。

操作步骤:

1.打开衍射仪主机电源,等待其启动。打开冷却水循环装置,此机器设置温度在20℃,一般温度不超过28℃即可正常工作。

2.打开X射线发射器前面板上的电源开关,开始预热发射器。预热时间通常在$10\sim15$min。

3.启动主机的控制软件,并选择相应的实验模式。根据实验需求,选择晶体结构分析模式、相量分析模式或薄膜分析模式。

4.将样品放置在样品支架上。确保样品与支架表面紧密接触,并通过调整样品支架的位置使其处于X射线束的路径上。

5.调整样品支架的角度,使得样品与X射线束之间的夹角为所需的角度。通常情况下,初始夹角为0°,然后逐渐改变夹角进行扫描。

6.点击软件界面上的"开始扫描"按钮,开始扫描过程。这将会控制发射器发射X射线束,样品接收后的散射光信号经过检测器检测,生成衍射图谱。

7.当扫描完成后,检查衍射图谱。确保图谱的质量和清晰度。如果需要,可以进行进一步的优化,如改变样品位置或调整发射器的功率。

8.根据实验需求,可以对衍射图谱进行数据处理和分析。可以通过软件提供的工具绘制衍射图,计算晶胞参数、相对晶胞大小、晶胞扭曲程度等信息。也可以进行谱峰拟合、定量相分析等操作。

9.实验完成后,停止发射器的工作,关闭软件,并关闭衍射仪主机的电源。

四、操作注意事项

1.在操作过程中,佩戴防护眼镜和手套,确保人员的安全。

2.在开始实验前,检查样品和支架的质量,确保没有损坏并没有外部污染物。

3.在打开发射器前面板时,确保没有人员靠近X射线束的路径。

4.在操作过程中,尽量减少与X射线的接触时间,以免对身体健康产生不良影响。

ThermoFisher Apreo 高分辨场发射扫描电镜

一、仪器基本原理

扫描电子显微镜是一种利用高能聚焦电子束扫描样品表面,从而获得样品信息的电子显微镜。当电子束在样品表面扫描时,会与样品发生相互作用,产生多种信号,包括二次电子、背散射电子、特征X射线等。这些信号被不同的探测器收集并转换为电信号,进一步处理后形成二维图像或谱线,从而实现对样品表面形貌和成分的分析。判断扫描电镜性能主要依据分辨率和有效放大倍数。分辨率即能够分辨的最小距离。

通常采用阿贝公式定义分辨率,公式(单位为nm)为:

$$R = \frac{0.6\lambda}{n \sin \alpha} \tag{1}$$

式中:R 为分辨率;λ 为电子束波长;n 为透镜与样品之间介质的折射率(真空下可认为是1);α 为透镜孔径半张角。

有效放大倍数定义为:

$$M_e = \frac{R_p}{R_m} \tag{2}$$

式中:R_p 为人眼能够区分的最小距离,R_m 为机器能够分辨的最小距离,比如人眼可以区分0.2mm,机器可以区分1nm,那么这台仪器有效放大倍数是20万倍。针对不同的有效放大倍数,扫描范围也会有所区别。

放大倍数的调节主要通过扫描放大控制器进行。放大倍数 M 可以通过以下公式计算:$M = A_c/A_s$,其中 A_c 是阴极射线管电子束在荧光屏上的扫描振幅,A_s 是电子束在样品表面上扫描振幅。通过调节 A_s 的大小,可以改变放大倍数。

二、仪器的基本结构

ThermoFisher Apreo高分辨场发射扫描电镜基本包括四个部分(见图1):

1.镜筒

镜筒包括电子枪、聚光镜、物镜及扫描系统。其作用是产生很细的电子束(直径约几个纳米),并且使该电子束在样品表面扫描,同时激发出各种信号。

2.电子信号的收集与处理系统

在样品室中,扫描电子束与样品发生相互作用后产生多种信号,其中包括二次电子、背散射电子、X射线、吸收电子、俄歇(Auger)电子等。在上述信号中,主要的是二次电子,它是被入射电子所激发出来的样品原子中的外层电子,产生于样品表面以下几nm至几十nm的区域,其产生率主要取决于样品的形貌和成分。通常所说的扫描电镜像指的就是二次电子像,它是研究样品表面形貌的有用的电子信号。检测二次电子的检测器的探头是一个闪烁体,当电子打到闪烁体上时,就在其中产生光,这种光被光导管传送到光电倍增管,光信号即被转变成电流信号,再经前置放大及视频放大,电流信号转变成电压信号,最后被送到显像管的栅极。

3.电子信号的显示与记录系统

扫描电镜的图像显示在阴极射线管(显像管)上,并由照相机拍照记录。显像管有两个,一个用来观察,分辨率较低,是长余辉的管子;另一个用来照相记录,分辨率较高,是短余辉的管子。

4.真空系统及电源系统

扫描电镜的真空系统由机械泵与油扩散泵组成,其作用是使镜筒内达到所需的真空度。电源系统供给各部件所需的特定的电源。

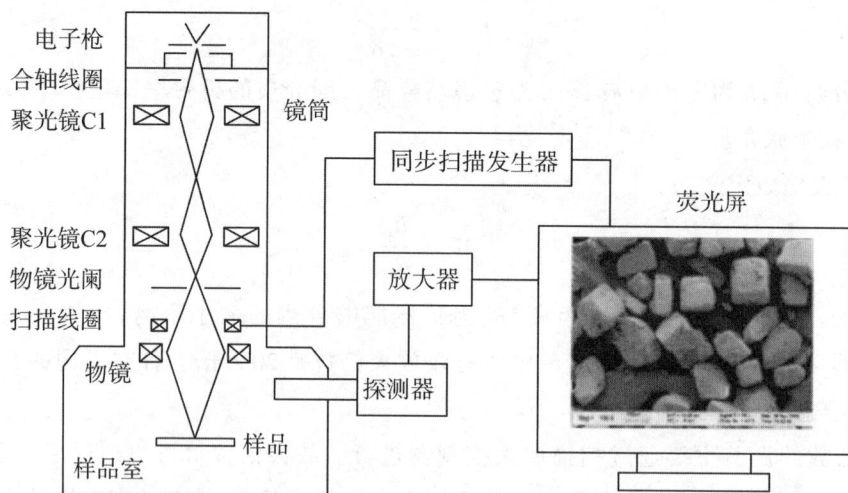

图1 扫描电子显微镜结构简图

三、操作和使用方法

1.放气、装入样品

（1）在 Quad 4 选择 CCD，激活并观察 CCD 视窗（如该视窗未激活，左上角会有▐▐图标），确保样品台在最低位置，如果样品台距离极靴较近，则在 CCD 窗口，按住鼠标滚轮向下拖，下降样品台高度到最低处。

（2）等待 5s，点击 [Pump] [Vent]，随后会跳出如下窗口 ，告知放气要持续 3min，点击"Vent"等待样品腔 Vent 结束，真空状态指示由变黑。

（3）左手握门把，缓慢打开样品仓，进行样品更换。

（4）将处理好的待测样品放入样品台，可用专用扳手将右侧螺丝拧紧，以便固定样品。

（5）样品安装完毕后，关闭仓门，点击 UI 界面 [Pump] [Vent]，待腔门吸紧（约 10s）便可松开右手，装样结束。

（6）样品仓 Pump 过程中，在 Quad 3 选择 Nav-Cam，在 Stage 页面选择 Take Nav-cam image 来采集光学导航图片（快捷方式为 Ctrl+Shift+Z）。

2.样品低倍观察和拍照

（1）观察 CCD 视窗，按住鼠标滚轮拖动鼠标，调整样品高度（一般 10mm）。

注：①禁止双击鼠标左键！如果双击，也请不要惊慌，此时仅限 10mm 参考位置变更；解决方法：在样品远离锥帽时，调焦清晰成像，Link，设定 10mm 工作距离，用 CCD 观察的实际样品距离再次标定参考样品距离）。

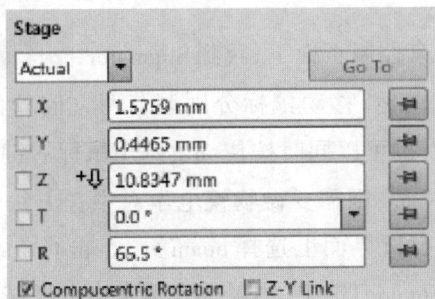

图 2

②禁止在 Z 轴中输入数字，以免样品台撞击到 pole piece。

（2）确认样品室真空度，当 Chamber Pressure 达到 ~e-3Pa 时，方可点击 Beam On 加高压（由灰色变为绿色），开启高压。

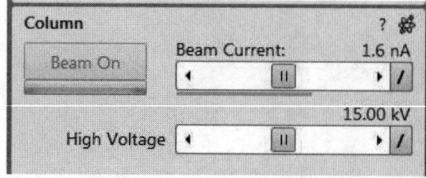

图 3

（3）选择任意一个 Quad，根据实际样品情况，选择电压和电流。一般导电性较好样品可选择 5kV，导电性不好的样品可选择 2kV。建议找样品的起始条件：

> ·物镜模式：Mode 1 Standard
> ·HV：5kV
> ·Beam Current：0.2nA
> ·WD：10mm
> ·探测器：ETD
> ·像素分辨率：768x512
> ·驻留时间：200ns
> ·帧平均：4

（4）用 F7 打开聚焦小窗口，按住鼠标右键，图像上出现 ⇔ 图标，左右移动调节焦距（左近右远），使清晰成像，同时调节对比度和亮度，使图像有较佳的视觉效果；或者可以点击工具条 ◑ 图标（或 F9），自动调节亮度和对比度。

（5）Link 工作距离：🔺 为未链接，🔺 为链接。

（6）按小键盘"+"，提高放大倍数，- + 200 ns ▾ 选择扫描速度，F7 打开预览窗口，鼠标右键调焦，如果需调节像散，在电子束控制页面下，找到 Stigmator ▦，注意用鼠标左键点击并长按横竖坐标，图像上出现 ✛ 图标，移动鼠标分别调节两方向的像散，一般先水平后垂直调节，图像调节完毕后，Link 🔺（也可以同时按住 shift 键用鼠标右键消像散）。

（7）如果聚焦时图像有位移，则需要做物镜电学对中。方法是点开快捷对中窗口 ⊞，在跳出来的 Direct Adjustment 窗口界面上选择 beam 页，点击 Crossover 按钮使它变成黄色，这时屏幕图像会变成光斑，在 Souce Tilt 中，用鼠标左键点击并长按左边十字框的中心，这时鼠标会变成允许上下左右方向的箭头，通过移动使光斑移到中心，再次点击 Crossover 完成电子束对中。

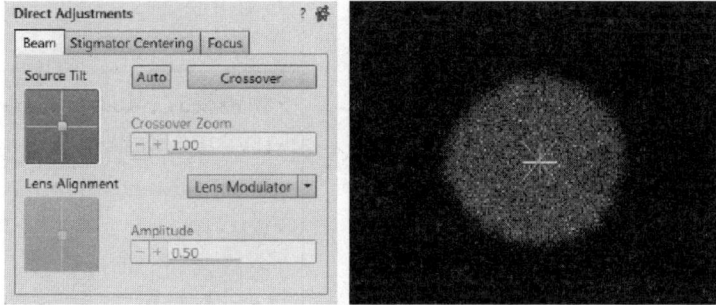

图 4

点击 Lens Modulator 按钮使它变成黄色（根据电压情况会自动选择 Lens Modulator 或者 HV Modulator）激活物镜对中，通过用鼠标左键点击并长按 Lens Alignment 中十字框的横线，这时鼠标会变成允许上下方向的双向箭头，按住鼠标上下拖动直至图像平移最小。操作完成后长按十字框的竖线进行左右调节，使图像的平移幅度变得最小，或点击工具栏上的物镜对中按钮 ⊕，这时图像窗口的中央会出现靶形图标 ⊕，同时图像扫描速度自动变快使得图像的平移变得连续。用鼠标的左键按住靶形图标 ⊕，鼠标的箭头会变成一个四个方向的靶形 ⊕。上下左右拖动鼠标使图像位移变得最小，然后重新聚焦，完成物镜光阑对中。

（8）如果消像散时图像有位移，则需要做消像散器的电学对中，方法是点开快捷对中窗口，在跳出来的 Direct Adjustment 窗口界面上选择 Stigmator Centering 页，点击 Modulator X 按钮使它变成黄色，这时图像会在屏幕上振荡位移，减小驻留时间、像素分辨率和放大倍数直至图像的位移变得连续。然后在 Modulator X 左边的十字窗口上进行类似 lens modulator 的操作，完成以后继续调节 Modulator Y 直至位移最小。X 和 Y modulator 都完成以后重新用 F7 小窗口消像散，会发现图像位移现象明显改善。

（9）图像调节清晰后，点击 ▣ ，或者按 F2 快捷键进行照相；照相过程中还可进行照相时间的选择。

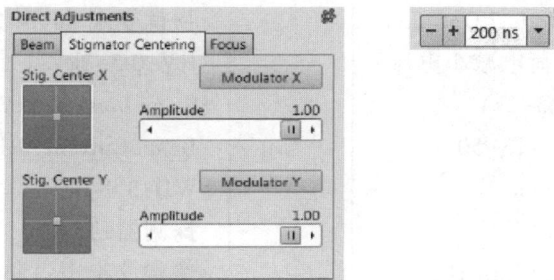

图 5

3.样品高倍成像和拍照

（1）如果当前的倍数下图像分辨率不满意，或者希望在更高倍数下成像，可以切换到物镜 Mode2：Optiplan（或 Mode3：Immersion*），采用高分辨模式成像。根据样品不同选用合适

的电压,配合合适的工作距离进行成像。参考条件:

·物镜模式:Mode 2:Optiplan ·HV:2kV(如荷电减小电压) ·Beam Current:100pA ·WD:10 mm ·探测器:ETD/T1/T2/T3* ·像素分辨率:1536×1024 ·驻留时间:100~200ns ·帧积分:100~200 ·(保证 acquisition time~30s) ·漂移校正

·物镜模式:Mode 3 Immersion* ·HV:2kV(如荷电减小电压) ·Beam Current:100pA ·WD:10 mm ·探测器:T1/T2/T3* ·像素分辨率:1536×1024 ·驻留时间:100~200ns ·帧积分:100~200 ·(保证 acquisition time~30s) ·漂移校正

(2)将图像逐渐放大到理想的放大倍数,用F7小框对样品上比较明显的特征进行聚焦和消像散。如果发现聚焦或者消像散的时候图像有位移,则需要做物镜或者消像散器的电学对中。一般两者要结合起来做以保证最佳的图像分辨能力。

(3)必要时进行做物镜电学及像散电对中。

(4)聚焦和消像散完成以后对图像进行亮度对比度调节,然后通过Beam Shift在未辐照的干净区域成像。扫描参数参考(1)。

4.样品台减速模式

如果样品非常荷电,用T2没办法成像,或者希望看到更多的表面细节,就可以考虑采用样品台减速配合T2/T3*探头成像。

样品制备:需要减速拍照的样品尽量放在样品台stub的中间,样品表面尽量保证一个大于3mm*3mm的平整表面,观测区域尽量落在样品台中间。参考工作条件:

·物镜模式:Mode 2 Optiplan ·HV:1kV(如荷电减小电压) ·Stage bias:0.5~2kV ·Beam Current:13~50pA ·WD:3.0~6.0mm ·探测器:T1/T2 ·像素分辨率:1536×1024 ·驻留时间:1~3μs ·帧积分:20~5 ·(保证 acquisition time~30s) ·漂移校正

·物镜模式:Mode 3 Immersion* ·HV:0.5~2kV ·Stage bias:2~4kV ·Beam Current:3.1~13pA ·WD:3.0~6.0mm ·探测器:T2/T3* ·像素分辨率:1536×1024 ·驻留时间:1~3μs ·帧积分:20~5 ·(保证 acquisition time~30s) ·漂移校正

在电子束控制页将 stage bias 电压设置成 1~4kV，点击 On 按钮将样品台减速打开。大部分样品的荷电现象可以得到比较好的控制。用 F7 小窗口调节焦距、像散。如果操作过程中发现图像有大幅度平移，参照前文［2.(7)(8)］进行物镜和消像散器电学对中。

将 quad1-2 窗口分别设置成 T2、T3 或 DBS 各环同时独立成像，调节各自的亮度和对比度，取消没有信号的外环和有荷电信号的内环，用剩下的环采集信号成像。调节亮度对比度，将电子束平移到未辐照的干净区域，参考(1)的扫描参数拍摄图片。

5.取出样品

激活并观察 CCD 视窗(如该视窗未激活，左上角会有 ▐▐ 图标)，按住鼠标滚轮拖动鼠标，下降样品台高度到最低处。点击 Beam Off(由绿色变成灰色)，关闭高压。高压关闭后，会听到一个声响，待听到此声响后 10s，才可点击 Vent 键 进行放气，等待样品腔 Vent 结束，真空状态指示条由 变 后，即可打开腔门取样。打开腔门，取下小样品托并放入样品盒。关闭腔门，右手推紧腔门，左手点击 UI software 界面 ，待腔门吸紧(约 10s)便可松开右手。F6 关闭 CCD，页面左上角显示 ▐▐ 图标。

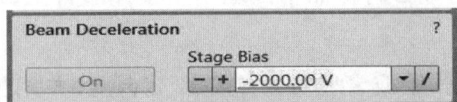

图 6

6.其他功能

(1)图片旋转(Scan Rotation)

选择 Scan 菜单下的相应选项，出现如图对话框，拖动绿色圆上的小三角到合适的位置，使图像转动到所期望的位置，当然可以用"+""-"精确调节角度，获得最佳的视图。

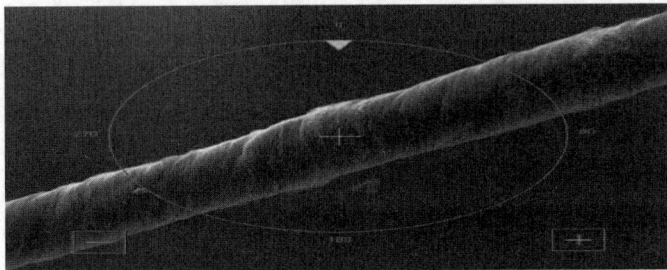

图 7

(2)调节亮度、对比度，获得高质量照片

F3 打开亮度和对比度的参考调节界面，动态谱图应该处在上下边界内(调节亮度，谱图整体上移，调节对比度，谱图峰值幅度增大)，调节完毕，再点击 F3 关闭该界面；当然也可点击使用自动调节功能 。

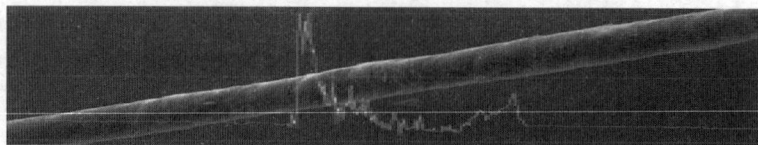

图8

（3）测量、标注功能

选择测量模式 并点击激活图标，即可在扫描的图片上测量，如需保存测量数据，请另存图像。（其他标注功能类似）

四、操作注意事项

1.样品制备

（1）进行样品制备时，请戴上一次性手套，以免手上油污粘于样品和样品台上，从而污染机台。

（2）进行样品制备时，请务必将样品牢固地粘贴于样品台上，以免进行高分辨率拍摄时，出现样品漂移的现象。

（3）粉末样品需要用液体胶或者胶带固定在样品台上，并用压缩空气吹掉浮灰，以免粉尘吸入镜筒。

2.磁性样品和含Fe、Co、Ni等在磁场中能被磁化的样品

（1）块状样品切不可以用超高分辨率模式（Mode 3 Immersion）观测，否则危险！

（2）块状强磁性样品要固定好，并且在确保不会被吸上极靴的安全工作距离下观测。

（3）将样品放入电镜腔室的过程中，请用户戴手套进行操作，以免将油污带入样品室内。

（4）电镜真空度达到~e-3以后才可以进行加高压。

（5）样品台太高、旋转、倾斜时，请务必谨慎，以免样品台撞到极靴。

（6）长时间不进行样品观察时，务必将高压先关掉，待需要继续进行观察时，再将高压开启。

Spectrum 3傅里叶变换红外光谱仪

一、仪器工作原理

当用一束具有连续波长的红外光照射物质时，该物质的分子就会吸收其中一些频率的辐射，分子振动或转动引起偶极矩的净变化，使振-转能级从基态跃迁到激发态，并转化为分子的振动能量和转动能量。以波长或波数为横坐标，以百分透过率或吸收率为纵坐标，记录其吸收曲线，即得到该物质的红外吸收光谱。

红外吸收光谱一般用T~波长曲线或T~波数曲线表示。纵坐标为百分透射比$T\%$，因而

吸收峰向下,向上则为谷。横坐标是波长 λ（单位为 μm），或波数（单位为 cm^{-1}）。波长 λ 与波数之间的关系为:波数 $(cm^{-1})=10^4/$ 波长 (μm)。通常红外吸收带的波长位置与吸收谱带的强度反映了分子结构上的特点,可以用来鉴定未知物的结构组成或确定其化学基团;而吸收谱带的吸收强度与分子组成或化学基团的含量有关,可用以进行定量分析和纯度鉴定。由于红外光谱分析特征性强,气体、液体、固体样品都可测定,并具有用量少、分析速度快、不破坏样品的特点,因此,红外光谱法不仅与其他许多分析方法一样,能进行定性和定量分析,而且该法是鉴定化合物和测定分子结构的最有用方法之一。

红外光谱仪一般分为两类,一种是光栅扫描的,光栅扫描是利用分光镜将检测光（红外光）分成两束,一束作为参考光,一束作为探测光照射样品,再利用光栅和单色仪将红外光的波长分开,扫描并检测逐个波长的强度,最后整合成一张谱图。另一种是迈克尔逊干涉仪扫描,称为傅里叶变换红外光谱。傅里叶变换红外光谱是利用迈克尔逊干涉仪将检测光（红外光）分成两束,在动镜和定镜上反射回分束器上,这两束光是宽带的相干光,会发生干涉。相干的红外光照射到样品上,经检测器采集,获得含有样品信息的红外干涉图数据,经过计算机对数据进行傅里叶变换后,得到样品的红外光谱图。傅里叶变换红外光谱具有扫描速率快、分辨率高、稳定的可重复性等特点,被广泛使用。

二、仪器的基本结构

Spectrum 3傅里叶变换红外光谱仪主要由以下部分组成（见图1）:
（1）光源:提供红外光源,确保测试的稳定性和准确性。
（2）样品室:放置待测试样品的区域,要求密封性良好。
（3）透射系统:用于将红外光从光源传递至样品室。
（4）干涉系统:利用干涉原理对样品室内的红外光进行分析。
（5）检测器:接收经干涉系统分析后的光信号,并将其转换为电信号。
（6）数据处理系统:对接收到的电信号进行处理和分析。

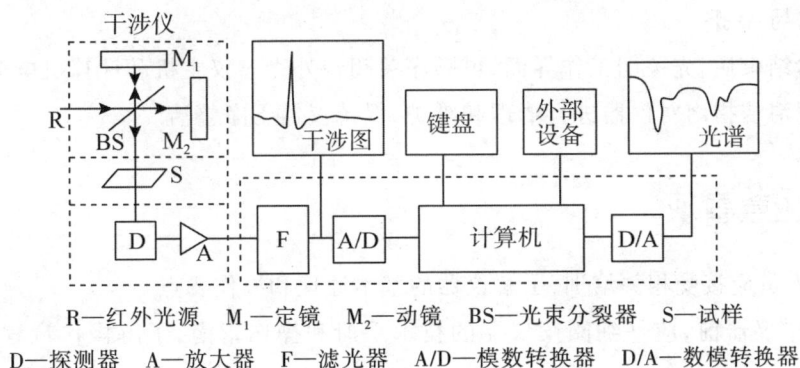

R—红外光源　M_1—定镜　M_2—动镜　BS—光束分裂器　S—试样
D—探测器　A—放大器　F—滤光器　A/D—模数转换器　D/A—数模转换器

图1

三、操作和使用方法

1.开机前准备

（1）检查各个部件是否连接好，是否处于零点状态。

（2）打开稳压电源开关，稍等片刻，当电压稳定在220V后，打开主机电源。

（3）根据仪器规格要求，预热1~2h，确保仪器稳定性。

2.样品准备

（1）固体样品可采用KBr压片法，将KBr与样品按质量比100:1混合后研磨，压制成片，放置于样品架上。

（2）液体样品可用液膜法，将1~2滴试样滴放在盐片上，盖上另一块盐片并拧紧。

3.软件操作

（1）打开计算机，双击光谱仪配套软件，进入工作界面。

（2）在"采集"下拉菜单中选择"实验设置"，设置Y轴格式为Absorbance，确保"背景光谱管理"已选，并在采集样品前采集背景，其他参数设为默认。

（3）点击"光学台"，确认Max值稳定在8左右，表示仪器稳定。

4.样品测试

（1）点击左起第三个图标"采集样品"，先采集背景，等待扫描完成。

（2）将样品迅速插入样品架，关好窗门，点击"确定"开始样品采集。

（3）等待扫描完成，观察并处理光谱图，包括基线校正、标峰等操作。

5.数据处理

（1）对扫描得到的光谱图进行基线校正、透过率转换等处理。

（2）标注峰位，进行谱图分析，并选择适当的检索库进行物质识别。

（3）将处理后的数据保存至Excel或其他格式文件中。

6.关机与维护

（1）实验结束后，先关闭工作界面，再顺序关闭红外光谱仪主机和计算机电源。

（2）按照清洁指南对仪器进行清理和维护，保持仪器干净整洁。

四、操作注意事项

1.操作人员应接受相关培训，了解仪器的基本原理和操作要点。

2.在操作仪器前，应仔细阅读仪器的技术手册和操作指南，了解操作流程和安全注意事项。

3.严格按照操作指引进行操作，避免在仪器运行过程中进行任何不必要的操作。

4.保持仪器干净整洁,定期清理样品室和光学部件,避免影响测试结果和仪器寿命。

5.定期进行仪器的校准和维护,以确保仪器的性能和测试结果的准确性。

STA 8000同步热分析仪

一、仪器工作原理

STA 8000同步热分析仪的工作原理主要基于热分析技术和同步测量技术。同步热分析仪能够同时进行热重分析(TGA)、差示扫描量热分析(DSC)或差热分析(DTA),通过将样品放置在加热器上,利用温度控制器精确控制加热器的温度,使样品在加热过程中发生物理和化学变化,从而获得样品的质量变化和热量变化信息。

热重分析(TGA):通过监测样品在加热过程中的质量变化,得到样品的挥发分含量、热分解温度、氧化还原、升华温度等信息。

差示扫描量热分析(DSC)或差热分析(DTA):通过监测加热过程中样品与参比物之间的热量差,得到样品的熔融与结晶过程、结晶度、玻璃化转变、相转变、反应温度与反应热等信息。

二、仪器的基本结构

如图1所示,同步热分析仪由天平单元、传感器、加热炉、温度控制系统、气氛控制系统、数据采集和处理系统等组成。

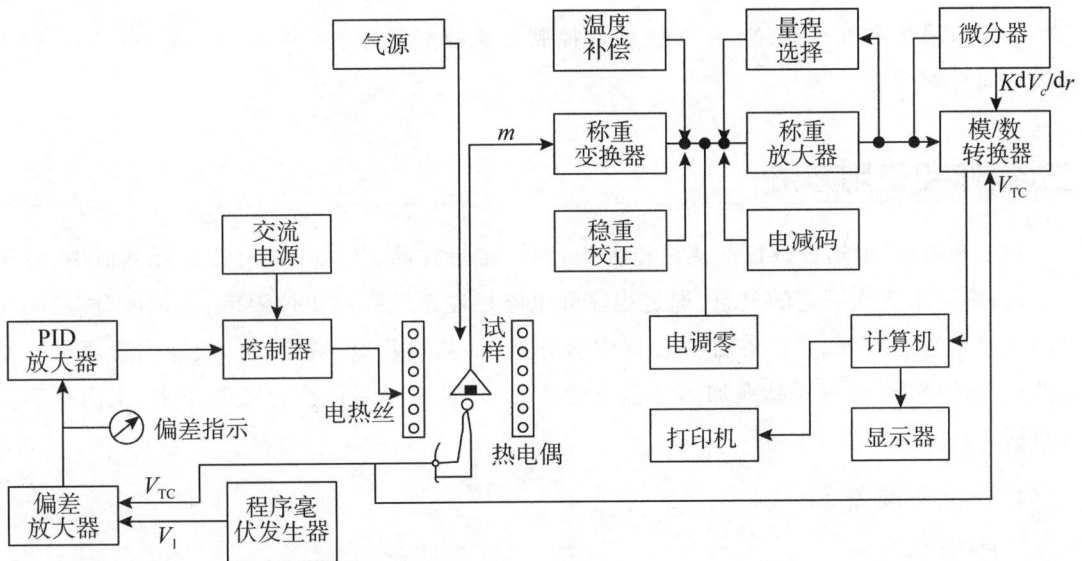

图1　同步热分析仪结构示意图

1.天平单元:采用下置式天平设计方案(见图 2),易于装卸样品,位于样品支架下方,最大限度地避免样品反流污染天平室。

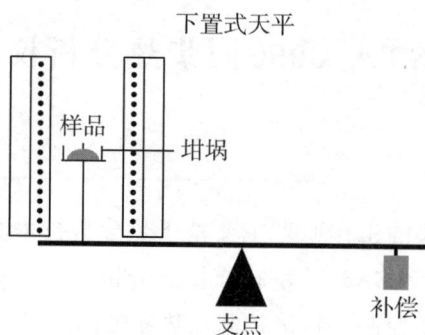

图 2　天平单元示意图

2.传感器:使用双盘差热传感器(包括 R 型热电偶和 S 型热电偶),监测和记录温度变化,确保实验数据的准确性。

3.加热炉:垂直炉体设计,双向缠绕铂合金炉丝,有效避免电磁场的干扰,高效耐氧化及腐蚀。

4.温度控制系统:该系统包括加热丝等组件,能够实现线性升温,确保实验条件的一致性和可控性。

5.气氛控制系统:包括绝缘加热传输线、带有可更换的 Silco Steel 衬管、光谱仪带有加热零重力效应气体池,具有自动配件识别、低容量和高效样品区域净化的功能。集成了质量流量控制器、颗粒过滤器、流量平滑系统、独立传输线、气体池温度控制器以及真空泵的排气管。

6.数据采集和处理系统:由 Pyris 软件控制系统收集数据,并由 Spectrum Timebase 软件解决时间校对问题。

三、操作和使用方法

STA 8000 同步热分析仪的测试流程为:取一定量样品,放入不同材质的样品皿中,置于炉体内;按需求通入一定的气氛,通过程序和电路控制系统控制炉体温度,使炉体升温,同时样品的温度也会升高;样品在加热过程中会有温度、热熔及重量的变化,仪器内置微量天平和热电偶传感器,会将样品在加热过程中的温度、热量及重量的变化检测出来,从而得到实验数据。具体操作步骤如下:

1.开机与准备

(1)检查仪器

·连接检查:检查管路和仪器连接是否正确,实验用的气瓶(如氮气)是否有足够的压力。

（2）开启设备

·开启保护气：打开氮气气瓶，并调节减压阀使减压表中压力为 0.15MPa。

·气密性检查：检查管路气密性是否良好，将泡沫涂在连接处，看是否有气体漏出。

·开启水循环冷却器：将水循环冷却器背板上的电源打开。

·开启仪器：打开同步热分析仪电源，启动仪器预热程序，将样品舱和热分析仪预热至设定温度，通常需要预热 30min 至 1h。

（3）准备测试样品

·准备实验所用的样品、坩埚、药匙和镊子，将样品粉碎并过筛，确保样品颗粒均匀细致。

2. 软件操作与参数设置

（1）软件登录与连接

·打开电脑，并启动与 STA 8000 同步热分析仪配套的软件。

·在软件界面中选择正确的仪器型号，并建立与仪器的连接。

（2）新建或打开测试方法

·在软件中选择"新建"或"打开"测试方法，设置实验参数。

·设置升温速率、终止温度（最高温度应不超过仪器的规定范围）、气氛等实验参数。

·设定实验样品的名称、保存路径等信息。

（3）天平清零

·在加热炉升起后，使用镊子将空坩埚放置在天平上。

·点击软件中的"清零"或"tare"按钮，以消除天平的初始误差。

3. 实验操作

（1）放置样品

·取出空坩埚，使用小药匙将待测样品小心加入坩埚中，样品应适量（不超过坩埚容积的 1/3），以确保测试的准确性。

·将坩埚边缘及底部擦拭干净后，重新放入天平上，并将样品舱密封。

·调整样品舱的位置，保证样品与热分析仪的探头完全接触。

（2）开始测试

·待天平读数稳定后，点击软件中的"开始"或"start"按钮，以启动测试。

·实验过程将自动进行，可以通过软件界面实时监测温度、质量等参数的变化。

4. 数据保存与处理

（1）测试结束

·测试完成后，仪器会自动停止加热，并等待降温。

·待降温结束后，可以升起加热炉，取出坩埚。

（2）数据导出与处理

·测试过程中数据采集和处理系统实时记录和保存数据，可以在软件中找到实验数据，并选择"导出"或"export"选项。

·将数据保存为所需格式（如.txt文件），以便后续分析。

·使用数据处理软件对实验数据进行处理和分析，可以获得样品的热性质和化学反应过程的相关信息。

5.关机与清洁

（1）关闭软件与仪器

:待实验结束后，先关闭软件中的测试程序，并退出软件。

·然后按照仪器的关机流程，依次关闭仪器的主机、电脑、水循环冷却器和氮气气瓶。

（2）清洁与保养

·清洁加热炉、天平和其他部件，以确保下次使用的准确性。

·检查仪器的连接管路和密封件，如有损坏应及时更换。

·定期对仪器进行维护和校对，以确保其长期稳定运行。

四、操作注意事项

1.开机准备与样品放置

（1）开机前必须先开循环水（如有配置循环水设备的话），特别是在升温前要确认仪器的冷却循环水已经开启。

（2）循环水的水温不要太低（如有配置循环水设备的话），最好在室温偏下几度，水温太低可能导致炉子内部产生冷凝水，降低天平寿命。

（3）开机前请确认天平吹扫气和系统干燥气处于打开状态。

（4）仪器气体进口压力不能太高，最好调节到减压表压力显示为1.5Bar（0.15PMa），压力太高会损坏气体质量流量计。

（5）装样时要先拿出坩埚，不要将坩埚放置在炉体内进行装样，这样容易使样品掉入炉子或者折断传感器支架，进而造成污染或损坏仪器。

（6）装样量不能太多，特别是粉末样品（通常建议样品重量为5~15mg），如果装满坩埚容易溢出到炉子或者支架部件上，最终有可能影响实验结果或损坏仪器。

（7）取放样品坩埚到样品支架杆上时必须轻拿轻放，避免折断天平杆或者损坏天平部件。

（8）应预先了解样品的成分与物理性质，样品中不能含易燃易爆物质，如有需要进行特殊处理。

2.实验过程与监控

（1）仪器"开"和"关"机间隔要大于5min，如果同一天内仪器使用间隔时间较长，建议用户采用待机方式，不要频繁地开关机，STA 8000的设计可以满足长时间待机（但是必须控制环境湿度,避免冷凝水积聚于炉腔内部)。

(2)请不要随意触摸炉体底部的测温传感器以及样品支架等部件。

(3)炉子在高温下或者在运行实验过程中,切忌用眼睛对准炉子排气口观看,否则容易灼伤皮肤和眼睛。

(4)炉子在高温下或者在运行实验过程中,切忌用手或者身体的任何部位触摸炉体或石英外管,否则容易灼伤皮肤。

(5)仪器在做分解实验时,要保持实验室通风,或者将尾气引出室外,防止有毒气体积聚引起急性或慢性中毒。

(6)高温下不要轻易取样或者装样,特别是高温下炉体温度很高,即使用镊子取出坩埚,也要妥善放置,不能放在设备外表面上,否则表面漆层容易分解脱落。

(7)实验完成后请保持炉子内清洁,如果发现炉体污染要及时清理,具体方法可以升温至800℃左右同氧气或空气灼烧炉子。

(8)保持坩埚清洁,每次做完样后及时清理样品坩埚,方便下次使用。

(9)关机前请确认炉子温度降到室温附近,特别是关闭循环水之前要确认炉子温度降到室温(如有配置循环水的话)。

3.仪器维护与保养

(1)请定期检查炉体密封垫圈是否存在缺损,若存在则会影响炉腔的气密性结构。

(2)如果长时间闲置仪器,要注意保持仪器干燥。即使不用仪器,也要经常开机,经常用气体干燥仪器内部,防止内部受潮,特别是要防止天平室受潮。

(3)请不要在仪器上面摆放任何物品,特别是液体。在处理液体样品时应避免液体倾倒入仪器内部,造成仪器损坏。

(4)仪器内部有高压,请不要随意拆卸仪器。

电化学工作站(AUTOLAB,型号PGSTAT302N)

一、仪器工作原理

电化学工作站是电化学测量系统的简称,可以准确测量并记录化学反应过程中各种参数的变化,是电化学研究和教学常用的测量设备,基于仪器硬件,它能够把化学过程中的现象以电势差、电流、电量等形式进行测量,并对这些参数进行获取、存储。

原理:电化学工作站主要基于电流、电压和时间的关系的原理设计。测试过程中,可以实现施加电压扰动(或无扰动)下的电流变化,也可以实现电流扰动(或无扰动)下的电压变化,再结合时间因素可以组成不同的电化学测试方法。一般来说可以将电化学方法分为直流测试和交流测试两大类

直流测试比较经典的是循环伏安法,该方法是在工作电极上施加一个动电压扫描,比如

施加电压是−1V到1V,扫描速率0.05V/s,同时测试电流响应,最终得到电流电压曲线。电极上如果有物质发生电化学反应则会出现对应的氧化或还原峰,通过对获取曲线的分析,可以得到样品的电化学活性、催化剂稳定性,或被测试物质或离子的特性或者含量,或生物体对电流/电压激励后的电化学响应,或金属样品在不同电压下的腐蚀速率及抗腐蚀性能。

交流阻抗测试是经典的交流测试方法,该方法是在工作电极上施加一个交流的扰动(如1MHz、10mV的交流电压扰动),获取样品的交流电流响应,根据获取的信号进行响应的数据处理得出阻抗数据。通过数据的拟合可以获取不同的电路,用来描述不同电化学反应界面的特性。

二、仪器的基本结构

电化学工作站一般由化学工作站主机、交流阻抗测试模块、电极引线、模拟电解池、软件组成。各部分的功能如下:

电化学工作站主机:主要是施加电流电压扰动,然后采集扰动带来的电化学响应信号。

交流阻抗模块:配合电化学工作站完成交流阻抗测试。交流阻抗测试过程中,交流阻抗模块产生施加交流信号的"指令"给电化学工作站主机,电化学工作站主机接到指令后精确地施加到样品上。样品由此做出的电化学响应由交流阻抗模块获取,结合施加信号信息最终完成交流阻抗的测试。

电极引线:实现主机和测试样品连接,实现电化学测试。

模拟电解池:为标准电路,替代样品进行标准测试,用于判断仪器是否测试正常。

三、操作和使用方法

1.实验前

(1)样品前处理

①根据样品的特性,将样品与工作站工作电极连接导通。测试时连接线及连接电极夹不要暴露在电解液中。

②若测试电极体系为两电极,确保对电极和工作电极不发生短路和断路。

③若测试电极体系为三电极,同样在不发生短路或断路的条件下,应该特别注意检查参比电极,确保参比电极正常工作(低端不要有气泡或大量晶体析出等)。

(2)测试体系连接

①将样品工作电极连接:两个红色的电极接头(WE和S)短接后连接到工作电极上。

②将对电极(也叫辅助电极,CE,黑色)连接到Pt片或石墨对电极上。

③若为两电极体系,参比电极(RE,蓝色)与CE短接连接到对电极上。

④若为三电极体系,参比电极(RE,蓝色)连接到参比电极上:参比电极时电极上端的开孔

处测量时要与大气相通,闲置时要堵住;参比电极连接时一定要观察参比电极是否有气泡。

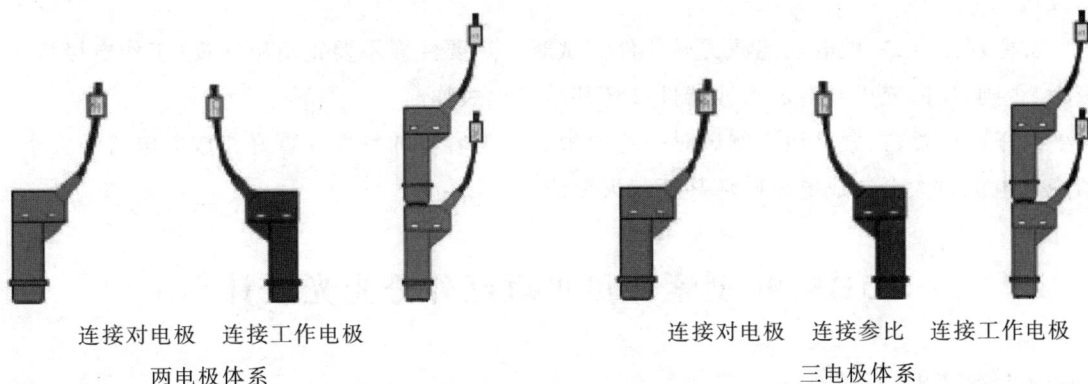

连接对电极　　连接工作电极
两电极体系

连接对电极　　连接参比　　连接工作电极
三电极体系

图1

2.开始测试

(1)开机前,检查电化学工作站与电脑的 USB 接线连接是否正常,保持正确连接。

(2)接通电化学工作站主电源,按动电化学工作站前操作面板电源按钮 Power 键,即打开工作站。

(3)启动电脑,并进入 Windows 操作系统,双击 NOVA 软件图标打开软件。若软件成功连接仪器,则会在软件里面显示连接成功。若还不能正常连接,需要关闭电化学工作站和电脑,重新检查 USB 接线连接情况,并重新开机启动。若仍然不能正常连接,需要报告仪器负责人检修。

(4)进行基本电化学方法测试,点击 NOVA 软件中 open library,出现测量界面。在左侧选取相应的 Procedure,输入相应的参数,确定参数输入无误后,点击 Start 按钮,进行测试。测试完毕后,自动保存数据。

3.测试完成

(1)数据查看与分析。在 NOVA 软件中点击 data 路径,双击要查看的数据进行分析。双击后会在软件左侧窗口中弹出已选择的数据,单击相应的曲线便可查看该曲线。

(2)数据导出。如果对某一数据要导出,单击相应数据,右上角选择 export data 导出即可。如果仅想导出图形,可在曲线显示面板中选择右上角保存图像快捷键。

(3)测试结束后,关闭电化学工作站前操作面板的电源按钮 Power 键,即关闭电化学工作站,最后切断电源。

四、操作注意事项

1.特别注意,每次测试前请检测参比电极是否导通正常,是否有气泡。一旦发现工作电极或对电极剧烈冒泡或剧烈反应,极有可能是参比电极有气泡或参比电极连接断开的缘故。

2.特别注意,S电极一定要和WE短接连到工作电极上,若未短接同样会出现剧烈冒泡的反应。

3.特别注意,在做电池能源类元器件测试时一定要注意不要正负极接反(工作电极接正极)。否则,反向充电会造成电池器件破坏甚至起火爆炸。

4.特别注意,在做电池类测试时一定要根据电池容量的特性计算好充放电电流的大小。若充电电流过大会造成电池破坏甚至起火爆炸。

UH5700型紫外可见近红外分光光度计

一、仪器工作原理

UH5700型紫外可见近红外分光光度计通过测量物质对光的选择性吸收来分析物质的组成和含量。原子或分子中的电子,总是处在某一种运动状态之中,每一种状态都具有一定的能量,处于一定的能级。当物质中的分子或原子吸收了入射光中的某些特定波长的光能量后,会发生分子振动能级跃迁和电子能级跃迁(见图1)。由于不同物质各自具有不同的分子、原子和分子空间结构,其吸收光能量的情况不同,因此每种物质都有其特有的、固定的吸收光谱曲线,从而得到其结构信息。

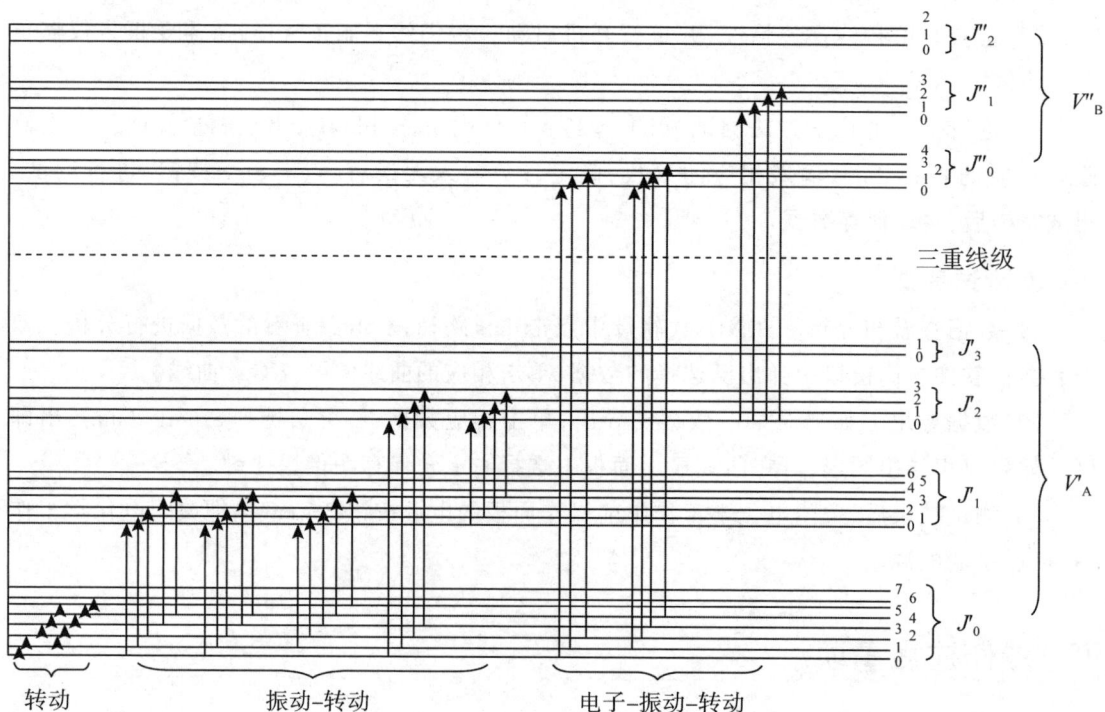

图 1　分子的能级示意图

二、仪器的基本结构

如图2所示,UH5700型紫外可见近红外分光光度计由光源、单色器、样品室、检测器和数据处理及显示系统等组成。

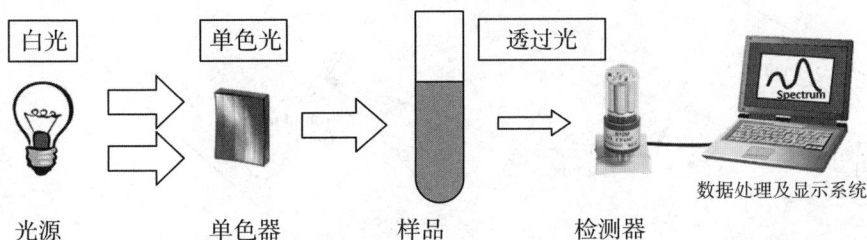

图2　仪器结构示意图

1.光源:产生连续的光谱,覆盖紫外、可见和近红外区域。紫外光源:通常使用氘灯,测试波长范围为190~370nm;可见光源:通常使用钨灯,测试波长范围为325~3300nm;近红外光源:通常使用卤钨灯或石英卤钨灯。

2.单色器:将光源产生的连续光谱分散成单色光,并允许特定波长的光通过。单色器的主要组成包括入射狭缝、出射狭缝、色散元件(如棱镜或光栅)和准直镜等部分。UH5700型分光光度计采用Seya-Namioka单色仪,安装了像差校正凹面光栅。同时拥有对光束的聚焦和色散功能,光学系统性能强,采用了更少的反射镜和更短的光路,因此消像差能力及光学明亮度都得到了很大提高。

3.样品室:放置待测样品的容器,允许特定波长的光通过样品并被吸附,吸收池的材料通常为玻璃或石英,其中石英吸收池可用于紫外区域。

4.检测器:检测通过样品后的光强度,并将其转化为电信号,常用的检测器有光电管或光电倍增管。

5.数据处理及显示系统:将检测器输出的电信号进行处理和显示,通常包括放大器、模数转换器、计算机和显示器等部件。UH5700型分光光度计采用了UV Solutions Plus软件,具有数据表和数据处理结果的列表显示功能、报告格式自定义功能以及仪器性能检查功能等。

在测试过程中,如图3所示,光源发出的光经过单色器分散成单色光后,通过吸收池中的样品;样品吸收特定波长的光后,剩余的光强度被检测器检测并转化为电信号;数据处理与显示系统对电信号进行处理和显示,从而得到样品的吸收光谱曲线。

除了常规的吸收测试之外,分光光度计也能够表征样品的透过率(图4a,即透射光强与入射光强之比)和反射率(图4b,即反射光强与入射光强之比)。

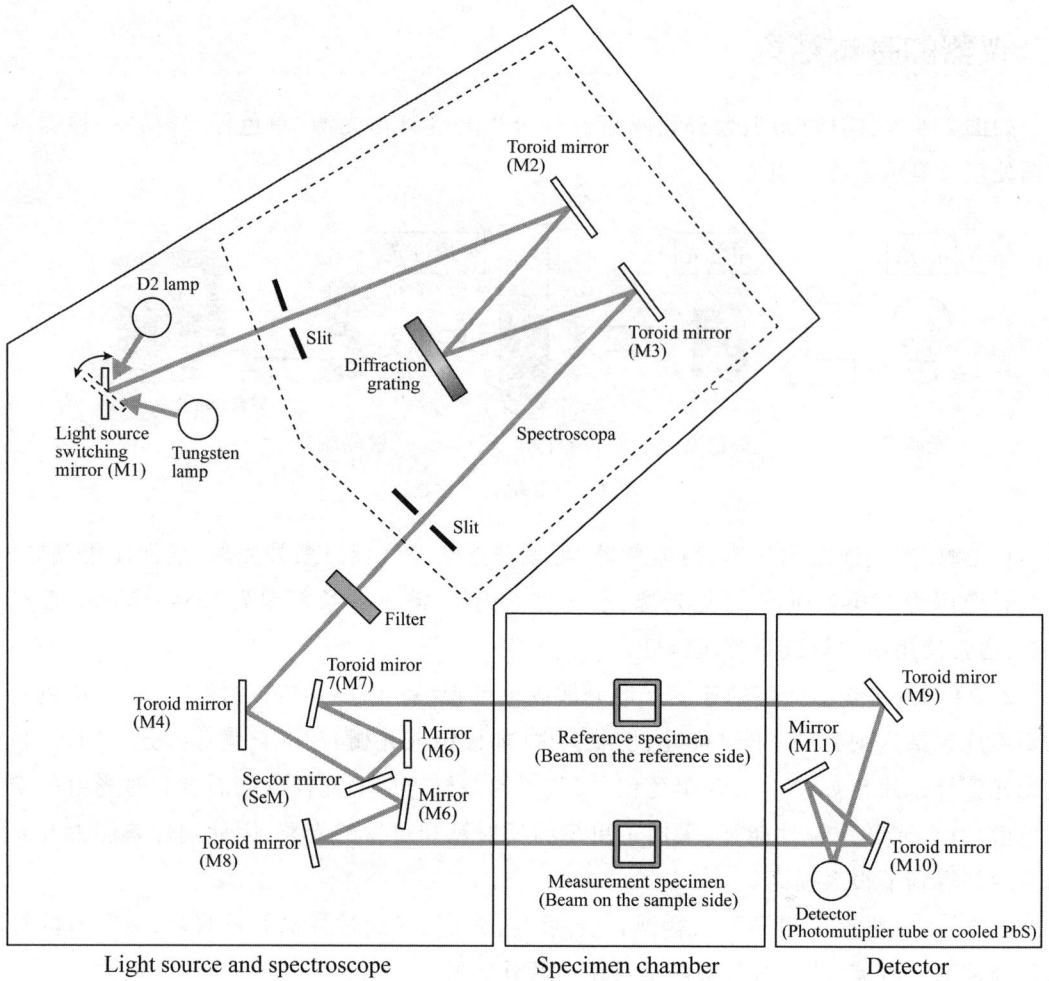

图 3　分光光度计的光路示意图

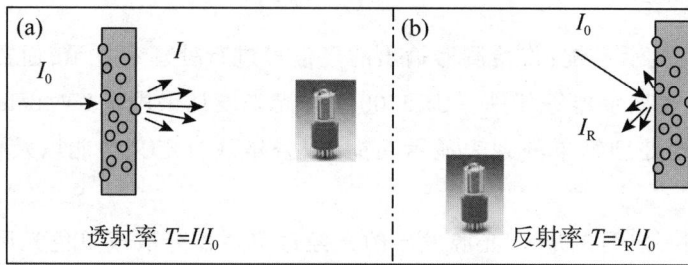

图 4　样品透射率和反射率的原理示意图

三、操作和使用方法

UH5700型紫外可见近红外分光光度计是一种精密的分析仪器,以下是其操作和使用方法的详细步骤。

1.开机与准备

（1）检查仪器：确保电源连接正确，电源电压符合仪器要求；检查样品室和光路系统是否清洁，无灰尘或污渍。

（2）开机：依次开启电脑和仪器电源，联机成功后，仪器会开始自检，该过程中不能打开样品仓盖，自检完成后，屏幕将显示主菜单，建议开机预热30min后，进行测试。

2.软件操作与参数设置

（1）开启软件：如图5所示，在MENU中选择WL Scan，在method项中设置测量的参数。

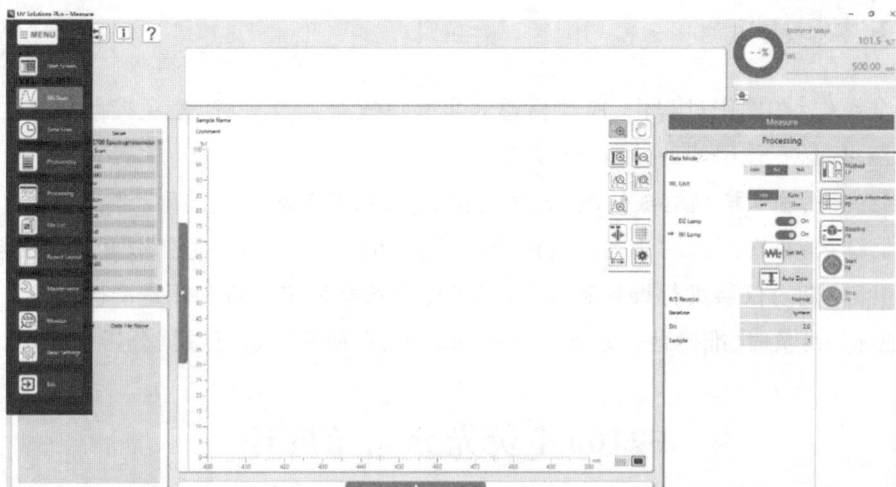

图5　UH5700型分光光度计软件页面示意图

（2）参数设置：在MENU中选择Photometry，在method项中设置测量的参数，根据实验需求，设置测试的波长范围、扫描速度和狭缝宽度等参数，也可以调用之前的标准曲线，设置完成后，点击"OK"按钮保存设置。

（3）基线校正：以空气或空白试剂做参比，点击图标Baseline，在弹出的对话框中选择要执行的基线进行基线校正。

（4）准备样品：将待测溶液倒入比色皿中，注意不要有气泡。

（5）放置样品：将比色皿放入样品池中，确保比色皿与样品池紧密接触，透光面与光路垂直。

（6）设置保存路径：点击图标Sample，设置要测量的样品名称和文件路径。勾选自动保存数据和文本文档格式。

（7）开始测量：点击图标Start，仪器将开始按照设定的测量条件进行扫描和测量。在测量过程中，可以实时监控测量数据和曲线变化。

（8）查看测试数据：测量完成后，按照设定的测量条件进行扫描和测量，在测量过程中，可以实时监控测量数据和曲线变化，根据需要，可以通过Process模块对数据进行平滑、峰值检测等处理。

(9)保存数据：将测量数据保存为合适的格式（如 ASC 格式,可以用 Excel 打开）,以便后续进行数据分析和处理。同时,也可以将原始数据保存为新的任务文件,以便将来进行复查或对比。

（10)关机：在完成所有测量和数据处理后,先关闭 UV Solution Plus 软件程序,随后依次关闭仪器主机和电源开关。

（11)清洁：清洁仪器表面和比色皿等部件,以保持仪器的良好状态和测量准确性。在清洁过程中,避免使用腐蚀性或研磨性的清洁剂。

四、操作注意事项

1.安全操作：在操作过程中,应严格遵守实验室安全操作规程,避免接触有害物质和高温部件。测试时,不使用紫外波段,可以关闭氪灯。

2.样品处理：确保样品溶液清澈、无气泡和杂质,以避免对测量结果产生干扰。

3.仪器维护：每次测试的比色皿要洗干净,测试结束后,将样品仓擦拭干净,不能触碰仪器中的镜片,定期对仪器进行维护和校准,以确保其长期稳定运行和测量准确性。

4.数据记录：及时、准确地记录实验数据和结果,以便后续进行数据分析和处理。

F7100型荧光分光光度计

一、仪器工作原理

激发光源是一个为样品提供照射光的光源,一般使用氙灯。

由激发光源发出的白光进入激发侧单色器,测定激发光谱（吸收光谱）时,改变激发光的波长,测定荧光强度对应的变化,测定荧光光谱时,激发波长固定,测量荧光强度随发射波长的变化。

来自激发侧单色器的光照向样品,沿着这个路径,半透半反镜会将光束分离,一部分光到达监控检测器,监控检测器用来监控激发光到达样品的强度,检测器通常使用光电管、光电二极管、光电倍增管等。当激发光到达样品时,样品被激发以发出荧光,发出的荧光进入荧光侧单色器。

在测量激发光谱时,荧光侧单色器选择特定的波长固定。当测量荧光光谱时,荧光侧单色器通过移动以测量发射波长。

离开荧光侧单色器的荧光会进入荧光检测器⑤,通常是光电倍增管,荧光检测器会将荧光转换为模拟电信号,再经过 A/D 转换电路⑥转换为数字信号,通过计算机⑦控制波长扫描和信号处理。

二、仪器结构

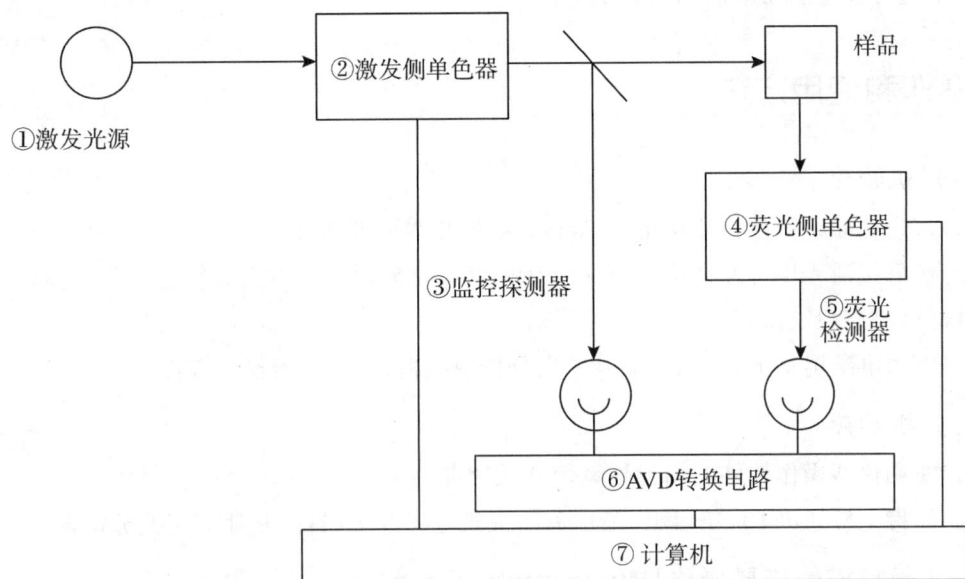

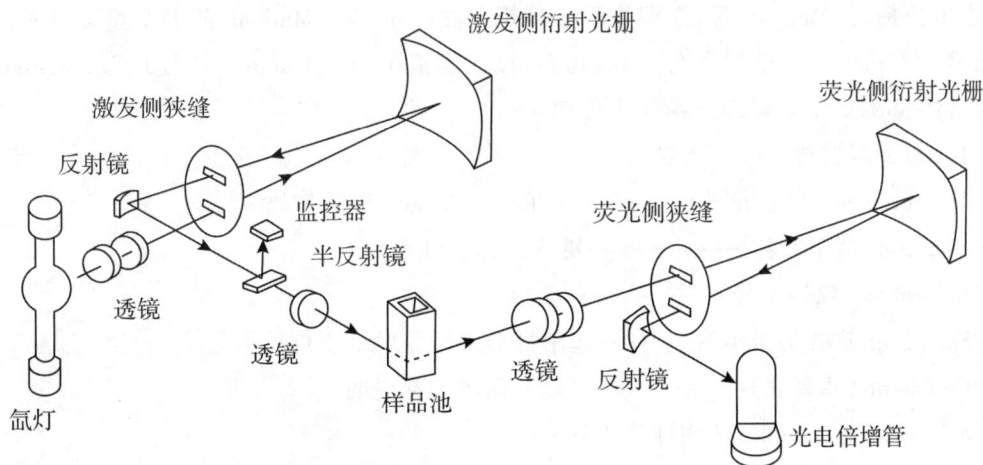

图 1　仪器结构

（1）光源：150W氙灯光源，能发射出强度较大的连续光谱。

（2）激发单色器（衍射光栅）：置于光源和样品室之间的为激发单色器，筛选出特定的激发光谱，单色器分光能力强，衍射率高。

（3）发射单色器（衍射光栅）：置于样品室和检测器之间的为发射单色器，筛选出特定的发射光谱，单色器分光能力强，衍射率高。

（4）样品池：通常由石英池（液体样品用）或固体样品支架（粉末或片状样品）组成，可提供多种测试选择。测量液体时，光源与检测器成直角安排；测量固体时，光源与检测器成锐角安排。

（5）检测器：光电倍增管作检测器。可将光信号放大并转为电信号。灵敏度高，在低浓度样品中也可以检测出准确的荧光信号。

三、操作和使用方法

1.开机顺序

（1）首先接通电脑及打印机电源，Windows操作界面开始建立。

（2）然后接通光度计左侧电源开关（POWER），约5s后主机右上方绿色氙灯指示灯点亮，表示氙灯已经启辉工作。

（3）点击电脑屏幕上FL Solutions荧光分析快捷框，进入仪器操作界面。

2.关机顺序

（1）使用仪器操作软件退出操作系统并关闭氙灯。

（2）保持主机通电10min以上，最后关闭主机电源开关（目的是让灯室充分散热）。

3.波长扫描的简易操作（Wavelength Scan）

点击快捷栏"Method"后，立即显示了分析方法（Analysis Method）的五个重叠界面，分别为"常规"（General）、"仪器条件"（Instrument）、"模拟画面"（Monitor）、"处理"（Processing）、"报告"（Report）。下面详细介绍每个界面。

（1）General（常规）

*Measurement（测量方式）--------选择Wavelength（波长扫描）

*Operator（操作者名）----------键入操作者性名

*Insturment（仪器型号）--------自动给出

*Sampling（进样器类型）-------选用自动进样器后该项自动指定

*Comments（注释表）----------可输入简单注释说明

*o Use sample table（使用样品表）----

（2）Instrument（仪器条件）

*Scan mode（扫描方式）----------Excitation（激发波长扫描）

Emission（发射波长扫描）

Synchronous（同步扫描）

*Data mode（数据方式）---------Fluorescence（荧光采集）

Luminescence（发光采集）

Phosphorescence（磷光采集）

*EM WL（发射波长）------------输入范 0nm，200~900nm

*EX Start WL（激发起始波长）----输入范围200~890nm

*EX End WL(激发终止波长)------输入范围210~900nm

* EX WL(激发波长)-------------输入范围0nm,200~900nm

*EM Start WL(发射起始波长)------输入范围200~890nm

*EM End WL(发射终止波长)------输入范围210~900nm

*Scan speed(扫描速度)------30,60,240,1200,2400,12000,30000,60000nm/min

八挡可选(磷光扫描仅有三挡:30,60,240nm/min)

*Delay(延迟时间)----------输入范围0~9999秒(重复测量时仅对第一次测量有效)

*EX Slit(激发单元狭缝)------------1,2.5,5,10,20,五挡可选。

*EM Slit(发射单元狭缝)------------1,2.5,5,10,20五挡可选。

*PMT Voltage(光电管负高压)---------250V,400V,700V,950V四挡固定电压可选。

*o PMT Voltage(光电管负高压)-------当此项选定后,可在0~1000V之间任意设定。

*Response(响应速度)---------0.002,0.004,0.01,0.05,0.1,0.5,2.0,4.0,8.0秒和Auto
共有十挡可选。响应速度快峰形分辨率高,但噪声大。速度慢反之。通常选Auto。

*Corrected spectra(光谱校正)--------使用副标准光源附件进行长波长光谱校正。

*o shutter control(光闸控制)-----选定后,在不测样品时,激发光不能照射到样品上。

*Replicates(重复次数)-------------可在1~99之间选择。(重复扫描用)

*Cycle time(循环间隔)----------两次扫描的间隔时间的设定,可在0~180分间选择。

(3)Monitor(模拟监视)

*Y-Axis Max(纵轴标尺上限值)------一般样品预扫描后仪器自动赋值。

*Y-Axis Min(纵轴标尺上限值)------根据需要赋值。

*R Open data processing window after data acquisition(测量后打开数据处理窗口)
一般选定R。测定结果可自动存储,便于后期处理。

*o Print report after data acquisition(数据采集后自动打印)----一般不选定。

*Overlay(重叠光谱图)-----可将光谱图重叠在监视画面上但重复扫描不可设定。

(4)Processing (处理方法)

简介:此界面主要是对已测定的图谱根据用户的要求进行选择处理。

*£ CAT(平均化)--------如选定则对重复测定的图谱进行平均处理。

*Processing choices(处理方法的选择)------有如下四种处理方法:

1)Savitsky-Golay Smooth(SG平滑)　　　2)Mean Smooth(平均平滑)

3) Median Smooth(中间平滑)　　　4)Derivative(微分求导)

*Processing steps(处理顺序)----------

*Peak Finding(峰检出)-----------有如下三项内容:

1)Integration method(检出方法)-----a)Rectangnlar(矩形),b)Trapezoid(斜方形)
c)Romberg(罗伯格方式)

2)Threshold(阈值)----------决定信号峰的舍取。赋值范围为0.001~1000。

小于赋值的峰可以显示但不打印结果。

3）Sensitivity（灵敏度）------可改变放大器的放大倍数。一般设置为"1"。

（5）Report（报告格式）

*Output（输出）-------------------有如下三种格式可选：

①Print Report -------------------打印报告（常用格式）

②Use Microsoft Excel ------------将数据变换为微软Excel 格式。

③Use print generator sheet------利用变换器（附选件）打印图表。

*Orientati（打印方向）------------横向（Portrait），纵向（Landscape）

*Pintable items（打印选项）------有五种项目可选：

①Include data（打印数据）

②Include method（打印方法）

③Include graph（打印图谱）

④Include data listing（打印数据表）---如果选定此项后，会显示右侧的打印数据列表［Include data listing］功能，有固定数据间隔［constant］和选择数据间隔［Select data］两种类型的选择。

⑤Include peak table（打印峰值表）

*Printer Font（打印机字形）---------可改变报告的打印字形。

4.时间扫描的简单操作（Time Scan）

简介：此扫描方式是EX、EM的波长均固定，仅观察样品随时间的变化。模拟画面的横坐标轴为时间单位。进入方法与波长扫描相同。

（1）General（常规）

*Measurement（测量方式）--------选择 Time Scan（时间扫描）

（其他内容与波长扫描相同，故从略。）

（2）Instrument（仪器条件）

*Data mode（数据方式）-----Fluorescence（荧光采集），Luminescence（发光采集）

Phosphorescence（磷光采集）Phosphorescence Life Time（磷光寿命采集）

Phosphorescence Life Time（Shoet）（磷光短寿命采集）

注：如果选择磷光短寿命采集方式，时间单位为ms，采集时间自动设定为20ms。

*EX   WL（激发波长）------0nm,200~900nm 设定

*EM   WL（发射波长）------0nm,200~900nm 设定

*Time unit（时间单位）------------s 和 ms 两种单位可设定

*Scan（扫描周期）------当时间单位为 sec 时，周期范围为：10~9000sec；

当时间单位为 msec 时，周期范围为：100~9999msec。

*EX Slit（激发单元狭缝）------------1,2.5,5,10,20,五挡可选。

*EM Slit(发射单元狭缝)------------1,2.5,5,10,20五挡可选。

*PMT Voltage(光电管负高压)---------250V,400V,700V,950V四挡固定电压可选。

*o PMT Voltage(光电管负高压)-------当此项选定后,可在0~1000V之间任意设定。

*Response　　　(响应速度)-----0.002,0.004,0.01,0.05,0.1,0.5,2.0,4.0,8.0s共九挡。

*o shutter control(光闸控制)-----选定后,在不测样品时,激发光不能照射到样品上。

*Replicates(重复次数)------------可在1~99之间选择。(重复扫描用)

*Cycle time(循环间隔)----------两次扫描的间隔时间的设定,可在0~180min间选择。

*o Stopped Flow(外部控制测量)-选定后,按下测量钮后,等待外部控制信号启动测量。

(3)Monitor(模拟监视)

*Y-Axis(纵轴上下限值)------一般样品预扫描后仪器自动赋值。

*X-Axis(横轴上下限值)------时间轴,根据需要设定。

(其他内容与波长扫描相同,故从略。)

(4)Processing(处理方法)-----内容与波长扫描相同,从略。

(5)Report(报告格式)----内容与波长扫描相同,从略。

5.光度计法的简单操作(PHOTOMETRY)

简介:光度计法亦称浓度直读法,也称工作曲线法。利用配制的具有梯度的标准样品,先做出一条标准曲线,然后再反测未知样品。

(1)General(常规)

*Measurement(测量方式)-------选择 Photometry(光度计)

(其他内容与波长扫描相同,故从略。)

(2)Quantitation(定量条件)

*Quantitation type(测量类型)------①Wave length(指定波长)②Peak area(峰面积),
　③Peak height(峰高),④Derivative(导数),⑤Ratio(比率)。

*Calibration type(曲线校正类型)-------①None(没有),②1st order(线性方程),
　③2nd order(二次方程),④3rd order(三次方程),⑤Segmented(折线)

*Num ber of wavelengths(波长数)------当曲线校正选择"None"时波长数可以在1~6间选择,但再不能使用工作曲线法了。其他校正类型只能在1~3间选择,但此时的波长数并不表示在若干波长值下可以同时测定样品的吸光度,仅仅是对光谱图的一种处理方法。

*Concentration unit(浓度单位)----------根据需要格式设定

*Manual calibration(手动校正)------根据公式校正

*Force curve through zero(强制曲线归零)

*Digit after decimal point(小数有效位)---可以在1~3间赋值

(3)Instrument　(仪器条件)

*Data mode　(数据方式)--------Fluorescence(荧光采集),Luminescence(发光采集)

Phosphorescence(磷光采集)

*Wavelength mode(波长方式)-----EX WL Fixed(激发波长固定)

EM WL Fixed(发射波长固定),Both WL Fixed(两侧均固定)

*Fixed WL(波长选定)---------可以选定1~6个波长值,波长值赋值范围

0nm,200~900nm。

*EX Slit(激发单元狭缝)-----设定范围2.5,5.0,10.0,nm

*EM Slit(发射单元狭缝)-----设定范围2.5,5.0,10.0,20.0nm

*PMT Voltage(光电管高压)-------设定范围400V,700V,950V

*Auto statistic cal.number(自动统计计算)----可以进行平均值,标准偏差,
变异系数的计算。为此目的则要设置样品重复个数,此数在2~4000间选择。

*Replicates(重复次数)------重复测量次数,输入范围1~20。

*Integration Time(积分时间)-----0.1~10.0秒间设定。

*Delay(延迟时间)-------启动后经过所设定的时间自动开始测量。

(4)Standards(标准样品表)

*Number of Samples(标准样品数目的设定)------1~20间设定。

*Update(设定确认)-------当标样数确定后,点击此框后显示标样表以供赋值。

*Insert(插入)----------点击此框可临时插入一个标样条目。

*Delete(删除)----------点击此框可临时删除一个标样条目。

(5)Monitor(模拟监视)

同前述相同,故从略。

(6)Report(报告形式)

同前述相同,故从略。

注:标样测量点击Measure框,未知样品测量点击F4键,结束测量点击F9键。

6.三维扫描的简易操作(3-D SCAN)

说明:该功能的作用是,当某个样品不知最佳激发波长和最佳发射波长时,利用该功能可自动快速地给出最佳条件。并可供其他特殊分析用。

(1)General(常规)

*Measurement(测量方式)--------------选择3-D Scan方式。

(2)Instrument(仪器条件)

*Data mode(数据方式)----------可选择Fluorescence荧光或Phosphorescence磷光。

*Chopping speed(切光器转速)---使用磷光测定时用,有10Hz、20Hz、40Hz三挡可选。

*EX Start WL(激发起始波长)---------0nm,200~850nm间选择。

*EX end WL(激发终止波长)-----------0nm,200~900nm间选择。

*EX Sampling interval(激发扫描间距)------1~50nm间选择。

*EM Start WL(发射起始波长)--------0nm,200~850nm 间选择。

*EM end WL(发射终止波长)--------0nm,200~900nm 间选择。

*EM Sampling interval(发射扫描间距)---- 1~10nm 间选择。

*Scan speed （扫描速度)--------30,60,240,1200,2400,12000,30000,60000nm/min
八挡可选(磷光扫描仅有三挡:30,60,240nm/min)

（3）Monitor （模拟监视）　　　从略。

（4）Processing(数据处理)　　　从略。

（5）Report(报告)　　　　　从略。

四、仪器维护与保养

1.内容及流程

（1）仪器表面除尘:使用洁净、柔软抹布按相同方向轻轻擦拭。

（2）样品倾洒到样品室:将样品支架,甚至样品仓底座取下后,用有效的方法擦拭。

（3）样品溅射到样品仓内的凸镜上、凸镜上有明显灰尘:用擦镜纸按同一个方向擦拭。

2.结果处理

（1）按正确的开机顺序开机:开电脑,进入 Windows 界面后→打开仪器主开关,等1min→进入软件。

（2）氙灯不亮:氙灯在热的情况下无法点亮,等待半小时后再开;如果还是不亮,需要更换氙灯。

（3）仪器重现性不好:将荧光池清洗干净后,用纯水作为样品,测水的拉曼峰,如果重现性良好,说明仪器状态正常;如果水拉曼峰重现性不好、毛刺多,调整氙灯位置;前两步都无效则说明氙灯已经老化,需要更换氙灯。

3.周期

（1）仪器表面除尘:每周一次。

（2）样品仓溅射样品:立即处理。

（3）仪器的重现性检查:每个月一次。

（4）仪器的灵敏度检查:每两个月一次。

液质联用仪(岛津LCMS-8045)

一、仪器工作原理

质谱(MS)分析是一种测量离子质荷比(质量-电荷比)的分析方法,其基本原理是使试样中各组分在离子源中发生电离,生成不同荷质比的带电荷的离子,经加速电场的作用,形成离子束,进入质量分析器。质谱的常用概念包括质荷比(m/z)、质谱、离子的强度(丰度)、分子离子和同位素。其中质谱仪产生的信息是离子的质量及其强度,这些数据可以列成表。最常用的是以质荷比(m/z)为横坐标,强度为纵坐标制成的质谱图。分子离子提供了最有价值的质谱信息,包括相对分子量、元素组成与碎片离子相关的结构信息。

液相色谱仪(HPLC)的工作原理基于样品溶液在流动相和固定相之间的分配差异。流动相被高压泵打入系统,样品溶液经进样器进入流动相后,被载入色谱柱(固定相)内。由于样品溶液中的各组分在两相中具有不同的分配系数,组分被反复分配,最终通过检测器进行检测,实现物质的分离。数据采集系统将检测到的信号转化为图谱或色谱图进行数据分析和定量分析。

液质联用(LC-MS)又叫液相色谱-质谱联用技术,它以液相色谱作为分离系统,质谱为检测系统。样品通过液相色谱分离后的各个组分依次进入质谱检测器,各组分在离子源被电离,产生带有一定电荷、质量数不同的离子,经质谱的质量分析器将离子碎片按质量数分开,经检测器得到质谱图。液质联用体现了色谱和质谱优势的互补,将色谱对复杂样品的高分离能力,与 MS 具有高选择性、高灵敏度及能够提供相对分子质量与结构信息的优点结合起来,在药物分析、食品分析和环境分析等许多领域得到了广泛的应用。

二、仪器的基本结构

LC-MS(液相色谱-质谱联用仪)通常由几个主要部分组成,这些部分共同工作以进行化合物的分离、检测和鉴定。以下是 LC-MS 系统通常包括的几个关键组件。

1.液相色谱部分(HPLC)

-进样系统:用于将样品引入色谱柱。

-色谱柱:样品在这里根据各组分在流动相和固定相之间的分配系数不同而被分离。

-流动相系统:包括泵、溶剂瓶和混合器,用于将溶剂输送到色谱柱中。

-检测器:虽然质谱仪本身作为检测器,但在某些情况下,液相色谱系统可能还配备有紫外检测器或荧光检测器等辅助检测器。

2.质谱部分(MS)

-离子源:将液相色谱流出的样品分子转化为气态离子。常见的离子源包括电喷雾离子化(ESI)(见图1)和大气压化学电离(APCI)。

-质量分析器:这是质谱仪的核心部分,用于将离子按质荷比(m/z)进行分离。LCMS-8045 可能采用四极杆、离子阱、飞行时间(TOF)或其他类型的质量分析器。

-检测器:检测并测量分离后的离子强度,通常使用电子倍增器或微通道板等灵敏检测器。

–数据系统:用于采集、处理和分析质谱数据,包括软件界面用于操作仪器和解读结果。

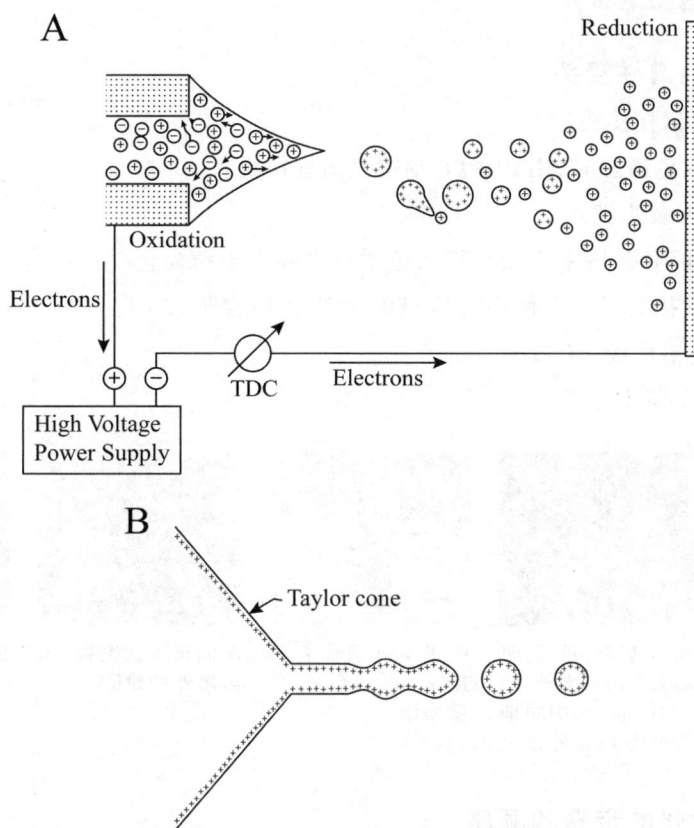

图1　电喷雾电离(ESI)原理

3.接口部分

–喷雾室:连接液相色谱和质谱的接口,通常包含喷雾针和去溶剂化气体喷嘴,用于将液相色谱流出的液体样品转化为气态离子并进入质谱仪(见图2)。

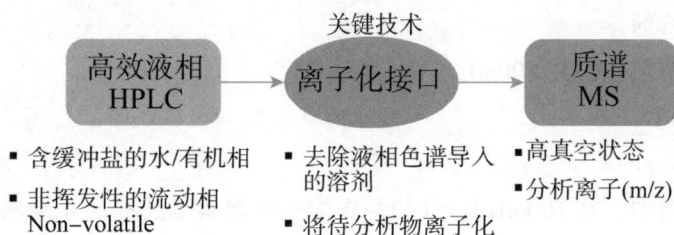

图2　LC/MS离子化接口

三、操作和使用方法

1.UHPLC色谱柱接头

（1）UHPLC色谱柱接头（一）

当使用超高效色谱柱时,用UHPLC专用色谱柱接头。

UHPLC接头安装步骤:

①确保管线插到底,用手将接头拧入色谱柱直到拧不动为止。

②用扳手拧紧接头。（初次使用旋转180°,再次使用旋转120°）

（2）UHPLC色谱柱接头（二）

Nexlock接头安装步骤:

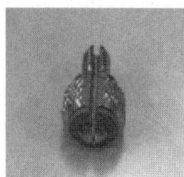

A.接头近照:可手拧安装,或者用扳手安装　B.不锈钢管近照:两端为1/16标准外径,约10mm长,中间细管约为1mm外径　C.将不锈钢管卡进接头,可以轻松地反操作　D.固定不锈钢管,无需额外的毂圈　E.手拧紧即可,安装完成

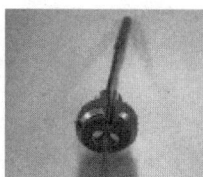

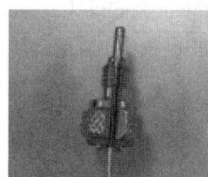

2.灵敏度优化的步骤和顺序

第一步:标样结构分析和质谱确认;第二步:MRM优化;第三步:选择色谱柱、流动相和梯度条件;第四步:设置Dwell time和采集方式（全段或分段采集）;第五步:优化Interface参数;第六步:优化接口电压;第七步:优化喷针位置。注意:次序很重要。

调谐液配制方法:

标准样品准备方法如下。与P/NS225-14122-01(200mL)相同。

（1）配制稀释溶剂。

纯净水　稀释溶剂（约1L)800mL

甲醇　　200mL

醋酸铵　14.5mg

（2）配制稀释溶剂。在100mL上述（1）稀释溶剂中溶解下述样品化合物。

PEG200　0.75μL

PEG600　1.0μL

PEG1000　150μL

PPG2000　100μL这是储备溶液。

（这是100倍的标准样品浓度。但是,不包含棉籽糖。）

PEG1000在室温下是固体。加热到60℃左右使其液化,在一次性微型吸管中迅速吸取指定体积量,然后溶解在溶剂中。

(3)配制自动调谐标准样品。

①利用在步骤(1)配制的稀释液将步骤(2)配制的储备溶液稀释到百分之一的浓度。②在该溶液中稀释棉籽糖以达到15mg/L的浓度。就此完成程序。

由此产生的浓度如下所示。

PEG 200:0.075μL/L

PEG 600:0.1μL/L

PEG 1000:15.0μL/L

PPG 2000:10.0μL/L

棉籽糖:15mg/L

注释:用于标准样品的PEG和PPG很容易黏附到设备上,而且很难清洗,即使用水也难以消除,因此称量这些化合物的吸管、容器等不可用于准备流动相或试剂。否则,将导致分析过程中试剂污染和背景噪声。调谐液请放于4℃冰箱中保存。

四、操作注意事项

1.选择流动相添加剂时注意事项

强酸物质,例如三氟乙酸(TFA)、H_2SO_4等负离子模式下会引起离子抑制;强碱物质,例如三乙胺、季铵盐等,正离子模式下引起离子抑制;离子对试剂如十二烷基硫酸钠(SDS)会导致严重离子抑制。

2.UHPLC色谱柱接头注意事项

建议使用20次后更换新的接头。初次使用时,扳手旋转角度不要低于120°也不要高于210°。再次使用时,扳手旋转角度不要低于90°也不要高于180°。太低会导致高压下漏液,太高会导致接头损坏。不要将接头安装在连接过其他型号高压接头的管路上。如果连接,可能导致接头损坏而漏液。

3.准备调谐液标准品

(1)打开前门并检查标准样品瓶内的标准样品。

如果导管未能浸入样品溶液,则无法抽取样品。通常,必须检查瓶内是否装有40~80mL的样品。完成一次自动调谐,要耗掉大约1mL样品。

(2)连接导管。

打开离子源护盖。

停止LC(泵)的运行。

断开LC的导管并连接标准样品瓶上仪器附带的阻尼管与ESI离子源。

注释:当心不要过度弯曲阻尼管。处理导管时,须保持至少40mm的危度弯曲半径。连接后,红管处于瓶侧。

(3)关闭前门

阻尼管用后需用甲醇进行清洗,否则,会导致堵塞发生。

4.执行自动调谐

(1)启动 LabSolutions。

(2)点击 Tuning图标。

如果[Tuning]图标没有出现,就要点击辅助工具栏上的 Main (Main)。

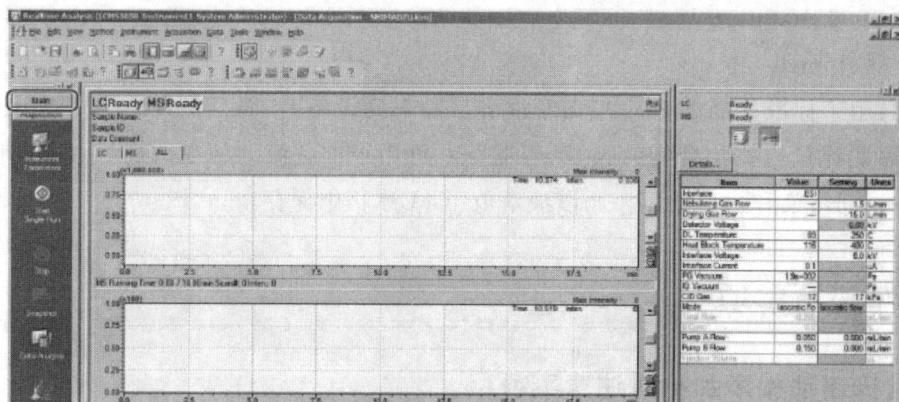

(3)点击 Autotuning Start图标。

注释:请确认 DL 插塞是否已拆下。

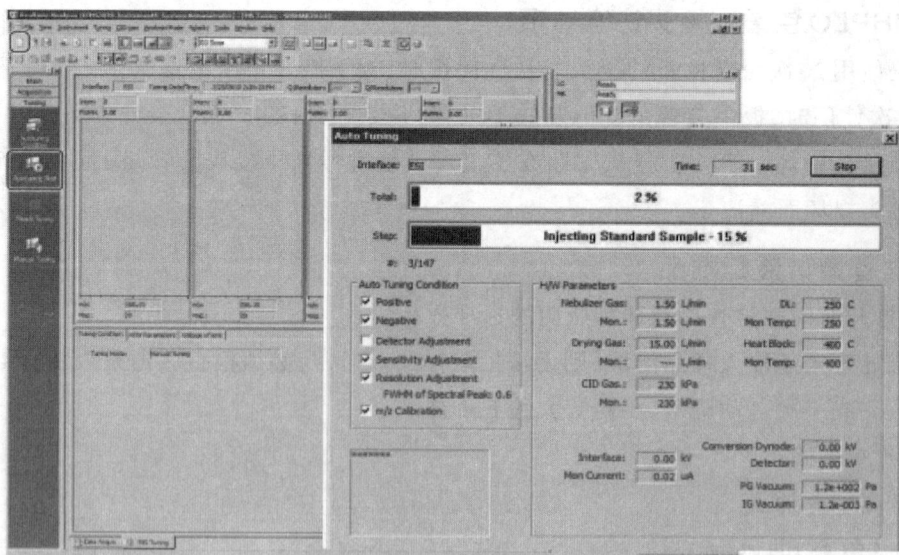

5.保存调谐结果

保存校准文件。

选择[File]菜单中的[Save Tuning File As]并保存校准文件(*.1ct)。接下来,选择是否将校准文件设定成默认校准文件。

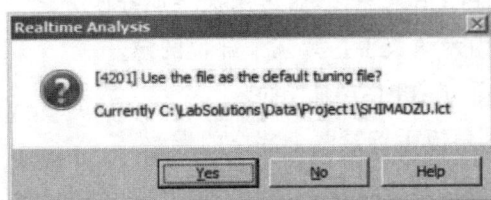

```
┌─────────────────────────────────────────────────┐
│ Realtime Analysis                            [X] │
├─────────────────────────────────────────────────┤
│   ?   [4201] Use the file as the default tuning  │
│           file?                                   │
│                                                   │
│       Currently C:\LabSolutions\Data\Project1\    │
│       SHIMADZU.lct                                │
│                                                   │
│       [  Yes  ]    [  No  ]    [  Help  ]         │
└─────────────────────────────────────────────────┘
```

如果选定[Yes],就会将保存的校准文件设定成默认校准文件。在下次打开[Tuning]窗口时,新的默认校准文件会自动显示。

如果选定[No],就不会将保存的校准文件设定成默认校准文件,在打开[Tuning]窗口时,现有的默认校准文件会自动显示。

除非在分析的开始就指定要使用的校准文件,否则会自动使用默认校准文件。

6.调谐结果查看

检测器电压在$-1.6 \sim -2.7$kV属于正常范围。检测器性能会随着使用而有不同程度的降低,因此需要大约每两年更换 1 次。通常,若自动调谐结果达到近-2.7kV时,需进行更换。ØPG(皮拉尼真空规)指示接口单元的压力。

五、维　护

1.拆卸毛细管

(1)从仪器中取出 APCI 离子源。

(2)卸下 APCI 盖。

(3)拆下 2 个螺丝。

(4)拆下 APCI 盖板。

(5)取下顶部盖板。

(6)用内六角扳手拆下螺丝。

(7)用内六角扳手拧松三个部位的螺丝 3 取下顶部盖板。

(8)取出 APCI 管组件。

(9)保持加热装置侧的螺母固定不动并转动 APCI 适配器螺母。

(10)卸下 APCI 管组件。

(11)从 APCI 管组件上取下 APCI 适配器(小心处理 APCI 管组件的针管部分,因为其容易弯曲)。

2.安装毛细管

安装APCI管。

(1)将APCI适配器安装在新的APCI管。

(2)将APCI管插入APCI离子源。插入APCI管的前端时,请保持管道垂直。

注释:先用手指拧紧APCI适配器,然后再用扳手加拧四分之一圈。

(3)安装APCI盖。用内六角扳手拧紧三个部位的螺丝。

(4)用螺丝将Pipe base与APCL毛细管拧紧。

(5)安装顶盖。用内六角扳手拧紧两个部位的螺丝。

3.电晕针

在进行维护作业之前,须从LabSolutions程序关闭高压开关并断开高压电缆。如果不将高压电缆断开,会有触电的危险。

由于APCI放电针很锐利,请当心。

(1)从仪器中取出针单元。

(2)抛光APCI针。用螺丝刀卸下APCI针,用4μm抛光膜抛光APCI针尖。抛光时,注意不要弯曲针尖。

(3)将APCI针浸在甲醇中,用超声波清洗。

(4)在支撑臂上安装APCI针。

(5)在仪器上安装针单元。

注释:安装针单元前,应先用校准夹具检查APCI针尖是否笔直。检查针是否在缝隙内,如果针发生弯曲则对其进行修理。

4.喷雾腔

(1)擦拭

用可以去除污渍的溶液(例如,水/甲醇)浸湿纱布,然后用纱布擦去污渍。需清洗的位置有采样锥、加热块、加热装置法兰、电离单元内壁、电离单元顶部(请勿擦拭到DL管前端)。

(2)清洗

5.脱溶剂管(DL)

在进行维护作业之前,须从LabSolutions程序关闭加热器,并保证加热块的温度已经降到50℃以下。雾化单元达到高温将造成灼伤。在进行维护作业之前,须从LabSolutions程序关闭高压开关并断开高压电缆。如果不将高压电缆断开,将存在触电的危险。

拆卸:

(1)解锁并移开离子源。

(2)用内六角扳手拧松两个螺丝。

(3)将配件附带的拉制工具插入加热块底部,移开加热装置法兰。

(4)断开连接器,移开时,按压连接器上的门挡。

(5)用配件附带的六角扳手松开两个DL锁紧螺丝转动六角扳手约三圈。

(6)朝着可以拆卸DL的方向转动缺口区域,然后将DL拔出。

安装DL:

(1)朝着能够将DL固定到加热装置法兰的方向转动缺口区域,然后就可以接好连接器。

(2)用配件附带的六角扳手拧紧两个螺丝。拧紧螺丝锁紧充分。

(3)将加热装置法兰插入IF法兰,拧紧两个螺丝。

(4)安装上离子源并关闭。

6.机械泵更换泵油

每隔4个月需要更换泵油,否则将会造成包括真空不足、泵油泄漏和噪声增加等故障。因此,请定期更换泵油。维护工作开始之前,停止真空系统并关闭仪器电源。如果不关闭电源,可能会有触电的危险。

(1)停止仪器。

(2)停止后,等待约10min。利用容量约为2L的托盘或塑料袋盛接所排放出来的油。请注意,拿掉排放塞后,油可能喷出来,因此必须小心排放。

(3)注入新油。

(4)关闭注油塞。

(5)开启机械泵发动机开关。

(6)复位机械泵油更换频率。

7.外部清洗

如果机体盖变脏,请用柔软的干布或纸巾擦拭。如果污渍特别顽固,先将布浸在稀释的中性清洁剂中,然后拧干,再擦拭盖子。再把这块布浸在清水中拧干,再擦拭机体以免残留清洁剂,然后再用干布擦干。请勿让机体受潮,或使用任何类型的酒精或稀释剂进行擦拭,否则将会生锈或褪色。

8.清洗风扇

每半年左右就清洗一次风扇。用吸尘器等设备清除仪器上两个风扇上的灰尘。

雷尼绍激光显微共焦拉曼光谱仪

一、仪器工作原理

显微共聚焦拉曼光谱仪采用激光作为光源,经过一个可调焦透镜聚焦到样品表面。样品吸收部分光子能量,其余光子被散射。散射光通过物镜进入光谱仪,经过分光镜分为不同波长的光线。其中一部分光线进入拉曼光谱仪,通过波谱仪分析样品的拉曼光谱(见图1),得到样品的化学成分信息。

另一部分光线则进入共聚焦显微镜,经过准直器和反射镜聚焦到样品表面,形成高分辨率的光学图像。显微镜采用扫描镜片技术,通过扫描样品表面,获取样品的三维成像和化学成分分布信息。

显微共聚焦拉曼光谱仪具有高分辨率、高灵敏度、非接触式测量等优点,广泛应用于材料科学、生物医学等领域的研究。

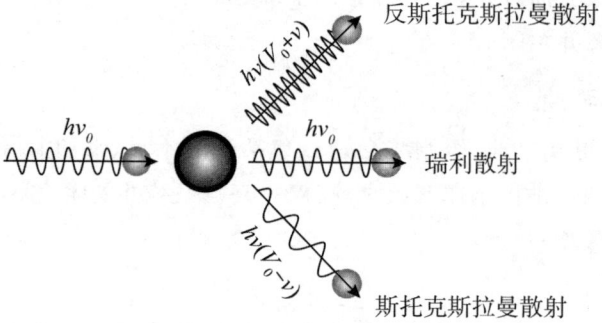

图1　拉曼散射示意图

图2显示了瑞利和拉曼散射的跃迁过程。

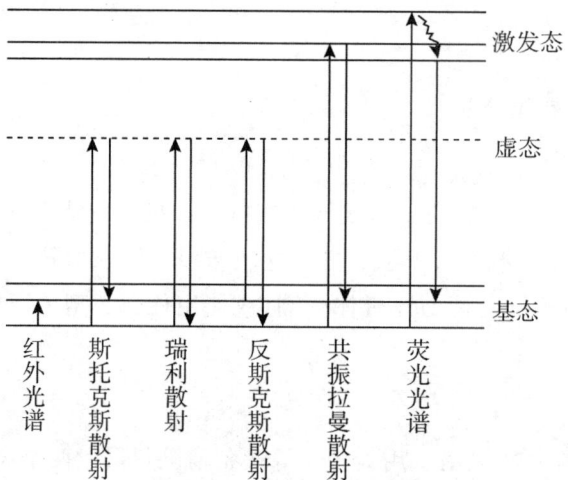

图2　产生光谱的电子跃迁能级图

拉曼光谱带可用来分析得到化学和结构信息,用来完成材料的鉴定、材料特性的研究和空间分析。雷尼绍的inVia拉曼光谱仪还可以用来测量光致发光(PL),PL是拉曼效应的竞争效应。PL谱峰通常强度高,是材料电子能态的函数。PL效应有时表现为一个湮没拉曼谱带的宽谱带。

通过分析不同拉曼带的参数可得到的信息：

	谱带参数		信息
Univariate		特征拉曼频率	鉴定（材料的组成成分）
		对比特征拉曼频率	辨别
	parallel perpendicular	改变偏振引起的强度变化	晶体取向
		绝对/相对强度变化	绝对/相对浓度
		拉曼带宽的变化	结晶度、温度
		拉曼谱带位置的变化	应力状态
Multiple spectra 多张光谱	以上参数应用于多光谱中： •单变量—基于原始数据或曲线拟合 •多变量—基于计算模式，例如，DCLS、PCA、MCR-ALS或者EmptyModelling		以上信息结合不同的维度，如时间、温度、距离、面积和体积，例如： •厚度（强度随深度变化—1D） •区域大小和分布（强度随区域变化—2D/3D）

二、仪器的基本结构

显微共焦拉曼光谱仪通常包括：

•一单色光源（一般为激光）；

•一种将激发光照射到样品上，并采集散射光的装置（通常为显微镜）；

•一种能滤除掉所有其他光，仅保留拉曼散射产生的极小部分的光的装置（通常为全息陷波滤波片或介电带通滤波片）；

•一种能将拉曼散射光分成很多不同波长的光，即一张光谱的器件（像衍射光栅）；

•一种能够探测散射光的光敏器件（一般为CCD相机）；

•一台控制仪器和马达，并分析和储存数据的电脑。

三、操作和使用方法

1.打开主机。

2.打开软件：双击WiRE快捷键，运行WiRE软件。软件开启后，弹出系统自检画面，点击OK，系统进入自检过程（注意：不能中途取消，自检完成后进行下一步操作）。

3.打开激光器：将需要使用的激光器打开，预热20min后进行测试。

4.点击快速校准，进行快速峰位校准。

5.将样品放置在显微镜样品台上,选择合适的显微物镜聚焦需要测试的区域。

6.设置实验参数,包括激光器和光栅、激发功率和曝光时间等,点击"运行"进行拉曼光谱采集,选择自动保存或完成后保存数据。

7.关机:依次关闭激光器、主机。

8.软件可单独开启进行数据处理。

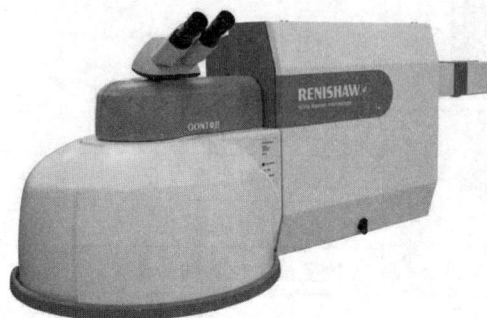

四、操作注意事项

1.环境要求

·湿度:<55%;温度:20~30℃,控制在+3℃。

·远离振动外源,必要时减震。

2.清洁与使用保养

·外表面清洁:定期擦拭;防止粉末、液体等进入仪器,尤其是保持样品台缝隙、物镜等光学元件清洁;如果物镜等光学元件表面不小心被污染,建议立即对其进行清洁,采用擦镜纸或光学专用布沾无水酒精对其进行单方向擦拭。

·长时间不使用定期开机建议一周一次,一次>2h,确保仪器正常运行切忌短时间内频繁开关机。

3.安全注意事项

·激光安全:防止激光直射眼睛和皮肤。

·仪器安全:仪器培训合格或有工程师在场,才能进行相关操作和维护。

·电力安全:运行过程防止频繁断电,必要时配备稳压电源。

压电系数测量仪（Piezotest PM300）

一、仪器工作原理

压电系数测量仪 Piezotest PM300专门用于测量压电材料 d_{33} 系数（压电应变系数）。它通过施加已知的机械力来引起材料的应力,从而测量该材料产生的电荷或电压信号,以评估其压电特性。其核心工作原理基于压电效应——材料在受到机械应力时产生电位差,反之,在施加电压时,材料会发生形变。通过这种电–力之间的转换效应,压电材料在传感器、能量采集、执行器等有着广泛应用。

具体来说,Piezotest PM300通过振动源对测试样品施加周期性的压力,导致材料内部的晶格结构发生形变。随着材料发生形变,其内部的电荷重新分布,从而产生电信号。电信号可通过高灵敏度传感器捕捉,之后数据处理系统根据信号的大小和频率,精确计算出样品的压电系数,特别是 d_{33} 系数。d_{33} 系数主要表示压电材料在厚度方向的极化与沿同一方向施加的机械力之间的关系,其是评估压电性能的重要参数。

仪器运用的是准静态测试技术,该技术基于正压电效应运作。在此技术中,向压电振子施加一个远低于其谐振频率的低频交变力,以此激发振子产生交变电荷。

在振子未受外电场影响,且满足电学短路条件（即电荷自由流动,无电势差形成）,同时仅沿极化方向受到力的作用时,压电效应的数学表达式可以得到简化处理,如下所示:

$$D_3 = d_{33}T_3,\ 即\ d_{33} = \frac{D_3}{T_3} = \frac{Q}{F} \tag{1}$$

式中:D_3——电位移分量,C/m²;

T_3——纵向应力,N/m²;

d_{33}——纵向压电应变常数,C/N 或 m/V;

Q——振子释放的压电电荷,C;

F——纵向低频交变力,N。

当把一个待测振子和一个已知的比较振子在力学上串联起来,并利用施力装置中内置的电磁驱动器向这两个振子施加低频交变力（见图1）时,待测振子释放的压电电荷 Q_1 会在并联的电容器 C_1 上积累并产生电压 V_1,而比较振子释放的压电电荷 Q_2 则会在 C_2 上积累并产生电压 V_2。通过运用公式（1）,可得出:

$$\left.\begin{array}{l} d_{33}^{(1)} = C_1V_1/F \\ d_{33}^{(2)} = C_2V_2/F \end{array}\right\} \tag{2}$$

式中:$C_1=C_2>100C^T$（振子自由电容）。

式（2）可进一步化为:

$$d_{33}^{(1)} = V_1/V_2\, d_{33}^{(2)} \tag{3}$$

在式（3）中,比较振子的 $d_{33}^{(2)}$ 值相关参数被设定为恒定值,而 V_1 和 V_2 则可通过测量手段直接获取。在已知V_1和V_2的数值,就可以利用这些数据来求解被测振子的相关参数。更进一步地,将V_1和V_2通过电子线路进行适当的处理,就可以直接得出被测振子的纵向压电应变常数d_{33}的准静态值以及其极性信息。

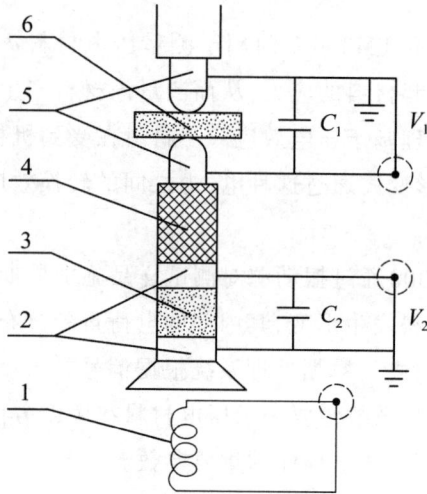

1—电磁驱动器;2—比较振子上、下电极;3—比较振子;4—绝缘柱;5—上、下测试探头;6—被测振子;C_1—被测振子并联电容;C_2—比较振子并联电容;V_1—被测输出电压;V_2—比较输出电压。

图1 准静态法则测试原理图

二、测试条件

1.环境条件

正常试验大气条件需要满足:温度控制在20~30℃,相对湿度在45%~75%范围内,气压满足86~106kPa。

仲裁试验的标准大气条件需要满足:温度控制在25℃±1℃,相对湿度在48%~52%范围内,气压满足86~106kPa。

2.样品要求

最大样品尺寸:极化方向50mm,对称最大直径136mm。

最大样品重量:1kg。

三、操作方法

1.仪器开机与自检

连接电源:首先将仪器连接到稳定的电源。

开机操作:仪器开机时会进行自动自检,检查内部系统是否正常运行,包括传感器的状态、加载装置的运转、数据处理系统的连通性等。

故障排查：如果仪器在自检过程中检测到任何异常，如传感器故障、加载装置失效等，系统会自动报警或显示错误代码。用户应根据提示检查并修复故障。在处理故障时，可以参考仪器的用户手册，或联系厂商的技术支持。

确认准备就绪：自检完成后，确认仪器显示正常，所有组件准备就绪后，方可进行下一步操作。

2.样品准备

选择合适的样品：样品的尺寸、形状、厚度等参数应与测试要求匹配，尤其是要符合仪器夹具的固定要求。压电材料通常有不同的形状（如薄膜、块状、片状等），对于不同的样品，需要选择合适的夹具。

样品表面处理：在测量前，确保样品的表面清洁、平整，无污染物、灰尘、氧化物等。表面污染可能会导致电荷信号的传导不良，影响测量结果，尤其是在测量压电陶瓷材料时，导电电极的接触必须良好。

安装样品：样品在测量过程中必须保持不动，任何移动或旋转都可能导致力的不均匀分布，影响测量的精度。

3.设置测量参数

输入测量参数：通过控制面板输入所需的测试条件。常见的设置参数包括：

加载力大小：根据样品特性，设置适当的力值。一般来说，较厚的样品需要施加较大的力，较薄的样品则使用较小的力。对于轻质、薄膜样品，力的选择尤为重要，以免损坏样品。

振动频率：Piezotest PM300支持从几赫兹到几十赫兹的频率选择。低频适合稳态测量，而高频用于动态响应分析。

测量模式：用户可以选择连续测量模式或单次测量模式。连续测量模式用于动态过程中的频率响应分析，而单次测量模式则适用于静态特性评估。

加载波形选择：根据实验需求，选择合适的加载波形可使测量结果更贴近实际应用场景。

参数校准：设置好参数后，用户可以选择进行自动校准。仪器会根据输入的参数自动进行自检和预设，以确保测量的准确性。

4.开始测量

启动测量程序：确认测量参数正确后，启动测量。加载装置开始对样品施加周期性机械力，振动器会根据设定的频率和幅值开始运行。

实时信号捕捉：电信号检测器实时捕捉样品在受力时产生的电荷或电压信号。显示屏会实时显示电荷信号的幅值、电压输出及计算得到的压电系数 d_{33}。

监测测量过程：测量过程中，用户可以通过显示屏查看实时数据，检查测量进度。如果需要调整参数或暂停测量，可以通过控制面板进行操作。通过查看力信号的波形和样品的电荷响应曲线，用户可以判断测量是否正常进行。

5.数据记录与分析

保存测量数据:测量完成后,仪器会自动保存测量数据。用户可以选择通过USB端口将数据导出,或者通过内置存储设备保存数据。

数据分析:用户可以对测量数据进行滤波、曲线拟合、误差分析等。

6.关机与维护

关闭仪器电源:完成测量后,用户应先结束测量程序,等待系统停止运行后再关闭电源。关机前,建议保存所有数据,以避免数据丢失。

基本维护:定期维护仪器能够延长其使用寿命,确保测量结果的长期准确性。应对传感器、加载装置、样品夹具等进行定期清洁,避免灰尘或污染物积聚。特别是电荷检测器和放大器部分,必须保持洁净,以免影响信号放大效果。

存放要求:仪器在长期不使用时应存放在干燥、恒温的环境中,避免潮湿或极端温度导致内部元件老化或损坏。

四、结构组成

1.力传感器与加载装置

作为Piezotest PM300的核心组件,力传感器与加载装置负责向样品施加已知的机械力或压力,产生应力以激发样品的压电响应。通常,其通过一个高频振动器来实现,振动器可以提供稳定、可调的周期性机械载荷。这种高频振动加载不仅能使样品产生形变,还能模拟不同条件下的动态压电响应。加载装置的频率和施加的力的大小是可调的,范围通常从1Hz到几百Hz,力的大小范围从0.1N到10N。

2.电信号检测器

压电材料在受到机械应力时会产生微小的电荷信号,这些电荷信号非常微弱,因此需要高灵敏度的电信号检测器来捕捉并放大这些信号。Piezotest PM300通常配备电荷放大器和电压传感器,用来检测这些信号。检测器必须能够快速响应,具有极高的灵敏度,通常能够捕捉到皮库仑级别(pC)的电荷信号,甚至是微伏级别的电压信号。

3.数据处理系统

数据处理系统是Piezotest PM300的"大脑",它接收来自力传感器和电信号检测器的实时数据,进行信号处理、分析,并计算出材料的d_{33}系数。数据处理模块采用高性能的数据采集卡,能够以高采样率捕捉瞬态信号,确保即使是快速变化的电荷信号也不会被忽略。

4.样品夹具

样品夹具用于将待测样品牢固地固定在测量位置上,确保样品在施加力的过程中不会移动或旋转。夹具的设计对于保持测量的准确性至关重要,因为即使样品产生微小的移动,都会影响加载力的均匀性和电信号的准确性。

5.显示和控制界面

Piezotest PM300配备易于操作的数字显示屏和控制面板,可以通过其轻松设置测量参数,并实时查看测量结果。显示屏能够显示当前测量的力值、电荷信号、d_{33}系数等数据。用户还可以通过控制面板调整测量的各项参数,如加载频率、施加力的大小、测量模式等,确保测量条件与材料特性相匹配。

五、操作注意事项

1.样品选择与准备

样品形状与尺寸:测试样品应具备均匀的厚度和平整的表面,以确保受力均匀。样品的尺寸必须符合夹具的要求,过大或过小的样品都会导致夹持不稳或受力不均,影响测量精度。

电极接触质量:样品的电极必须接触良好,尤其是压电陶瓷类材料,电极表面应无氧化物或污染物。

2.力的设置

力的范围:施加的机械力必须在材料的可承受范围内。过大的力可能导致材料的破坏,尤其是脆性材料(如陶瓷),可能产生裂纹或永久变形。对于较薄、较脆的材料,应选择较小的力。

避免非线性效应:在测试某些材料时,施加过大的力可能导致非线性效应,影响测量结果的准确性。

3.环境控制

温度与湿度的影响:压电系数对温度敏感,环境温度波动可能导致测量结果不准确。因此,应尽量在恒温环境下进行实验,避免极端温度变化。使用恒温箱进行测量可以最大限度减少温度对结果的影响。

防止震动与电磁干扰:确保仪器附近没有强电磁设备或振动源。

4.定期校准与维护

传感器校准:长时间使用后,力传感器和电信号检测器可能会产生漂移。因此,定期校准这些传感器至关重要。用户可以按照厂商提供的校准步骤,定期使用标准样品进行校准,以确保测量的长期精度。

仪器维护:在使用后,用户应清洁传感器和夹具,防止污垢或材料残留。定期检查加载系统的状态,避免过热或过载使用。

5.避免连续过载使用

高频连续测量的限制:过长时间的高频测量可能导致加载装置和检测器过热,影响仪器的性能甚至造成损坏。建议在长时间连续测量后,适当让仪器休息,避免设备过热。